KB170008

PALE BLUE DOT

창백한 푸른 점

칼 세이건

현정준 옮김

사이언스북스
SCIENCE BOOKS

◁ 지구: 태양광선 속의 창백한 푸른 점
(해왕성 궤도 밖에서 보이저 2호가 찍은 사진)

PALE BLUE DOT:
A Vision of the Human Future in Space
by Carl Sagan

또 하나의 방랑자
샘에게.
너희 세대는
꿈에도 생각지 못한
경이를 볼 것이다.

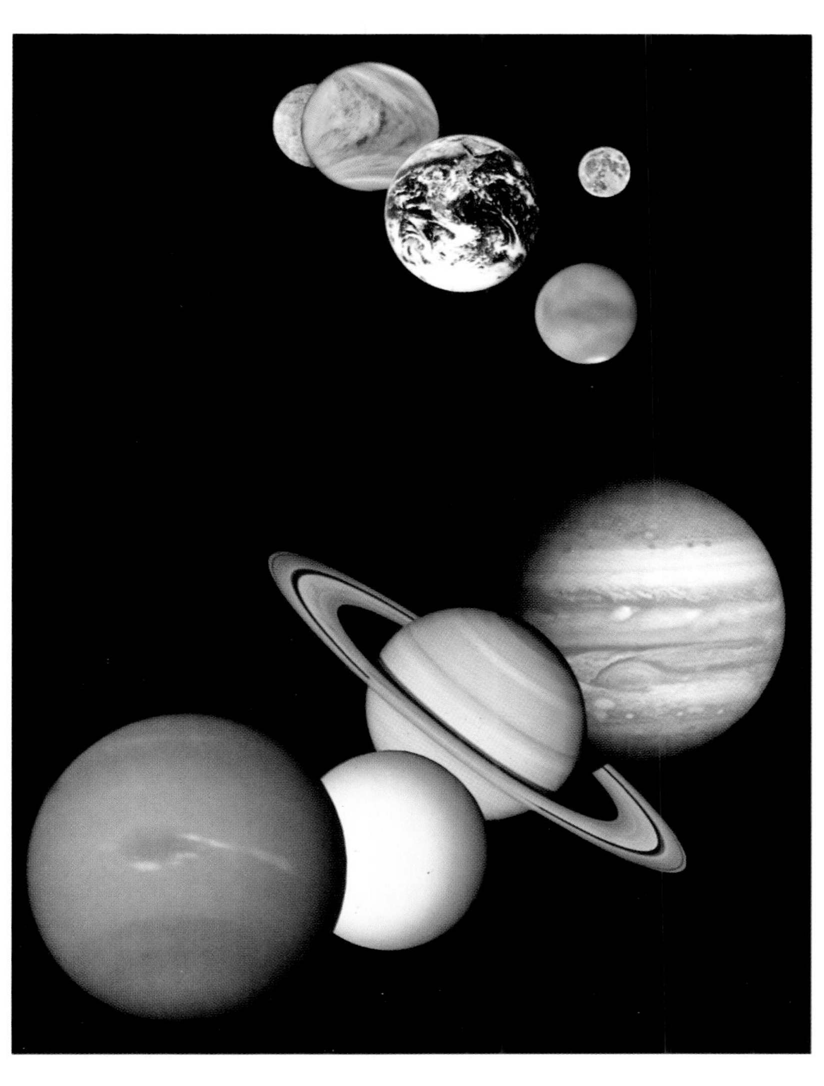

옮긴이의 말

〈창백한 푸른 점〉은 1990년 2월에 태양계 외곽에 도달한 우주탐사선 보이저 1호의 카메라가 포착한 지구의 모습이다. 이 외롭고 볼품없는 지구의 모습은 거기에 사는 우리 인간이 우주 안에서 차지하는 자리를 알려주고 있다. 또 한편으로 그것은 우주 안에 다른 수많은 〈창백한 푸른 점〉들, 그곳에 살고 있을 다른 수많은 인류(지성을 가진 생물)들의 존재를 암시하는지도 모른다.

칼 세이건은 그의 전작 『코스모스』에서 우주의 역사(150억 년)를 1년으로 줄인다면 지구의 탄생은 9월 중순께 어느 날에 일어난 사건이 되고, 그 후 10일쯤 지나서 최초의 생물이 싹트며, 인류가 불을 길들여서 이용해 온 시간은 12월 31일의 마지막 15분 정도에 지나지 않는다고 하였다.

그러고 보면 인간은 우주란 드라마의 넓고 넓은 무대에서 어느 보기 힘든 한구석에 아주 느즈막하게 등장한 하찮은 존재인지도 모른다. 이 〈극중 인물〉은 소재 없이 무대 한구석에 잠시 머뭇거리다가 곧 사라지고 마는 것인가? 언제, 어떻게? 과거에 1억 6천만 년 동안 이 구석을 지배했던 공룡이 갑자기 그 자취를 감추어버린 까닭이 무엇인지 우리는 아직도 확실히 모르고 있다. 우리의 앞날을 스스로 점치기는 결코 쉬운 일이 아니다. 공룡과는 달리 우리는 가공할 제2의 불이라고 할 원자력 에너지를 손아귀에 넣었고, 또 환경을 심하게 파괴함으로써 우리 자신이 우리의 생존에 큰 위협으로 여겨지기에 이르렀기 때문이다. 인류에게 밝은 미래가 있을까?

칼 세이건은 이 책에서 이 질문에 긍정적인 대답을 주고 있다. 물론 이것은 우리 스스로가 어리석게도 자멸의 방아쇠를 당기는 일이 없을 것을 전제로 하고 있다. 우리는 그의 견해가 한낱 헛된 희망이 되지 않도록 하기 위하여 반성과 노력을 아끼지 말아야 할 것이다.

서울대 천문학과 명예교수 현정준

차례

샤론
명왕성
트리톤
프로테우스
해왕성
푸크
미란다
천왕성
라리싸
아리엘
움브리엘
티타니아
오베론
테티스
엔켈라두스
미마스
디오네
프로메테우스
판도라
에피메테우스
야누스
칼립소
포에베
히페리온
레아
토성
타이탄
이아페투스
칼리스토
가니메데
에우로파
이오
아말테아
아드라스티아
리시테아
이다
목성
카르메
헬리 해성
테베
달
화성
지구
금성
수성

방랑자들

그러나 말해다오, 이 방랑자들이 누구인지……?
—라이너 마리아 릴케의
「다섯번째 비가」(1923)

우리는 애초부터 방랑자였다. 우리는 100마일에 걸쳐 서 있는 나무 하나하나를 다 알고 있었다. 과일이나 열매가 익었을 때 우리는 그곳에 있었다. 해마다 우리는 짐승의 무리들이 옮겨다니는 곳을 따라다녔다. 우리는 신선한 고기맛을 즐겼다. 몰래 눈치를 살피며 숨어 있다가 몇 사람의 힘을 합친 집중 공격으로 사냥에 성공하였다. 혼자 힘으로는 사냥이 가망 없었으므로 우리는 서로에게 의지하였다. 혼자 한다는 것은 한 곳에 정착하는 일처럼 바보 같은 생각이었다.

우리는 힘을 합쳐 일함으로써 우리 애들을 사자나 하이에나로부터 지킬 수 있었다. 우리는 애들에게 필요한 기술과 연장을 마련해 주었다. 그 당시에도 오늘날처럼 기술은 생존의 열쇠였던 것이다.

◁◁ : 제1차 우주선 탐사 시대의 끝 무렵까지 알아낸 태양계의 천체들. 수성 이외의 지구형 행성과 목성의 갈릴레오 위성(4개)은 3개의 다른 경선에서 보는 모습을 나타냈다. 토성과 천왕성의 일부 위성은 2개의 다른 모습을 보인다. 타이탄의 표면 세부는 거의 볼 수 없다. 어떤 천체들(예를 들면 레아, 칼리스토, 수성)의 일부는 자세하지가 않은데 그 지역은 행성간 우주선이 근접 탐사된 일이 없기 때문이다. 명왕성과 샤론 Charon은 지구에서 엄폐 occultation 관측으로 추정된 세부를 나타냈다. 태양계 외곽의 작은 위성들 중 많은 것은 나타내지 않았다. 여기 보인 천체들은, 설명이 없는 한, 실제 비율대로 나타냈다. (예를 들면 실제와 같이 미마스는 지구에 비해 3배 크게 나타냈다.) 이 화면 자료 중 대부분은 NASA의 우주선으로부터 얻은 것이다. 금성 자료의 일부는 소련의 우주선에서, 또 핼리 혜성에 대한 정보는 유럽 우주국European Space Agency의 우주선에서 얻었다. NASA/USGS 제공. 이 그림의 포스터는 미국지질조사국 지도분배과에서 구입할 수 있다. (Box 25286, Federal Center, Denver, CO 80225).

우리 집단은, 가뭄이 계속되거나 여름 공기에도 냉기가 오래 머무를 때에는 계속 옮겨다녀서 어떤 때는 미지의 지방에 이를 때도 있었다. 우리는 보다 나은 고장을 찾아다녔다. 또 우리의 작은 방랑 집단 안에서 서로 뜻이 맞지 않을 때엔, 다른 곳의 보다 호의적인 사람들을 찾아서 길을 떠나기도 했다. 우리는 언제나 새로 다시 시작할 수 있었다.

인류는 살아온 시간의 99.9퍼센트 동안 대초원에서 사냥거리와 먹거리를 찾아다니는 방랑자 노릇을 했다. 그 당시에는 국경을 지키는 사람이나 세관원도 없었고 인적미답의 지역이 도처에 있었다. 우리를 제한할 수 있었던 것은 오로지 지구의 한계와 바다와 하늘, 때론 투덜거리는 이웃들뿐이었다.

그래도 기후가 온화하고 먹을 것이 풍족할 때는 그곳에 정착하기를 원했다. 모험심이나 경계심이 없어지고 몸무게가 지나치게 늘어나게 되었다. 지난 1만 년 동안——인간의 긴 역사에서 보면 한 순간——우리는 방랑 생활을 포기했던 것이다. 식물과 동물을 길들임으로써 먹을 것이 우리에게 다가오는데 찾아 헤맬 까닭이 있었겠는가?

그러나 물질적 혜택에도 불구하고 정착 생활은 우리를 불안하고 불만스럽게 만들었다. 마을이나 도시를 이룬 후 400세대나 지난 오늘에도 우리는 방랑 생활을 잊지 못하고 있다. 지금도 거침없이 뚫린 도로는 어릴 때 들었던, 그러나 이제는 거의 잊혀진 노래처럼 부드러운 노래를 들려준다. 우리는 멀리 떨어진 곳을 낭만의 옷으로 장식한다. 이런 동경심은 우리가 자연선택에서 살아남는 데 필수적인 요소로 치밀하게 다듬어진 것인지도 모른다. 긴 여름, 온화한 겨울, 풍요로운 추수, 수많은 사냥거리 등 그 어느 것도 영원히 지속되지는 않는다. 미래를 예언하는 일은 우리의 능력 밖에 있다. 천재지변과 같은 재난은 슬며시 다가와서 모르는 사이에 우리를 사로잡는다. 우리 개인이나 집단 혹은 인류의 생활은 알려지지 않은 고장과 새로운 세계에 대한, 말할 수도 이해할 수도 없는 갈망에 허덕이던 불안한 소수의 사람에 힘입은 것인지도 모른다.

허먼 멜빌Herman Melville은 『백경(白鯨, *Moby Dick*)』에서 모든 시대와 장소의 방랑자를 대신하여 다음과 같이 말하였다. 〈멀리 떨어진 것들에 대한 끊임없는 열망은 나를 괴롭힌다. 나는 금지된 해역으로 항해하기를 원한다…….〉

옛날 그리스인과 로마인들에게 알려졌던 세계란 유럽과 아시아의 일부

그리고 아프리카를 포함하는데 이 모두는 항해 불가능한 세계대양 World Ocean으로 둘러싸여 있었다. 여행자는 야만인이란 하등 인간이나 신들로 일컬어지는 고등 인간을 만날지도 모른다. 나무마다 나무의 요정(妖精)이 있고 고장마다 전설이 있고 영웅이 있었다. 그렇지만 적어도 시초에는, 신은 그다지 많지 않았다. 아마 몇십을 헤아릴 정도에 지나지 않았다. 그들은 산 위나 땅 밑에, 바닷속에, 혹은 하늘 높은 곳에 살았다. 그들은 인간에게 계시를 내리고, 인간사에 간섭하고, 우리와 혼인하였다.

시간이 지남에 따라 인간의 탐험 능력이 급속히 늘어나면서 놀라운 사실들이 밝혀졌다. 즉 야만인이 그리스인이나 로마인만큼 영리할지도 모른다는 것이다. 또 아프리카와 아시아는 상상 외로 더 넓고, 세계대양은 항해가 가능했고, 지구의 반대점 Antipode*이 있다는 것이다. 아시아인들은 이미 오래전에 정착한 세 개의 새로운 대륙이 존재했지만 그 소식은 유럽에 전해지지 않았다. 또한 신들의 존재를 찾아내기가 아주 어렵다는 사실이 밝혀졌다.

구세계로부터 신세계로의 인류 최초의 대이동은 약 11,500년 전의 마지막 빙하 시대에 이루어졌는데, 그 당시에는 북극의 증가하는 얼음 때문에 바다가 얕아져서 시베리아에서 알래스카로 땅을 밟고 건너갈 수 있었다. 그로부터 천년 후 우리는 남아메리카의 남단 티에라델푸에고 Tierra del Fuego에 다다를 수 있었다. 또 콜럼버스 Columbus보다 오래전에 인도네시아의 배(전복방지용 돌출노받이를 부착한)가 서부 태평양을 탐험했고, 보르네오 사람들이 마다가스카르 Madagascar로 이주했다. 또 이집트와 리비아 사람들은 아프리카를 회유(回游)했고, 중국 명나라의 범선 junk은 인도양을 누볐으며, 잔지바르 Zanzibar에 기지를 두어 희망봉을 돌아 대서양으로 진입하였다. 15세기에서 17세기에 걸쳐 유럽의 범선은 신대륙(여하튼 유럽인에게는 새로운 대륙)을 발견하여 지구를 한 바퀴 돌았다. 18세기와 19세기에는 미국과 러시아의 탐험가, 무역상인, 이민자들이 태평양을 넘어 두 대륙 사이를 동서로 왕래하였다. 탐험과 개척에 대한 이런 열정은, 그들의 행동이 아무리 지

*성 아우구스티누스 St. Augustine가 5세기에 쓰기를, 〈반대점이 있다는, 즉 지구의 반대쪽에 있는 사람은 우리와 거꾸로 서서 걸어다니고 여기서는 해가 질 무렵에 거기서는 해가 뜬다는 이야기는 믿을 만한 근거가 없다〉고 하였다. 설사 거기에 바다 아닌 미지의 육지가 있었다 하더라도 〈우리의 시조는 아담과 이브의 한 쌍뿐인데 그런 벽지에도 아담의 자손들이 살고 있으리라고는 믿어지지 않는다〉.

각하지는 못했다 할지라도 지속될 만한 가치가 있었다. 그것은 어느 한 나라나 민족에 한정된 것이 아니라 모든 인간이 공통적으로 지니고 있는 천부(天賦)의 특성인 것이다.

수백만 년 전 동부 아프리카에 우리 인류가 처음으로 출현한 이래 우리는 지구 위 여기저기를 헤매 왔다. 오늘날 인간은 모든 대륙과 멀리 떨어진 섬들과, 북극에서 남극까지, 에베레스트 산에서 사해까지, 해저 위와, 심지어 때론 200마일의 상공, 즉 옛날의 신들처럼 하늘에서도 살고 있다.

오늘날 지구 위 적어도 육지에는 탐험할 여지가 남아 있을 것 같지 않다. 탐험가들은 바로 그들 성공의 희생자가 되어 오늘날 대개는 집에 머물고 있다.

사람들의 대이동(자의에 의한 경우보다는 대부분 부득이했던)은 인간의 조건을 형성하여 왔다. 오늘날에는 어느 시대보다도 많은 사람들이 전쟁, 압제, 굶주림으로부터 벗어나 있다. 앞으로 수십 년 안에 지구의 기후가 변하고 나면 환경적 피난민들이 훨씬 더 많아질 것이다. 언제나 보다 살기 좋은 고장이 우리를 부르고 사람들은 지구 위에서 밀물이나 썰물처럼 계속 몰려다닐 것이다. 그러나 이제 우리가 가고자 하는 곳에는 이미 다른 사람들이 정착하고 있어, 종종 우리의 고난에 동정심이 없는 다른 사람들이 우리의 앞길을 가로막는다.

19세기 말엽에 라이프 그루버 Leib Gruber는 중유럽, 즉 넓은 오스트리아-헝가리 제국의 어느 작은 마을에서 소년시절을 보내고 있었다. 그의 부친은 물고기를 잡아 팔아 생계를 이어가고 있었다. 그러나 어려운 날들이 많았고 젊은 그에게 유일하게 가능한 정직한 일거리란 근처의 부그 Bug 강에서 사람들을 건네주는 일뿐이었다. 손님들은 남자건 여자건 그의 등에 업혀야만 했다. 유일한 장사밑천인 공짜로 얻은 한 켤레 장화를 신고 강의 얕은 곳을 골라 손님을 건네주었는데 가끔 강물이 허리까지 올라올 때도 있었다. 근처에는 다리도 나룻배도 없었다. 말이라면 그 일을 할 수 있었겠지만, 말은 달리 쓸모가 있었다. 그래서 그 일은 라이프나 그와 비슷한 또래의 몫이 되었다. 그들은 마치 네발 달린 동물처럼 쓰이게 된 셈이다. 그러므로 나의 외할아버지는 짐을 나르는 동물이었다고 할 수 있다.

젊은 시절 동안 나의 외할아버지 라이프는 작은 고향 마을 사소우 Sassou에서 100킬로미터 밖으로는 나와보지 못했던 것 같다. 그러나 1904년에 갑자기 신세계로 도망쳤다. 우리 집안의 일설에 의하면 살인 혐의를 피하기 위해서였다고도 한다. 그는 젊은 아내를 남겨두고 떠났다. 그에게 독일의 큰 항구 도시는 그가 살던 작고 외진 시골 마을과 얼마나 달라 보였을까? 바다는 얼마나 넓고, 새 고장의 높은 마천루나 거리의 끊임없는 소란스러움은 얼마나 신기했을까? 우리는 그의 항해에 관해서 아는 바가 없었으나, 후에 그의 아내 차이야 Chaiya의 이름을, 그녀가 탄 함부르크의 배 바타비아 호의 승선객 명부에서 볼 수 있었다. 그녀는 그가 돈을 모아서 보낸 여비로 남편 라이프를 찾아간 것이다. 그녀에 관한 서류는 가슴 아플 만큼 간결한 것이었다. 〈글을 읽거나 쓸 줄 알아요? 아뇨. 영어를 합니까? 아뇨. 돈은 얼마 가졌지요? 1달러요.〉 이 대답을 할 때 그녀의 상한 마음과 부끄러움을 상상할 수 있을 것 같다.

그녀는 뉴욕에서 하선하여 라이프를 다시 만났다. 그녀는 나의 어머니와 이모를 낳고 산후의 합병증으로 짧은 생애를 마쳤다. 미국에서의 몇 해 동안 그녀의 이름은 가끔 영국식인 클라라 Clara로 불렸다. 25년 후 나의 어머니는 첫아들에게 한번도 본 적이 없었던 그녀 어머니의 이름을 따서 붙여줬다.

우리의 먼 조상들은 별을 관측하는 가운데 소위 〈붙박이 별〉처럼 뜨고 지는 운동만을 고지식하게 되풀이하는 별들 이외에 이들과는 다른 운동을 하는 5개의 별들에 주목하게 되었다. 이 5개의 별들은 기묘하고도 복잡한 운동을 하는 것들이었다. 그들은 몇 달 동안에 걸쳐서 별들 사이를 천천히 헤매듯이 움직이다가 때로는 고리 모양을 그리기도 하였다. 오늘날 우리는 이들을 행성 planet이라고 하는데 그리스어의 〈헤매는 자〉란 말에서 연유한다. 그들은 우리 조상들에게 이상하게 느껴졌던 것 같다.

오늘날 우리는 이 행성들이 별이 아니라 태양에게 중력으로 묶인 다른 천체들이란 사실을 알고 있다. 이제 지구의 탐사가 끝났으므로, 비로소 우리는 그들을, 우리 은하(은하수)를 이루고 있는 태양이나 다른 별 둘레를 도는 다른 수많은 천체(행성)들 가운데 하나로 인식하기 시작했다. 우리 행성(지구)과 우리 태양계는 새로운 세계대양, 즉 깊은 우주공간에 둘러싸인 셈이다. 이 우주대양도 세계대양처럼 항해 불가능한 것이 아니다.

그러나 아직은 조금 이른 것 같다. 아직 시기가 오지 않았다. 하지만 외계의 다른 천체들은 미지의 기회를 약속하는 듯 우리를 유혹하고 있다. 지난 수십 년 동안 미국과 구소련은 참으로 놀라운 역사적인 업적을 이룩하였다. 그것은 우리 조상들에게 호기심과 과학적 사고를 불러일으켰던 빛나는 점들, 즉 수성에서 토성에 이르는 5행성에 대한 근접탐사를 말한다. 1962년에 처음으로 행성간 항행이 성공한 이후 인공항행체는 70개를 넘는 새로운 다른 천체들을 스쳐가고, 둘레를 돌고, 상륙했다. 이를테면 우리는 방랑자들 사이를 방랑한 셈이다. 우리는 그곳에서, 지구 최고봉을 난쟁이처럼 무색하게 만드는 거대한 화산들, 이상하게도 한 행성은 강물이 흐르기에 너무 춥고 또 하나는 너무 뜨거운 두 행성 위에 있는 옛날의 하천이 만든 계곡, 지구가 수천 개라도 들어앉을 수 있는 액화된 금속상 수소로 이루어진 내부를 가진 거대한 행성, 녹아버린 위성들, 표면의 가장 높은 고지도 납이 녹을 정도로 뜨겁고 부식성이 강한 산(酸)으로 이루어진 대기를 가진 구름으로 덮인 곳, 태양계 생성 당시의 격동을 여실히 전해주는 자국이 새겨져 있는 오래된 표면, 명왕성 궤도보다도 바깥쪽으로 도망간 얼음의 천체들, 중력의 미묘한 화음을 나타내는 아름다운 무늬를 이루는 알갱이들의 고리, 지구의 초기 역사에서 생명을 만들어냈던 복잡한 유기분자들의 구름으로 둘러싸인 천체들을 발견했다. 이 모든 것이 소리 없이 태양의 둘레를 돌고 있는 것이다.

우리는 밤하늘을 방랑하는 빛나는 점들의 정체를 처음으로 의심했던 우리 조상들이 상상도 못 했던 불가사의한 수수께끼들을 밝혀낸 것이다. 우리는 지구와 우리 자신의 기원을 탐색하게 되었다. 그 밖에 발견할 수 있었던 사실에 의해서, 또 우리 지구와 어느 정도 비슷한 다른 천체들이 지닌 또 다른 숙명의 현황을 마주 보면서 우리는 이제 지구를 보다 더 깊이 이해하게 되었다. 이 천체들은 그 어느 것이나 아름답고 배울 것이 많다. 하지만 아직까지 알려진 바로는 그들 모두가 황량하고 메마른 곳이기도 하다. 거기에는 〈보다 나은 곳〉이라고 할 만한 곳이 없다, 적어도 지금까지로서는.

1976년 7월에 시작된 바이킹 Viking 로봇 탐사계획에서, 이를테면 나는 화성에서 1년을 지냈던 셈이다. 내가 조사한 대상은 큰 바윗덩어리, 모래 언덕, 정오 때도 붉은 하늘, 옛날 하천의 자국, 높이 솟은 화산들, 강풍에 의한 풍화 작용, 층을 이룬 극(極)지대, 감자 모양의 두 개의 어두운 위성 등이었다. 하지만 생물은 없었다. 귀뚜라미 한 마리, 풀잎 한 오라기, 심지어 미생물 하나도 없었다고 확언할 수 있다. 이 천체들은 지구와는 달리 생명의 은총을 받지 못했던 것이다. 생명이란 비교적 희귀한 현상이다. 수십 개의 천체들을 조사한다면 오직 하나의 천체에서만 생명이 탄생하고 진화, 존속할 정도라고 할 수 있다.

그때까지 강물의 폭보다 넓은 것을 건너보지 못했던 라이프와 차이야는 대해를 건너게 되었다. 그들은 한 가지 큰 이점을 가지고 있었다. 즉 바다 건너 저쪽 대륙에는, 비록 이국의 관습을 지니기는 했지만, 그들의 말을 말하고 일부나마 그들의 가치기준을 공유하는 사람들이, 심지어 가까운 친척들까지도 살고 있었다는 점이다.

우리는 오늘날 태양계를 가로질러 별들의 세계로 4개의 우주탐사선을 보내게 되었다. 하지만 지구에서 해왕성까지의 거리는 부그 강변에서 뉴욕시까지의 거리보다 100만 배나 된다. 그러나 그 세계에는 우리를 기다리는 먼 친척도 사람도 심지어 어떠한 생물도 없다. 최근의 이주민들이 새로운 세계에 대한 이해를 도와줄 소식을 전해 오는 것도 아니다. 오로지 감정이 없는 정확한 로봇이 숫자로 표현된 신호를 광속으로 보내올 따름이다. 그 소식에 의하면 이 새로운 세계들은 우리 지구와 그다지 닮지 않았다. 그렇지만 우리는 그곳의 주민들을 계속 찾아보고 있다. 그럴 수밖에 없는 것이 생명은 다른 생명을 찾기 때문이다.

그러나 이러한 여행을 할 경제적 여유를 가진 사람은 지구 위에 아무도(가장 부유한 사람일지라도) 없다. 그러니 우리는 기분 내키는 대로 또는 심심풀이로 혹은 일자리가 없어서, 아니면 징병이나 여타의 고소 사건을 피하기 위해 화성이나 타이탄 Titan(토성의 위성)으로 훌쩍 떠날 수 없는 것이다. 이런 여행에 기업의 구미를 당길 만한 단기 이익이 있을 가망은 없어 보인다. 만약 우리 인간이 이런 천체로 가는 날이 온다면 그것은 어느 국가나 국가의 집단이 그것을 인간의 복지에 도움이 되리라고 믿기 때문일 터이다. 현재로서는 인간을 다른 천체로 보내는 데 드는 예산과 경합하는 다른 많은 일들이 너무 많은 형편이다.

이 책은 바로 이런 문제들에 관해서 씌어진 셈이다. 다른 세계들, 거기서는 무엇이 우리를 기다리고 있을까? 그들은 우리 자신에 관해서 무엇을 알려줄 것인가? 그리고 현재 인류가 당면한 시급한 문제가 있는데도 과연 탐사 여행을 결행해야 할 것인가? 우리는 긴급한 문제를 우선 해결할 것인가? 혹은 이 문제들 때문에 우리는 떠나야 하는 것일까?

이 책은 여러 모로 보아서 인류의 장래에 대해서 낙관적이라고 할 수 있다. 처음의 여러 장들은 우리의 결함을 심하게 들춰내는 것을 즐기는 것처럼 보일지 모르지만 그것은 나의 논의를 전개하는 데 필수적인 논리적 근거를 만드는 것이다.

나는 한 문제의 여러 측면을 제시하려고 하였다. 어떤 데에서는 내가 나 자신과 논쟁을 하는 것처럼 보일지도 모른다. 사실 그렇다. 여러 측면이 나름대로의 장점을 가질 때 나는 가끔 나 자신과 논쟁한다. 마지막 장에 이르기 전에 내 논점이 명확해지리라고 믿는다.

이 책의 계획은 대략 다음과 같다. 우선 우리는 인류 역사를 통해 널리 알려진 주장, 즉 우리 지구와 인간은 유일하며 심지어 우주의 작동 목적에 대해서 중심적인 역할을 한다는 주장에 대해 생각해 볼 것이다. 그리고 우리는 최근 탐사계획의 발자취와 발견에 따라 태양계를 두루 살펴보고, 이어서 인간의 외계탐사 여행에 대해서 흔히 소개되는 목적을 평가할 것이다. 이 책의 마지막 그리고 가장 추정적(推定的)인 부분에서 나는 외계공간의 장기 장래계획이 어떻게 수행될 것인가에 관해서 내 상상의 테두리를 그려볼 터이다.

이 책은 지금 서서히 다가오고 있는 우주에서 우리 지구의 위치(좌표)에 대한 새로운 인식과, 오늘날 비록 거침없이 뚫린 도로의 요청이 억눌려 있기는 하지만, 인류 장래의 중심적 요소가 지구로부터 얼마나 멀리 떨어져 있는지에 대한 것이다.

우리는 여기에 있다

1 장

우리는 여기에 있다

지구 전체는 하나의 점에 불과하고,
우리가 사는 곳은 그 점의 한구석에 지나지 않는다.
—마르쿠스 아우렐리우스(로마 황제)의 『명상록』 제4권(170년경)

천문학자가 이구동성으로 가르치는 것처럼 지구 전체의 둘레는,
우리에게 무한한 것으로 보이지만,
우주의 광대함에 비하면 작은 점 하나와 비슷하다.
—아미아누스 마르셀리누스(330-395년,
마지막 로마의 대역사가)의 『사건 연대기』

우주선은 지구에서 멀어져, 즉 가장 바깥쪽 행성의 궤도를 넘어서 황도면(행성들의 궤도들이 대부분 포함되는 경마장과 같은 가상적 평면)에서 높이 떨어진 공간을 달리고 있다. 그것은 태양으로부터 시속 4만 마일로 멀어져 가고 있다. 그러나 1990년 2월 초 지구로부터의 긴급 메시지가 우주선을 따라잡았다.

우주선은 그 명령에 따라 카메라를 이제는 멀어진 행성들을 향해 되돌렸다. 주사대(走査台)를 하늘의 한 곳에서 다른 곳으로 빨리 돌리면서 60장의 스냅사진을 찍어 테이프레코더에 디지털 방식으로 저장해 뒀다가 그 후 3, 4, 5월에 걸쳐 천천히 그 자료들을 지구로 전송하였다. 사진 한 장은 신문의 전송판(電送版)이나 점화(點畵) 속의 점들처럼 64,000개의 점(픽셀 pixel)

◀ 은하수 밖에 자리한 조망대(眺望台)로부터 보일 지구와 태양(과 밤하늘의 많은 별들)의 위치. 우리 은하(은하수)의 구조 속에 이 장면이 어디 들어가는지를 404-405쪽에서 알아볼 수 있다. 그림: 존 롬버그 Jon Lomberg.

들로 이루어진다. 우주선은 지구로부터 37억 마일이나 멀리 떨어져 있으므로 각 픽셀이 광속도로 달려도 5시간 반이나 걸려서 전달되었다. 사진 전송을 더 일찍 할 수도 있었겠지만 그렇지 못한 것은 캘리포니아, 스페인, 오스트레일리아에 있는 대형 전파망원경이 다른 우주선에서 오는 약한 전파도 받아야 했기 때문이다. 그중에는 금성을 향한 마젤란 Magellan과 목성까지 거북이 걸음을 하고 있는 갈릴레오 Galileo도 있다.

보이저 Voyager 1호는 1981년에 토성의 거대 위성인 타이탄(Titan)을 근접 통과했기 때문에 황도면에서 매우 높은 우주 공간에 있다. 그의 자매 우주선 보이저 2호는 황도면 내의 다른 항로로 추진되었으므로 천왕성과 해왕성을 탐사할 수 있어 세상에 잘 알려지게 되었다. 두 보이저의 로봇은 4개의 행성과 60개에 달하는 위성들을 탐사하였다. 이는 인간이 이룩한 공업기술의 승리이며 미국 우주탐사 계획의 빛나는 성과 중 하나라고 할 수 있다. 이 업적은 우리 시대의 다른 많은 사건들이 잊혀질 때에도 역사에 남을 것이다.

보이저 계획은 토성을 만날 때까지만 추진하도록 되어 있었다. 나는 토성을 지나간 후에 마지막으로 지구 쪽으로 되돌아 보도록 하는 것이 좋은 생각이라고 느꼈다. 토성의 거리에서 보면 지구는 너무 작아서 보이저는 그것을 자세히 식별할 수 없을 것으로 나는 알고 있었다. 지구는 하나의 빛나는 점, 보이저가 볼 수 있는 다른 많은 점들(가까이 있는 행성들과 멀리 있는 태양들(별들))과 분간하기 어려운 외로운 한 개 픽셀에 지나지 않을 터이다. 그러나 이렇게 나타난 우리 세계의 보잘것없는 모습이야말로 이 사진의 가치를 높일 까닭이 되는 것이다.

마리너 Mariner 우주선들은 지구의 여러 대륙의 해안선을 찍는 데 노력을 기울였다. 지리학자들은 이 사진들을 지도와 지구본으로 번역하였다. 지구의 조그만 부분들의 사진은 먼저 기구와 항공기에 의해서, 그 다음 로켓의 짧은 탄도(彈道) 비행으로, 마지막으로 궤도비행체에 의해서 얻어졌다. 얻어진 결과는 큰 지구본을 약 1인치의 높이에서 보는 조감도(鳥瞰圖)와 비슷하다. 거의 누구나 배웠듯이 지구는 구형이고 우리 모두는 중력으로 그 표면에 붙어 있는데 그 상황은 아폴로 17호의 우주비행사가 마지막으로 달로 가는 도중에 찍은 지구의 사진(화면을 가득 채운 지구의 모습으로 유명하다)을 보면 비로소 실감할 수 있을 것이다.

이것은 우리 시대의 성화(聖畵)처럼 되어 버렸다. 미국인과 유럽인들이

아폴로 17호 탐사여행에서 찍은 지구의 사진. NASA 제공.

아래쪽으로 생각하는 곳에 남극 대륙이 있고 그 위로 아프리카 전체가 펼쳐져 있다. 우리는 에티오피아, 탄자니아, 그리고 초기의 인류가 살았던 케냐를 볼 수 있다. 뒤끝 오른쪽에는 유럽인들이 근동으로 부르는 사우디아라비아가 자리한다. 위끝에 가까스로 보이는 것은 지중해로서 우리 지구 문명의 많은 부분이 그 둘레에서 발생하였다. 대양의 푸른색, 사하라 및 아라비아 사막의 적황색, 삼림지대와 초원지대의 갈색 띤 초록색 등을 분간할 수 있다.

그런데 이 사진에서는 인간의 흔적, 즉 인간이 지구 표면에 가했던 작업의 흔적, 혹은 인간이 만든 기계나 인간의 모습의 그 어느 것도 찾아볼 수 없다. 인간의 존재를 지구와 달 사이의 지점에서 느끼기에는 우리 인간이 너무나 미소하고 그 능력은 너무나 미약한 것이다. 이 지점에서 조망할 때 인간

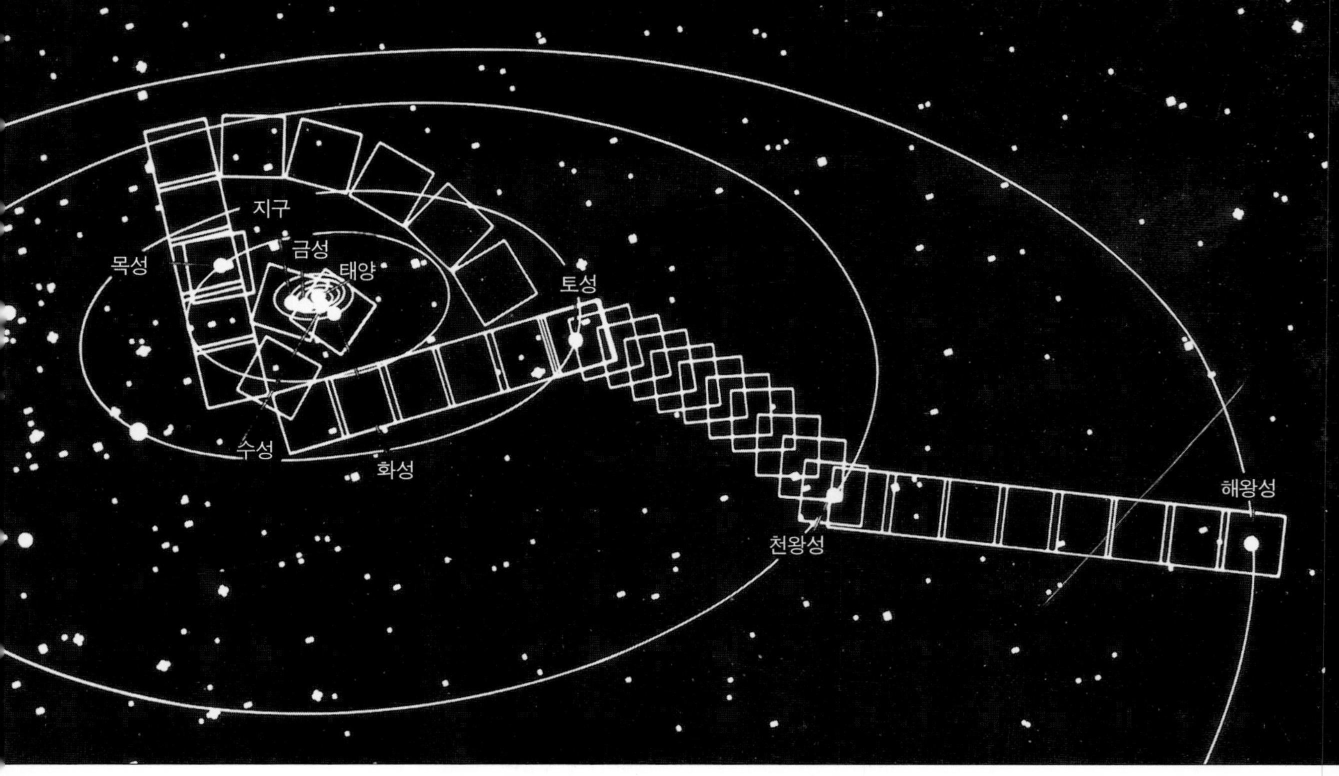

보이저 1호가 태양계의 가족 사진을 찍었을 때 먼 별들을 배경으로 한 행성들의 위치. 태양과 화성까지의 내행성들은 가운데 왼쪽에 몰려 있다. 바깥쪽의 네 개 궤도는 목성, 토성, 천왕성, 해왕성의 궤도이다. 사각형은 우주선이 찍은 사진 화면의 테두리를 하늘에서 나타낸 것이다. 이런 조망이 가능했던 까닭은 보이저 1호가 행성들이 태양 둘레를 도는 황도면에서 높이 떨어져 있었기 때문이다. 지구는 점으로 보이지만 목성(과 토성)은 점보다 크다. JPL/NASA 제공.

간의 국가주의적 집념의 흔적은 어디에도 찾아볼 수 없다. 아폴로의 지구 사진은 천문학자들이 이미 잘 알고 있는 사실을 많은 사람들에게 알려주었다. 즉 행성들의 크기——별이나 은하들은 말할 나위도 없이——에 비하면 인간들이란 하찮은 존재이며 암석이나 금속으로 이루어진 보잘것없는 하나의 고체덩어리에 붙어 사는 생물의 얇은 막에 지나지 않는다는 사실이다.

내 생각으로는 지구의 사진을 이보다 10만 배나 더 먼 곳에서 찍는다면 참된 우리의 상황과 처지를 이해하는 데 도움이 될 것 같다. 지구가 우리를 에워싼 광대한 우주 안에서 하나의 점에 지나지 않는다는 사실은 이미 고대의 과학자나 철학자에게 잘 알려져 있었지만 지금까지 그것을 눈으로 확인한 사람은 없었다. 우리는 이제 여기서 처음으로(그리고 아마도 앞으로 수십 년에 걸쳐 마지막으로) 그 기회를 갖게 된 셈이다.

NASA의 보이저 계획에서 많은 것이 이를 도와주었다. 그런데 태양계 외곽에서 보면 지구는 마치 불꽃 둘레로 끌려드는 모기처럼 태양에 가깝다. 우주선의 비디콘 Vidicon 장치가 타버릴 위험을 무릅쓰고 카메라를 태양에 가깝게 할 것인가? 그보다는 천왕성과 해왕성의 과학적 영상을 모두 찍을 때까지——우주선이 그때까지 살아남는다고 가정해서——미루는 편이 낫지 않을까?

2 장

빛이 빛나간다

만약에 인간이 세계로부터 자취를 감춘다면, 남은 것들은 모두 길을 잃은 듯 방향도 목적도 없이 …… 갈 바를 모를 것이다.
—프랜시스 베이컨의 『고대인의 지혜』(1619)

앤 드루얀Ann Druyan이 제안한 실험은 이렇다. 앞의 장의 창백한 푸른 점을 다시 돌이켜 자세히 관찰해 보라. 그 점을 얼마 동안 응시한 다음에 하느님이 이 먼지의 티끌에서 서식하는 1,000만 여 종의 생물 가운데 한 생물을 위하여 온 우주를 창조하였다는 것을 스스로 납득이 가도록 시도해 보라. 이제 한 걸음 더 나아가서 상상해 보라. 모든 것이 오직 하나의 종이나 인종 혹는 종파(宗派)를 위하여 만들어졌다고, 만일에 그것이 있을 수 없는 일처럼 느껴지지 않는다면 또 다른 점 하나를 찾아 보라. 그곳에 다른 형태의 지적 생물이 살고 있다고 상상해 보라. 그들 역시 모든 것을 그들을 위해 창조했던 하느님의 개념을 소중히 간직하고 있을 터이다. 우리는 그들의 주장을 어느 만큼이나 심각하게 받아들일 것인가?

◀ 별들은 우리 주변에서 떠오르고 져서 내리며 지구가 우주의 중심에 자리한다는 믿음을 굳혀 주고 있다. 이 장시간 노출에서 궁수자리에 있는 은하수의 중심부를 볼 수 있다. 별 하나하나가 하나의 태양이다. 은하수에는 대략 4000억 개의 별이 있다. 사진 프랭크 줄로 Frank Zullo, 애리조나 주 수퍼스티션 마운틴스. ⓒ 프랭크 줄로, 1987.

죽어 가는 별 용골(龍骨)자리 이타(*Eta Carinae*)를 둘러싼 성운. 성운은 별의 연속되는 강렬한 폭발로부터 형성된다.(지난번 폭발은 1841년에 관측되었지만 이 별은 1만 광년을 넘는 거리에도 불구하고 우리 밤하늘에서 두번째로 밝은 별이다.) 우리가 이 별로부터 태양 거리에 있다면 그 밝기는 태양의 400만 배가 될 것이다. 그러면 지구의 표면, 즉 암석과 산 모두가 녹아 버릴 것이다. 영호(英濠) 천문대 제공. 데이비드 맬린 David Malin 촬영.

▶ 지구 위에 문명이 태어나기 이전의 용골자리 이타. 허블 우주망원경에 의한 확대사진. 별을 만드는 물질의 2개 구름 중 하나(왼쪽)는 우리를 향하여, 또 하나(오른쪽 위)는 그 반대 편으로 분출하고 있다. 이런 우주적인 폭발현상은 현대 천문학의 주요 대상이다. 애리조나 대학 및 NASA의 J. 헤스터 제공.

"저 별 보이니?"

"저 밝은 붉은 별 말인가요?" 그의 딸이 되물었다.

"그래. 그런데 그 별은 이제 거기에 없을지도 모른단다. 지금쯤 그 별은 폭발하든가 해서 없어졌을지도 몰라. 그 별빛은 끊임없이 우주공간을 달려서 지금 막 우리 눈에 와 닿은 거야. 그렇지만 우리가 보는 것은 별의 지금 모습이 아니라, 전에 있었던 모습을 보고 있는 것이란다."

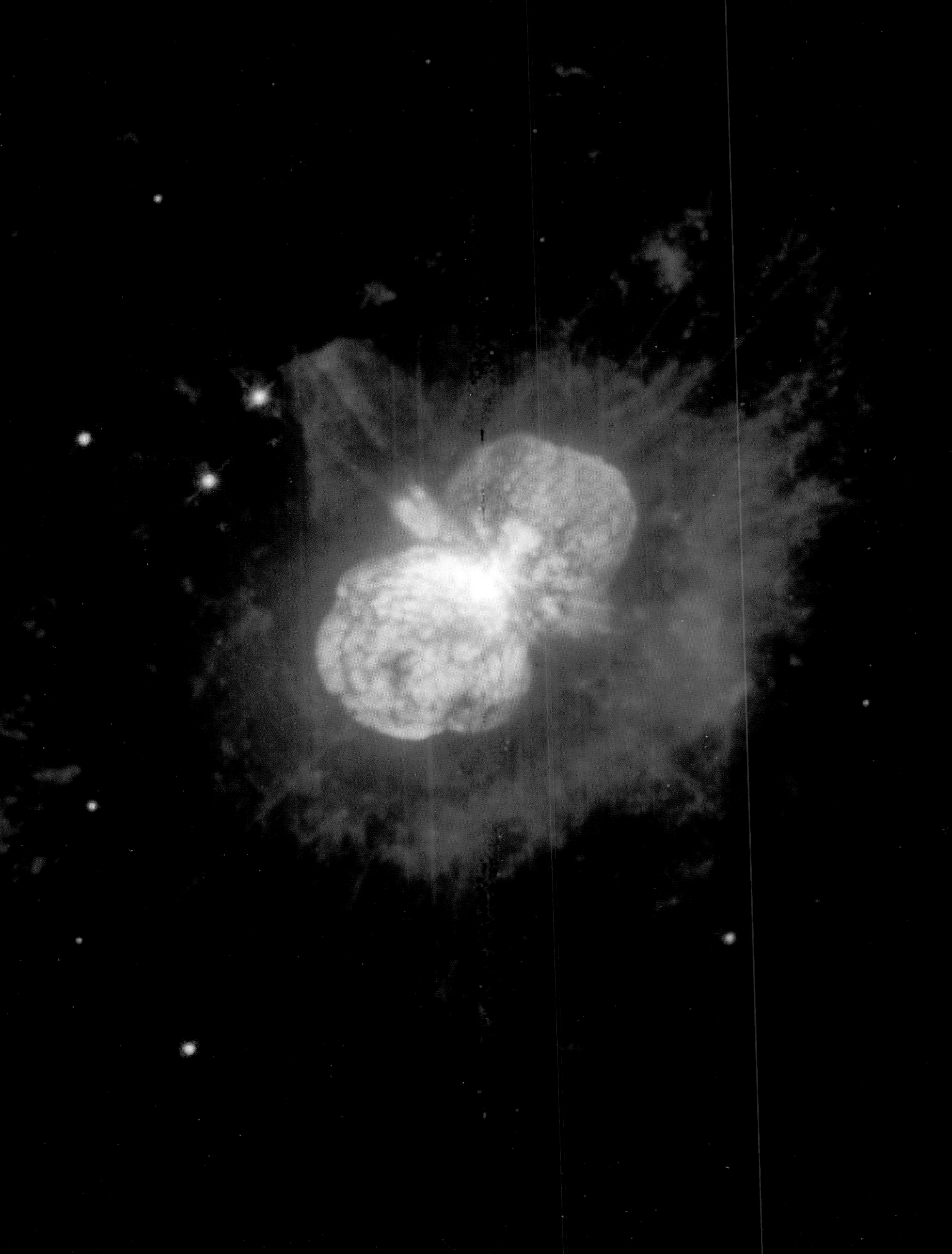

많은 사람들이 이 단순한 사실을 처음 알게 되었을 때 이상한 감동을 받게 된다. 왜? 왜 그처럼 감동하게 될까? 우리가 사는 이 작은 천체에서는 빛이 사실상 순간적으로 전달된다. 전등이 켜져 있을 때에는 당연히 전등이 우리가 보는 그 자리에서 빛을 내고 있다. 손을 뻗어서 그것을 만질 수 있다. 전등은 바로 그 자리에 있고, 불쾌하게 뜨겁다. 만약 필라멘트가 나가면 빛이 꺼진다. 전구가 망가져서 소켓에서 빼버린 후 여러 해가 지나면, 그 자리에 빛을 내고 방을 밝히고 있는 전구를 볼 수 없을 것이다. 이런 말 자체가 우스꽝스러울 정도이다. 그러나 우리가 멀리 떨어져 있을 때는 이야기가 달라진다. 태양이 온통 꺼져 버린 후에도 우리는 여전히 밝게 빛나는 태양을 볼 수 있다. 우리는 별의 죽음을 오랜 세월 동안——사실 별빛이 아무리 빨라도 유한 속도로 지구까지 공간을 달리는 데 걸리는 시간만큼——모르고 지낼 수가 있는 것이다.

별들이나 은하들의 엄청난 거리는 우리가 우주공간의 모든 것을 과거의——어떤 것은 지구가 태어나기 이전의——모습으로 보고 있다는 것을 뜻한다. 망원경은 타임 머신과 같다. 먼 옛날 초기의 은하가 주위의 어둠으로 빛을 뱉어내기 시작했던 무렵에는, 설마 수십억 년 후에 어느 먼 곳에서 암석과 금속, 얼음, 유기물 분자들로 된 덩어리가 서로 뭉쳐 지구라는 곳을 만들어내리라고는 아무도 생각하지 못했을 것이다. 혹은 거기에 생물이 태어나게 되고 생각하는 동물이 진화하여 어느 날 은하의 약한 빛을 받게 되자 그 빛의 근원을 알아내려고 애쓰리라고 누가 짐작이나 했을까?

그리고 지구가 죽은 후——앞으로 약 50억 년 후 태양이 지구를 바삭바삭하게 되도록 태워버리거나, 통째로 삼켜버린 후——다른 천체(행성)들, 별들, 은하들이 태어나게 되면 그 아무도 한때 지구로 불렸던 곳이 있었음을 알지 못하리라.

이 생각이 편견처럼 느껴지지는 않는다. 도리어 〈우리〉 집단(어떤 것이든)이 태어날 때의 우연한 조건 때문에 우주 사회에서 중심적 위치를 차지해야 한다는 생각이 적절하고 정당한 것 같다. 이집트 왕조의 어린 군주나 플란타지네트 Plantagenet 왕가(헨리 2세로부터 리처드 3세까지[1154-1485] 영국을 통치한 왕가——옮긴이)의 혈통을 사칭하는 자, 도둑 백작의 자식들, 중앙위원회의 관료들, 길거리의 강도들, 국가의 정복자들, 자신 있는 다수당의 당원들, 잘 알려지지 않은 종파들, 욕먹는 소수당원들 등 많은 사람들에게는 이러한 이기적인 태도가 마치 숨쉬는 일처럼 자연스럽게 느껴진다. 이런 경향은 우리 인류를 병들게 하는 남녀차별주의, 민족주의, 국가주의, 기타 혹독한 배타주의자들과 공통된 심리적 원천으로부터 스스로를 지탱할 힘을 얻고 있다. 내가 남보다 명백한——심지어는 천부의——우월성을 가지고 있다고 하는 아첨을 뿌리치려면 적잖은 인격이 필요하다. 자존심이 경망할수록 우리는 이런 아첨에 굴복하기 쉬운 것이다.

과학자도 사람이니까 과학적 세계관에 관해서도 이와 비교될 만한 주장이 스며들게 마련이다. 실제로도 과학사에서의 많은 중심적 논쟁은 인간이 특수한 것인가 아닌가에 관한 논쟁이었던(적어도 부분적으로는) 것 같다. 그런데 거의 언제나 전제되는 가정은 우리가 특별하다는 것이다. 그러나 그 전제를 자세히 검토해 보면 우리가 그렇지 않다——낙심할 정도로 많은 경우——는 사실이 판명된다.

우리 조상들은 야외에서 살았다. 그들은 밤하늘에 친숙했다. 마치 우리 대부분이 마음에 드는 텔레비전 프로에 친숙해지듯이. 태양, 달, 별들, 행성들은 모두 동쪽에서 떠서 서쪽으로 지며 그 사이에 우리 머리 위를 지나간다. 천체의 운동은 단순한 볼거리로 우리의 외경심이나 불만을 자아내는 것이 아니다. 그것은 하루 사이의 시간과 계절(날짜)을 가르쳐 주는 유일한 방식이다. 사냥꾼이나 식량을 채취하는 원시인들이나 농민들에게 하늘의 현상에 관한 지식은 생사가 걸린 중대한 일이었다.

태양과 달, 행성과 별들이 우아하게 꾸며진 우주 시계의 부품을 이루고 있다는 것은 우리에게 얼마나 다행스러운 일일까! 그것은 우연한 일이 아닌 듯하다. 그들은 목적이 있어, 우리의 이익을 위해서 여기에 주어진 것이다. 우리 아니고 그 누가 이들을 이용하겠는가? 그밖에 무슨 소용이 있겠는가?

그런데 만일 하늘의 빛들이 우리 주위에 떠오르고 진다면 우리가 우주의 중심에 자리하고 있음은 명백하지 않은가? 이 천체들(비록 이 세상 것이 아닌 능력으로 가득 차 있고, 더구나 우리는 태양의 빛과 열에 의존하고 있지만)은 우리 주위를 마치 아첨꾼이 임금님 주위에서 해롱거리듯이 돌아가고 있다. 설사 우리가 짐작 못했더라도 하늘의 가장 초보적 관찰에서부터 우리가 특별하다는 것을 알게 될 것이다. 우주는 인간을 위해서 설계된 듯하다. 이런 상황을 생각해 보면 긍지와 안도감을 느끼지 않을 수 없다. 온 우주가 우리를 위해서 만들어졌다니! 우리는 참으로 특별한 존재가 아닐 수 없다.

이처럼 매일 하늘의 관찰이 굳혀주는 인간 존재의 중요성에 대한 증명

은하수 안에 별들이 얼마나 많은가를 보여주는 증거. 이 사진의 원판에는 약 10,000개 정도의 별이 있다. 대단히 많은 수지만 우리 은하에 있는 별 중 1000만 분의 1 이하에 지나지 않는다. 수소 가스의 빛을 내는 왼쪽 위의 성운은 M17이다. ROE/영호천문대 제공. 데이비드 맬린 촬영.

은 우리 마음을 흐뭇하게 하였으며, 지구중심의 자부심은 문화를 초월한 진리로 굳어지고, 학교에서 가르치고 용어가 만들어지고 위대한 문학작품이나 경전(經典)의 일부가 되었던 것이다. 이것을 믿지 않는 사람들은 소외되었고 때로는 고문이나 죽음을 당하게 되었다. 인간 역사의 긴 세월에 걸쳐서 이를 의심하는 사람은 아무도 없었다.

먹을 것을 찾아다니거나 사냥을 일삼던 우리 조상들의 생각이 이러했던 것은 의심할 여지가 없다. 2세기에 클라우디우스 프톨레마이오스(톨레미 Ptolemy)는 지구가 구형이고 그 크기가 별의 거리에 비하면 〈하나의 점〉인 것을 알았는데 그는 그것이 〈하늘의 바로 한복판〉에 있다고 가르쳤다. 아리스토텔레스, 플라톤, 성 아우구스티누스, 성 토마스 아퀴나스를 비롯하여 17세기에 이르는 3,000년에 걸친 모든 문화의 위대한 철학자와 과학자는 모두 이런 착각에 사로잡혔던 것이다. 어떤 학자는 태양, 달, 별, 행성이 완전히 투명한 수정으로 된 구면에 교묘하게 붙어서 돌아간다고 하는 학설을 생각해냈다. 물론 이 구들은 지구를 중심으로 하는 큰 구들인데, 이것으로 몇 세대에 걸쳐서 천문학자들이 꼼꼼하게 기록을 남겼던 천체의 복잡한 운동을 설명하려는 것이었다. 그런데 그것은 성공하였다. 그 후의 수정을 거쳐 지구중심의 가설은 2세기나 16세기에 알려졌던 행성의 운동을 충분히 설명할 수 있었던 것이다.

이 학설에서 조금만 더 나아가면 플라톤이 『티마이오스 *Timaeus*』에서 쓴 더욱 거창한 주장, 즉 〈인간 없이는 세계의 '완성'이 미흡하다〉는 주장으로 확대된다. 1625년에 시인이며 성직자였던 존 돈 John Donne은 〈인간이 …… 모든 것이다. 세계의 한 조각이 아니라 세계 그 자체이다. 인간은 신의 영광에 다음 가며, 세계가 존재하는 이유인 것이다〉라고 썼다.

그런데도——얼마나 많은 왕들, 교황들, 철학자, 과학자, 시인들이 그 반대를 고집하였는지는 개의치 말자——지구는 수천 년 동안 태양 둘레를 끈질기게 돌고 있었다. 그 오랜 시간에 걸쳐 우리 인간을 내려다보던 외계의 가차없는 관측자를 상상한다면 그들은 우리를 흉내내어 지껄일 터이다. 〈우주는 우리를 위해서 만들어진 것이야! 우리는 중심에 자리하고 있어! 모든 것이 우리에게 경의를 표하고 있단 말이야!〉 그러고는 우리 인간의 주장이 가소롭고 우리 열망이 병적이며 지구는 천치들이 사는 행성이라고 결론내릴지도 모른다.

그러나 이런 판단은 너무 가혹하다. 우리는 나름대로 최선을 다한 셈이다. 우리가 매일같이 관찰하는 바와 비밀의 염원 사이에는 불행한 우연의 부합이 있었다. 우리는 편견을 뒷받침하는 듯한 증거에 대해서는 그다지 비판적이 못되는 경향이 있다. 그런데다가 반증이 될 만한 것이 거의 없었다.

겸손과 전망을 권고하는 약간의 불협화음이 억눌린 대위법(對位法)처럼 들리는 가운데 몇 세기가 흘렀다. 과학의 동이 트던 시대에 고대 그리스와 로마의 원자론 철학자들(물질이 원자로 만들어졌다고 처음으로 제안한 사람들)인 데모크리토스, 에피쿠로스와 그의 추종자들, 그리고 루크레티우스 Lucretius(과학을 처음으로 일반인에게 보급한 사람)은 명예롭지 못하게도 많은 세계들과 많은 형태의 외계 생물들을 제안하였는데 그들이 모두 우리와 같은 원자들로 이루어졌다고 주장하였다. 이 사람들은 공간과 시간의 무한함을 고려하도록 우리에게 권하였다. 그러나 서양에서 널리 보급된(세속과 성직, 이교도와 기독교도를 가리지 않고) 교리에 따른다면 원자론자의 아이디어는 비난의 대상이 되었던 것이다. 그 대신에 천체현상은 우리 세계와는 완전히 다르게 불변하고 〈완전무결〉한 것이었다. 지구는 변동하고 〈부패한〉 것이었다. 로마의 정치가이자 철학자였던 키케로 Cicero는 일반의 견해를 이렇게 요약하였다. 〈하늘에는 …… 우연, 위험, 착오, 좌절 같은 것이 전혀 없는 대신에 절대적 질서, 정확성, 깊은 사려, 규칙성이 존재한다.〉

철학과 종교는, 신들(혹은 유일신)은 우리보다 훨씬 강하고 그들의 특권을 소중히 간직하며, 참을 수 없는 교만에는 응분의 징벌을 준다고 경고하였다. 그러나 우주의 질서에 대한 이들의 가르침이 과신과 망상에 지나지 않다는 데에 관해서는 아무런 단서도 주지 못했다.

철학과 종교는 단순히 견해(관측과 실험에 의하여 뒤집혀질지도 모를 견해)를 확실한 사실로서 제시한다. 그들은 전혀 이런 데 개의치 않았다. 그들의 뿌리깊은 믿음이 착오였을지도 모른다는 가능성은 고려된 일이 거의 없었다. 교리의 겸허성(謙虛性)이란 다른 사람들이 지켜야 할 것이었다. 그들 자신의 가르침은 틀림이 없고 틀릴 수 없는 것이었다. 사실은 그들이 몰랐지만 더 겸손했어야 할 처지였는데 말이다.

16세기 중엽에 코페르니쿠스를 선구로 하여 비로소 문제가 정식으로 다루어지게 되었다. 우주의 중심에 지구가 아니라 태양을 자리하게 하는 생각은 위험한 사상으로 알려져 왔었다. 친절하게도 많은 학자들은 재빠르게 이 새로운 유행의 가설이 전통적 지혜에 대한 중대한 도전은 아니라고 종교계의 성직자들을 안심시켰다. 두뇌를 분열시키는 식의 타협안으로 태양중심의 체계는 단순히 계산의 편이를 위한 것으로 천문학의 진리는 아니다, 즉 지구는 모든 사람이 아는 대로 실제로 우주의 중심에 있다는 것이다. 그러나 만약에 우리가 내후년 11월의 제2화요일에 목성이 어디 있는지를 예언하려면 태양이 우주의 중심에 있는 것처럼 가정해도 된다는 말이다. 그러면 우리는 권위 당국에 거스르지 않고 계산을 해낼 수 있는 셈이다.*

17세기 초의 바티칸의 일류 신학자 로버트 카르디날 벨라르미네는 쓰고 있다.

> 이것은 위험한 사상이 아니라 수학자에게 만족스러운 것이다. 그러나 태양이 실제로 천체들 궤도의 중심에 정지해 있고, 지구가 태양 둘레를 매우 빠르게 돌고 있다고 주장한다면 이는 단지 신학자와 철학자를 노하게 할 뿐만 아니라 우리의 신성한 〈믿음에 상처를 입히고 성경의 말씀을 거짓으로 만드는 위험한 일이다〉.

그는 또 다른 곳에서 쓰기를 〈믿음의 자유란 유해한 사상이다. 그것은 잘못을 저지를 자유에 지나지 않는다〉라고 하였다.

그런데 만약 지구가 태양 둘레를 돌고 있다면, 가까운 별들은 더 멀리 있는 별들의 배경에 대해서——우리의 시선 방향이 6개월마다 지구 궤도의 한쪽에서 다른 쪽으로 옮김에 따라——움직일 터인데, 그런 〈연주시차(年周視差)〉 현상이 발견되지 않았다. 코페르니쿠스는 그것을 별들이 엄청나게 멀리(아마도 지구와 태양 사이의 거리의 100만 배나) 있기 때문이라고 설명했다. 장차 보다 정밀한 망원경이 연주시차를 발견하게 될 터이다. 지구중심주의자들은 이것을 결함 있는 가설을 살려내려는 절망적인 몸부림——보기에 우스꽝스러운——으로 생각하였다.

*코페르니쿠스의 유명한 책이 처음 출판될 때 신학자 안드루 오시안더Andrew Osiander의 서론이 임종이 가까운 코페르니쿠스도 모르게 삽입되었다. 종교와 코페르니쿠스 천문학을 화해시키려는 오시안더의 호의적인 시도는 다음의 말로 마무리되었다. 〈누구도 천문학의 확실성에 대해서 기대하지 말라. 왜냐하면 천문학은 우리에게 확실한 것을 아무것도 제공하지 못하기 때문이다. 누구라도 다른 용도를 위해서 고안된 것을 진리로 받아들인다면 천문학을 배우기 전보다도 더 어리석은 사람이 되어 천문학으로부터 떠나게 될 터이다.〉 확실성이란 오직 종교에서만 찾아낼 수 있었다.

갈릴레오Galileo가 최초의 천체망원경을 하늘로 돌렸을 때부터 이런 형세는 달라지기 시작했다. 그는 목성의 둘레를 도는 작은 위성들을 발견했고, 안쪽 위성은 바깥쪽 위성보다 빨리 도는 것이, 바로 코페르니쿠스가 태양 둘레의 행성운동에 대해서 알아낸 것과 같다는 사실을 밝혔다. 그리고 그는 수성과 금성이 달처럼 차고 기우는 위상(位相)의 변화를 하고 있음(그들이 태양 둘레를 돌고 있다는 증거)을 발견했다. 그뿐만 아니라, 곰보처럼 얽은 달의 표면과 흑점으로 얼룩진 태양 표면은 천체의 완전성에 도전하는 사실로 보여졌다. 이것은 그보다 약 1300년 전에 테룰리안Terullian이 〈만일에 우리가 분별 있고 겸허한 마음가짐으로 하늘의 영역(領域)을 침범하거나, 우주의 숙명과 비밀을 건드리기를 삼가했을 때에〉 겪게 되리라고 염려했던 곤욕의 일부로 볼 수 있을지 모른다.

그러나 갈릴레오는 우리가 관측과 실험을 통해 자연을 탐색할 수 있다고 가르쳤다. 그러면 〈겉으로 보기엔 불가능했던 사실들이 아주 간단한 설명으로 진실을 가렸던 겉옷을 벗고 알몸의 단순한 아름다움을 드러낼 것이다〉. 의심 많은 사람들까지도 납득시킬 이런 사실들은 신학자들의 모든 사상보다도 더 확실하게 신의 우주를 들여다보게 하는 것이 아닌가? 그러나 만일에 이 사실들이 자기의 종교가 잘못될 리 없다고 생각하는 사람들의 믿음을 거스른다면 어떻게 될까? 교회의 성직자들은 이 늙은 천문학자가 지구가 움직인다는 혐오스러운 사상을 퍼뜨리기를 고집한다면 그를 고문할 것이라고 위협하였다. 갈릴레오는 그의 여생을 일종의 가택연금에 처해질 선고를 받게 되었다.

한두 세대가 지나서 뉴턴Newton이 간결하고 우아한 물리학으로 관측된 달과 행성의 운동을 모두 정량적으로 설명(그리고 예언)할 수 있음을 (태양이 태양계 중심에 있다는 가정 아래) 증명하게 되자 지구중심주의자들의 과신은 더욱 깊은 상처를 입게 되었다.

1725년에 별의 시차를 발견하려고 힘을 기울였던 영국의 아마추어 천문가 제임스 브래들리James Bradley는 빛의 광행차(光行差, aberration)라는 현상에 우연히 부딪히게 되었다. 원래 〈바른 길에서 어긋남〉은 뜻하는 〈aberration〉은 이 발견이 기대 밖으로 얻어졌다는 느낌을 갖게 한다. 1년 동안 관측하면 별들이 하늘에 작은 타원을 그리는 것을 알게 된다. 모든 별이 다 그렇다. 이것은 별의 시차가 아니다. 왜냐하면 가까운 별은 큰 시차가 기대되고 먼 별은 시차가 보이지 않을 정도로 작기 때문이다. 이와 달리 광

말머리 성운과 IC434. 영호천문대 제공. 데이비드 맬린 촬영.

행차는 자동차로 달리고 있는 사람에게 빗살이 기울어 보이는 현상과 흡사하다. 자동차가 빠를수록 빗살은 더욱 기울어져 보인다. 만약에 지구가 우주의 중심에 정지해 있고 태양 둘레의 궤도를 돌지 않는다면 브래들리는 별빛의 광행차를 알아차리지 못했을 것이다. 이것은 지구가 태양 둘레를 돌고 있다는 어쩔 수 없는 증거가 된다. 이는 대부분의 천문학자를 납득시켰지만 〈반 코페르니쿠스파〉를 납득시키지는 못했다고 브래들리는 생각했다.

그러나 1837년에 이르러서 별의 직접 관측은 지구가 실제로 태양 둘레를 돌고 있다는 사실을 가장 뚜렷하게 보여주었다. 오랜 논쟁을 겪은 연주시차가, 더 나은 논증이 아닌 개량된 관측기계의 힘으로 드디어 발견되었다. 연주시차의 설명은 광행차의 설명보다 훨씬 더 간단했으므로 그 발견은 매우 중요한 것이었다. 그것은 지구중심사상의 관에다 마지막 못을 박은 셈이

되었다. 한 손가락을 왼쪽 눈과 오른쪽 눈으로 볼 때 그것이 움직인 것처럼 보이는 것을 알기만 하면 된다. 이렇게 하면 누구든지 시차를 이해할 수 있다.

19세기에 이르러 모든 과학적 지구중심주의자들은 전향하거나 소멸하고 말았다. 일단 과학자 대다수가 확신하게 되자 비교적 유식한 일반인들의 견해도 급속히(어떤 나라에서는 불과 3, 4세대 안에) 바뀌었다. 물론 갈릴레이와 뉴턴 시대, 그리고 훨씬 후에도 새로운 태양중심의 우주관을 반대하고 그것이 받아들여지거나, 심지어 알려지는 것까지도 막으려고 애쓰던 사람들이 있었다. 그리고 그러한 생각을 은밀히 품고 있던 사람도 많았다.

20세기 후반에 와서 반대자가 있더라도 직접적으로 납득시킬 수 있는 방법을 가질 수 있게 되었다. 즉 우리는 투명한 수정의 구면에 행성들이 고정된 지구중심 체계에 살고 있는지, 아니면 행성들이 태양의 중력으로 지배되는 태양중심 체계에 살고 있는지를 검증할 수 있게 된 것이다. 예를 들어 우리가 레이더를 써서 행성을 탐사할 때 토성의 위성에서 전파신호가 반사되는 경우는 있어도 그보다 가까운 목성이 붙어 있는 수정구면에서 오는 전파의 메아리는 없다. 또 우리가 보낸 우주선은 뉴턴의 중력이론이 예언하는 대로 지정된 목적지에 놀라울 정도로 정밀하게 도착하고 있다. 우주선이, 예를 들어, 화성을 지나갈 때 그 측정기계는 〈수정구면(수천 년에 걸친 정통적 견해에 따라 금성이나 태양을 지구 둘레에 충실하게 돌게 하는 장치)〉을 뚫고 갈 때 내는 쨍그랑 소리를 듣거나, 수정의 깨진 조각을 찾아내지는 못했던 것이다.

보이저 1호가 가장 바깥쪽 행성 너머에서 태양계를 되돌아보았을 때의 조망은 바로 갈릴레이나 코페르니쿠스가 말했던 대로 태양은 중심에 있었고 행성들은 그 둘레의 동심원 궤도에 있었다. 지구는 우주의 중심에 있기는 커녕 그 둘레를 도는 여러 점들의 하나에 지나지 않았다. 우리는 이제 하나의 천체에 한정되는 일 없이 다른 천체들로 손을 뻗고 우리가 사는 행성계가 어떤 종류의 것인가를 확실하게 결정할 수 있는 경지에 이르렀다.

우리를 우주의 중심무대로부터 물러나게 하는 다른 제안들(그 수는 아주 많다)도 부분적으로 비슷한 이유 때문에 역시 반대에 부딪혔다. 우리 인간은 특권을 몹시 탐내는 것 같다. 그것도 우리의 업적이 아니라 우리의 출생, 이를테면 우리가 인간이고 지구 위에서 태어났다는 그 사실만으로, 우리는 그것을 인간중심적anthropocentric 과신이라고 부를 수 있다.

이런 과신은 인간이 신의 모습대로 창조되었다는 생각에서 거의 절정에 다다른 것 같다. 전우주의 창조자 및 지배자가 나를 닮았다니. 아니, 이런 우연의 부합이 있는가! 이 얼마나 편리하고 만족스러운 일인가! 기원전 6세기의 그리스 철학자 크세노파네스Xenophanes는 이런 생각의 오만함을 이해했었다.

> 에티오피아 사람들은 그들의 신들을 검은 피부에 납작코로 만들었다. 트레이스(옛날 발칸 반도 동북지방(지금의 불가리아)) 지방 사람들(Thracian)은 그들의 신들이 푸른 눈과 붉은 머리털을 가졌다고 말했다 ……. 그렇다 그리고 만약 황소와 말이나 사자가 손을 가졌고 손으로 사람처럼 그림이나 예술작품을 만들 수 있었다면, 말은 말처럼, 황소는 황소처럼 신을 그렸을 것이다 …….

이런 태도는 과거에 〈지방적〉 근성(보잘것없는 외진 시골의 정치적 계층이나 사회적 풍습이 여러 다른 전통과 문화를 포함하는 넓은 지역으로 확대되리라는 순진한 기대감, 친숙한 자기 마을이야말로 세계의 중심이라는 망상)이라고 표현되곤 했다. 시골뜨기란 바깥 세상일에 대해서 아는 것이 거의 없는 법이다. 그네들은 자기 고장이 얼마나 하찮은 곳인지, 또 제국이란 얼마나 다양한 곳인지를 인식하지 못한다. 그들은 나름대로의 척도와 관습을 지구의 여타 지방에 손쉽게 적용하려는 것이다. 그러나 그들을 예컨대 비엔나나 함부르크, 혹은 뉴욕에 떨어뜨린다면 그들의 생각이 얼마나 협소했던 것인지를 통감하게 될 터이다. 그들은 〈탈지방화〉하는 셈이다.

현대 과학은 미지의 영역으로 향하는 항해로서 들르는 곳마다 겸허의 교훈이 기다리고 있다. 많은 선객들은 오히려 집에 머물기를 원하고 있을지도 모른다.

요할 값어치가 있는 위대한 작품이라고 생각한다〉고 다윈은 그의 공책에 간략하게 쓴 것이다. 〈겸손하게 인간은 동물로부터 창조되었다고 하는 편이 더 진실에 가깝다고 나는 생각한다.〉 인간과 다른 지구상의 생물과의 깊고 친밀한 관련성에 대해서는 20세기 후반에 만개한 새로운 과학인 분자생물학에 의해 반론의 여지없이 증명되었다.

어느 시대에도 자기 찬양의 광신은 과학적 논쟁의 다른 장면에서 도마 위에 오르게 마련이다. 예컨대 금세기에 들어 와서 인간의 성 문제, 무의식의 존재, 많은 정신병과 성격 〈결함〉의 근원이 분자들의 세계에서 유래한다는 사실 등을 이해하려는 경우에 그렇다. 그러나 여기서도 다음과 같은 주장이 나온다.

〈그래, 가령 우리가 어떤 다른 동물과 밀접하게 관련되었다손 치더라도 우리는, 정도 문제가 아니라 질적으로 본질적인 면에서 다르지 않은가? 추리 능력, 자기의식, 도구를 만드는 능력, 윤리, 이타심, 종교, 언어, 인격의 고귀함 등에서 말이다.〉 하기는 인간이란 모든 다른 동물처럼 자타를 구별하는 특징이 있다. 그렇지 않고서야 우리가 어떻게 생물 종(種)을 구별할 수 있겠는가? 다만 인간의 독특함은, 때때로 지나치게 과장되어 왔던 것이다. 침팬지는 추리하고 자기의식을 가지며, 도구를 만들고, 헌신적 애정을 나타낸다. 침팬지와 인간은 99.6퍼센트까지 활성 유전인자를 공유하고 있다.(앤 두루얀과 나의 공동저서 『잃어버린 조상의 그림자 *Shadows of Forgotten Ancestors*』에서 그 증거를 열거하였다.)

일반인의 문화에서는 앞의 주장과 정반대되는 입장도 나타난다. 그 역시 인간의 배타적 사상(더하기 상상력의 빈곤)의 소산이기는 하지만. 동화나 만화에서 동물이 옷을 입고, 집 안에서 살고, 나이프와 포크를 쓰고, 말을 한다. 세 마리의 곰이 침대에서 자고 부엉이와 고양이는 아름다운 초록색 배를 타고 바다로 간다. 공룡의 어머니는 아기를 안고 펠리컨은 우편을 배달한다. 개가 자동차를 운전하고 벌레는 도둑을 잡고, 애완동물들이 사람 이름으로 불린다. 인형, 호두까기, 컵, 접시들이 춤을 추고 의견을 말하기도 한다. 큰 접시는 숟가락과 함께 도망친다. 『탱크엔진 토마스 *Thomas the Tank Engine*』 전집에서는 사람의 모습을 한 기관차와 객차가 매력 있게 그려져 있을 정도이다. 우리는 무엇을(생물이든 무생물이든) 생각하든 간에 그것에 인간적 특성을 붙이게 마련이다. 그것은 어쩔 수 없는 일이다. 형상이란 마음에 다가오기 쉬운 것, 애들은 분명히 그것을 좋아한다.

우리가 〈험악한〉 하늘, 〈설레는〉 바다, 흠집나기를 〈거절하는〉 다이아몬드, 지나가는 소행성을 〈끄는〉 지구, 〈들뜬〉 원자 등으로 말할 때 우리는 정령숭배자 Animist들의 세계관에 다시금 끌려든 것이다. 우리는 실재화하기 일쑤다. 고대의 어떤 사고방식에서는 생명 없는 자연에게 생명, 열정, 사전의 고려 따위를 부여하고 있다.

지구가 자기의식을 갖는다는 생각은 최근에 와서 〈가이아 Gaia〉 가설의 주변에서 발전하고 있다. 그러나 이것은 고대 그리스인과 초기 기독교인에 공통된 평범한 믿음이었다. 오리겐 Origen은 〈지구도 그 자체의 특성에 따라 어떤 죄악의 책임을 져야 할 것이 아닌가?〉 하고 의심했었다. 수많은 고대 학자들은 별들이 살아 있다고 생각했다. 이것은 또한 성 암브로시우스 St. Ambrose, 즉 오리겐(성 아우구스티누스의 스승)의 입장이었고, 보다 한정된 형식으로는 성 토마스 아퀴나스의 입장이기도 하였다. 태양의 성질에 관한 스토아 철학의 견해는 기원전 1세기에 키케로에 의하여, 〈태양의 성질은 생물의 몸속에 들어 있는 불과 유사하므로 태양도 역시 살아 있음에 틀림없다〉고 표현되었다.

일반적으로 정령숭배적 태도는 최근에 와서 널리 유행하고 있다. 1954년 미국의 통계적 조사에 의하면 투표자의 75퍼센트가 태양이 살아 있지 않다는 데 동의했지만 1989년에는 불과 30퍼센트만이 이런 성급한 결론에 찬동하고 있다. 자동차 타이어에 감정이 있는지에 대해서는 1954년에 90퍼센트의 응답자가 부정했지만 1989년에는 73퍼센트로 줄어들었다.

우리는 여기서 우리가 세계를 이해하는 능력에 하나의 결함(때로는 심각한)이 있음을 알 수 있다. 우리는 우리 자신의 성질을 자연에게——원하건 말건——던져 주지 않을 수 없는 것 같다. 이 결과는 언제나 세계관을 그릇되게 만드는 것이지만, 하나의 큰 미덕을 가졌다. 그것은 연민의 필수 전제 조건이 되기 때문이다.

〈그렇지, 아마도 우리 인간은 특별하지 않은, 창피하게도 원숭이와 연관을 가졌는지 모르지만, 그래도 적어도 모든 것 가운데 가장 나은 것이 아닐까? 신과 천사를 제외한다면 우리는 우주 안에서 유일한 지적 생물이 아닐까?〉 어떤 사람이 내게 편지를 쓰기를 〈나는 내가 경험한 무엇보다도 그것을 확신합니다. 우주 안에 다른 어느 곳에도 의식을 가진 생물은 없습니다. 인류는 그래서 우주의 중심으로서 그의 정당한 자리에 돌아오는 것이지요〉라고 하였다. 그러나 부분적으로 과학과 과학소설의 영향을 받아서 오늘날 많은 사람들은 (적어도 미국에서는) 이런 생각을 부정하고 있다. 그 이유는 고대 그리스의 철학자 크리시푸스 Chrysippus가 〈온 세계에 인간보다 우월한 것은 없다고 생각하는 사람은 모두 오만한 광인들이기 때문〉이라고 말한 것으로 요약된다.

그러나 우리가 외계의 생물을 아직 발견하지 못하고 있는 것은 사실이다. 우리는 그 탐색의 초기 단계에 있을 뿐이다. 그 의문의 문은 활짝 열린 채 있다. 만약에 나더러 추측하라고 한다면(특히 우리의 독선주의가 겪은 오랜 실패의 역사를 고려한다면), 우주에는 우리보다 훨씬 더 지적이고 더 앞선 생물들이 득실거리고 있을 것 같다. 그러나 물론 내가 틀렸을지도 모른다. 이런 짐작이란 기껏해서 행성의 개수, 유기물 분자의 편재, 진화에 필요한 요원한 시간의 경과 등으로부터 미루어 얻어진 그럴 듯한 논의에 바탕을 둔 것이다. 이를 과학적 증명이라 할 수는 없다. 하지만 이 문제는 모든 과학 중에서 가장 매력 있는 분야이다. 이 책에서 설명하듯이 우리는 이 문제를 진지하게 다룰 방법을 개발하는 중에 있는 것이다.

우리보다도 나은 지능을 만들어낼 수 있는지에 관해서는 사정이 어떠한가? 현재 컴퓨터는 한 사람이 다른 도움 없이는 처리 못할 수학 문제을 풀고, 서양장기의 세계 챔피언이나 체스의 명인을 이기고, 영어나 기타 언어를 이해하고, 제대로 된 단편소설이나 음악작품을 만들고, 선박, 항공기, 우주선 등의 진행 잘못을 수정해서 능숙하게 조종한다. 그 기능은 꾸준히 개선되어 보다 작고, 보다 빠르고, 보다 저렴한 기계가 나오고 있다. 해마다 과학적 발달의 밀물은 무뢰한들이 진을 치고 있는 인간 지성 유일사상의 섬 주변으로 점점 더 깊숙이 물결치듯 들이치고 있다. 만약에 지금처럼 인간 기술 진화의 초기 단계에서 실리콘과 금속만으로 이 정도의 지능을 만들어낼 수 있다면, 앞으로 이어질 수십 년 내지 수세기 동안에 무엇이 가능하게 될 것인가? 영리한 기계가 더욱 영리한 기계를 만들어낼 수 있는 날에는 어떤 일이 일어날 것인가?

인간에게 부당한 특권적 지위를 주려고 하는 움직임이 결코 근절되지 않으리라는 가장 분명한 징조는, 물리학과 천문학에서 말하는 〈인간 원리 Anthropic Principle〉이다. 보다 적절하게는 〈인간중심 원리 Anthropocentric Principle〉

로 일컬어진다. 그것은 여러 형태로 표현된다. 〈약한〉 인간 원리는, 만약 자연법칙과 물리상수(이를테면 광속도, 전자의 전하량, 뉴턴의 중력상수, 플랑크 Planck의 양자역학 상수)가 달랐더라면 인간의 기원으로 이어지는 일련의 사건들이 결코 일어나지 않았을 것이라고 주장한다. 즉 법칙과 상수가 달라지면, 원자들은 서로 결합하지 않고, 별들은 너무 빨리 진화해 버리기 때문에 그 근방의 행성 위에 생명이 진화할 시간적 여유가 없어지고, 생명을 이룩하는 화학원소들이 결코 생겨날 수 없고, 등등이다. 즉 법칙이 달라지면 인간은 존재하지 않는다는 것이다.

약한 인간 원리에 관해서는 논쟁의 여지가 없다. 만약 우리가 자연의 법칙과 상수들을 바꿀 수 있었다면 아주 색다른 우주, 많은 경우 생명을 허용하지 않는 우주가 나타날 것이다.* 우리가 존재한다는 사실만으로 자연법칙에 대한 제한이 암시된다(그러나 강요는 아니다). 이와 대조적으로 여러 형태의 〈강한〉 인간 원리는 이보다 훨씬 더 강한 주장을 한다. 한 주장에 따르면, 자연법칙과 물리상수는 인간이 결국에 가서 태어나게끔 만들어져 있다는(어떻게 또 누구에 의해서는 묻지 마라) 것이다. 가능한 다른 우주는 거의 모두가 생물이 서식하기 어려울 것이라고 그들은 주장한다. 이런 식으로 우주가 우리를 위해서 만들어졌다는 고대의 인간우월사상이 되살아나게 되었다.

볼테르의 『캉디드 *Candide*』에서 팡글로스 Pangloss 박사가, 이 세계는 그 모든 결함에도 불구하고 가능한 최선의 것임을 확신한다고 말한 것이 생각난다. 이것은 마치 내가 브리지 게임에서 첫번째 패로 이긴 것처럼 들리는 희한한 이야기이다. 즉 내 손에 왔을지도 모르는 540억×10억×10억(5.4×10^{28}) 종의 가능한 다른 패가 있었는데도 말이다. 그리고는 내 어리석은 생각에 브리지의 신이 계셔서 나를 도와주셨지, 신은 처음부터 내가 이기도록 배려하여 카드를 뒤섞고 떼어 주신 것이라고 결론내리는 것과 비슷한 이야기가 된다. 우리는, 생명과 지성의 출현을 가능하게 하고 심지어 자기존중의 망상까지도 가능하게 할, 우주의 카드놀이에서 서로 다른 패가 몇 가지나 되

*우리 우주는 거의 생명을(또는 적어도 생명에 필요한 조건을) 허용하지 않는 우주이다. 가령 1,000억 개 은하들 안의 모든 별들이 각각 하나씩 지구와 같은 행성을 가졌다 하더라도, 영웅적인 기술적 대책 없이 생물이 번영할 수 있는 곳은 우주의 총체적의 약 10^{-37}에 불과하다. 알기 쉽게 써보면 우주의 불과 0.000 000 000 000 000 000 000 000 000 000 000 000 1에서만 생물이 살 수 있다. 1 앞에 36개의 0이 있다. 그 나머지는 차고 복사로 메워진 검은 진공이다.

는지, 다른 가능한 우주, 자연법칙, 물리상수가 얼마나 많은지 알지 못한다. 우리는 우주가 어떻게 창조되었는지 아니 그것이 과연 창조되었는지에 대해조차도 거의 아는 것이 없으므로, 이 문제들을 더 추구해서 생산적인 결과를 기대하기는 어렵다.

볼테르는 물었다. 〈도대체 사물들은 왜 존재하는가?〉 아인슈타인의 진술은, 신이 우주를 창조할 때 선택의 여지가 있었을까를 묻는 것이다. 그러나 만약 우주가 무한히 오랜 것이라면, 즉 약 150억 년 전의 대폭발이 우주의 수축과 팽창의 무한한 계열에서 가장 최근의 팽창과정에 불과하다면, 우주는 창조된 일이 전혀 없었으며 우주가 왜 현재 이러한 현황에 있는지를 묻는 것은 무의미한 일이 되어버린다.

이와 달리 만약에 우주가 유한한 나이를 가졌다면 왜 우주는 현재의 모습을 이루게 되었을까? 왜 우주는 아주 다른 성질을 갖지 않았을까? 어느 자연법칙이 다른 어느 자연법칙과 양립하는 것일까? 그 연관성을 규정하는 상위(上位, meta) 법칙들이 있을까? 우리가 그것들을 발견할 가망성은 있을까? 중력에 대해서 생각할 수 있는 모든 법칙들 가운데 어느 것은, 거시적 물질의 존재 자체를 결정하는 양자물리학의 가능한 법칙들 중 다른 어느 것과 동시에 성립할 수 있을까? 우리가 생각할 수 있는 법칙은 모두 가능한 것일까 아니면 그 중 한정된 개수만이 어떻게든 실현될 수 있는 것인가? 분명히 우리는 자연법칙의 어느 것이 〈가능〉하고 어느 것이 불가능한지에 대해 어렴풋한 짐작조차 할 수 없다. 또한 자연법칙들 사이에 어떤 연관성이 〈허용〉되는지에 대해서도 극히 소박한 생각밖에 가진 것이 없다.

예를 들어 뉴턴의 중력에 대한 보편적 법칙은 두 물체가 서로 끌어당기는 중력이 그들 사이의 거리 제곱에 반비례함을 규정하고 있다. 우리가 지구 중심으로부터 2배의 거리만큼 이동하면 우리의 무게는 1/4로 준다. 10배로 멀어지면 보통 몸무게의 1/100로 준다. 바로 이 역제곱의 법칙이야말로 태양 둘레의 행성들, 행성 둘레의 위성들로 하여금 절묘한 원이나 타원 궤도를 그리게 하는 것이다. 행성간 우주선의 정밀한 궤도 역시 마찬가지이다. 만약 두 질량 중심 사이의 거리를 r라 하면 우리는 중력이 $1/r^2$처럼 변한다고 말한다.

그러나 차수가 다르다면(가령 중력법칙이 $1/r^2$이 아니라 $1/r^4$이었다면) 궤도는 닫히지 않는다. 수십억 회의 회전에 걸쳐 행성은 점차 작아지는 나선을 그리며 불타는 태양의 내부로 떨어져 소멸하거나 아니면 늘어나는 나선으로 행성간 공간으로 날아가 사라진다. 만약에 우주가 역제곱이 아니라 역네제곱의 법칙으로 이루어졌다면, 오래 안 가서 생물이 살 행성은 없어져 버릴 것이다.

그러면 가능한 모든 중력법칙 가운데 생물이 살기에 알맞은 중력법칙을 가진 우주에 사는 행운을, 우리가 차지하게 된 이유는 무엇일까? 그렇지 않다면 우리는 여기에서 사는 것은 물론이고 이런 질문조차 할 수 없으니, 첫째 이유는 우리가 〈행운아〉인 셈이다. 즉, 행성 위에서 진화한 호기심 많은 생물은 행성의 존재를 허용하는 우주에서만 발견될 수 있다는 것은 확실하다. 둘째는, 역제곱의 법칙은 수십억 년에 걸친 안정성을 보장하는 유일한 법칙이 아니라는 것이다. 즉 $1/r^3$보다 느리게(예컨대 $1/r^{2.99}$ 또는 $1/r$) 변하는 모든 차수법칙 power law은 행성을(약간 건드려도) 원 궤도의 근방에 머물게 한다. 우리는 생명의 존재를 허용할 다른 자연법칙들의 가능성을 우리의 고려에서 빠뜨리는 경향이 있다.

그러나 이 밖에도 문제점이 남아 있다. 우리가 역자승의 중력법칙을 가지고 있는 것은 우연한 일이 아니다. 뉴턴의 이론을 보다 폭넓은 일반상대론의 언어로 이해할 때 우리는 중력법칙의 차수가 2인 까닭이 우리가 사는 공간의 물리적 차원 dimension 수가 3인 데에서 유래함을 알게 된다. 모든 중력법칙이 가능한, 즉 조물주의 선택에 맡겨진 것이 아니다. 어느 위대한 신의 손에 맡겨진 무한히 많은 3차원 우주들이 있다 하더라도 중력법칙은 언제나 역제곱의 법칙이어야 할 것이다. 이를테면 뉴턴의 중력은 우리 우주의 우발적인 하나의 측면이 아니라 필연적인 측면인 셈이다.

일반 상대론에서 중력은 공간의 차원과 곡률에서 〈유래〉한다. 우리가 중력을 말하고 있을 때 우리는 시공간 space-time의 국부적 보조개(오목 패인 곳)를 말하고 있는 것이다. 이 말은 결코 자명한 말이 아니라 상식적인 개념을 무색케 하는 말이다. 그러나 깊이 생각해 보면 중력과 질량은 서로 분리된 개념이 아니고, 바닥에 깔린 시공간의 기하학에서 돋아나는 가지와 같다.

내 생각으로는, 이와 비슷한 사정이 여러 인간중심 가설들에서는 일반적으로 적용되는 것 같지 않다. 우리의 생명이 의존하는 법칙과 물리상수들은 이와 다른 법칙과 물리상수들로 이루어진 대단히 큰 집단의 한 멤버로 밝혀지는데, 그 속에 생명을 허용하는 것도 들어 있는 셈이다. 가끔 우리는 다른 우주들이 무엇을 허용하는지를 골고루 알아보지 않는(또는 할 수 없는) 경우가 많다. 어느 범위를 넘어선다면 아무리 우주의 창조자라 해도 자연법칙

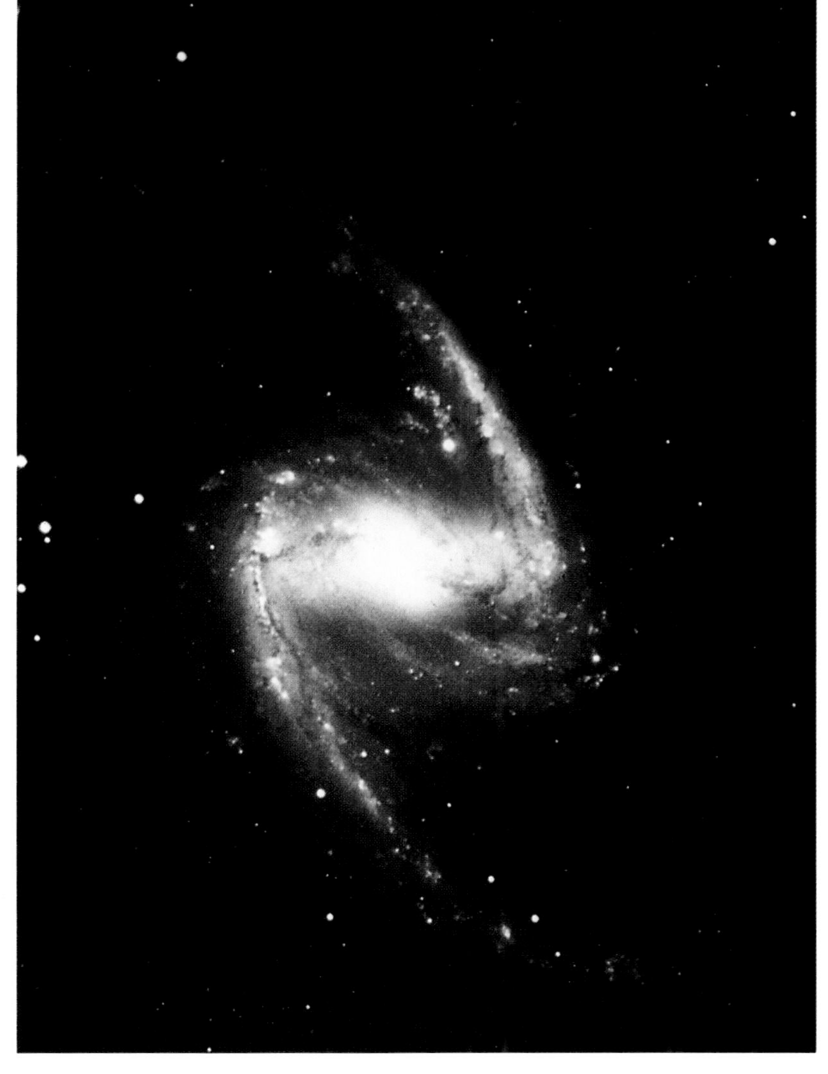

막대 나선 은하 NGC 1365. 영호천문대 제공. 데이비드 맬린 촬영.

이나 물리상수를 마음대로 선택할 수 없을 것이다. 과연 어떤 자연법칙이나 물리상수들이 선택을 기다리고 있는지에 관한 우리의 지식은 단편적인 것에 지나지 않는다.

더욱이 우리는 추정되는 다른 우주들에 관해서 알아볼 길이 없다. 인간중심 가설들을 검증할 실험방법도 없다. 설사 확실한 이론, 예컨대 양자역학과 중력이론이 다른 우주의 존재를 증명하더라도 이것을 부정하는 더 좋은 이론들이 없으리라고 장담할 수는 없다. 그런 이론이 나올 때까지는——만약의 이야기지만——인간 원리를 인간중심 혹은 인간의 유일성의 논거로 믿는 일은 시기상조가 아닌가 나는 생각한다.

마지막으로 설령 우주가 생물이나 지성의 탄생을 위하여 의도적으로 만들어졌다 하더라도 다른 생물들이 수많은 세계에 존재할 수 있다. 만일 그렇다면 우리가 생명과 지성을 허용하는 극소수의 우주들 가운데 하나에 살고 있다는 사실은 인간중심주의자에게 차가운 위안이 될 것이다.

인간 원리를 표현하는 데는 놀라우리만큼 까다로운 데가 있다. 그렇다, 어느 특정한 법칙과 상수들만이 우리 인간에게 적합하다. 그러나 사실상 이와 동일한 법칙과 상수들이 암석을 만드는 데도 요구되었다. 그렇다면 우주는 암석이 어느 날 생겨나게끔 설계되었고 또 강하고 약한 〈암석원리〉를 거론하지 않겠는가? 만약 암석들이 철학을 한다면 암석원리는 지성의 최전선에 자리잡게 되리라고 나는 상상한다.

그런데 오늘날 우주 전체조차도 특별한 것이 못된다는 우주모델이 있다. 전에 모스크바의 물리학연구소에 있었고 현재 스탠퍼드 대학에 재직하는 안드레이 린데 Andrei Linde는 강하고 약한 핵력과 양자물리학의 현대지식을 써서 새로운 우주모델을 만들었다. 린데는 우리 우주보다 훨씬 큰 하나의 광대한 우주, 아마도 공간으로나 시간으로 무한히 확장된 우주, 종래 알려진 반경이 150억 광년 정도의 쩨쩨한 것이 아니고, 나이도 150억 년 정도가 아닌 우주를 생각하고 있는 것이다. 이 초우주에는, 우리 우주에서처럼, 일종의 양자적 요동이 있어 도처에서 전자보다 작은 구조가 생성·변형·소멸되고, 진공 속에서도 역시 우리 우주에서처럼 기본입자의 쌍(예컨대 전자와 양전자)이 생성·소멸하고 있다. 양자적 거품들이 들끓는 속에서 그 대부분은 미시적인 상태에 머물러 있지만, 극히 드물게 급속한 팽창을 하는 구역이 성장해서 어엿한 하나의 우주의 모습을 이루게 된다. 그러나 이런 우주들은 우리로부터 너무 멀리(우리 우주의 척도인 150억 광년을 훨씬 넘는 거리) 떨어져 있기 때문에 그들이 존재하더라도 전혀 우리와 가까워지거나 관측될 가망이 없다.

이런 우주들의 대다수는 팽창해서 최대의 크기에 이른 후, 수축하여 한 점으로 줄어들고, 결국 영원히 사라진다. 여타의 우주들은 팽창·수축을 되풀이하는 것도 있고, 한정 없이 팽창하는 것도 있다. 서로 다른 우주에서는 자연법칙도 다르다. 린데에 의하면 우리는 이런 우주들 가운데 하나 속에서——물리법칙이 급속팽창 inflation, 보통의 팽창, 은하, 별, 행성, 생물 등을 허용하는 우주에서——살고 있는 셈이 된다. 우리는 우리 우주가 유일한 것으로 상상하고 있지만, 그것은 엄청난 수의(아마도 무한히 많을지도 모를), 동등하고, 독립적이고, 분리된 우주들 가운데 하나에 지나지 않는다. 어떤 우주에는 생물이 있고, 어떤 우주에는 생물이 없다. 이런 관점에서 보면 관측이 가능한 우주는, 훨씬 더 크고 무한히 오래되고 전혀 관측할 수 없는 초우주에서, 새로 형성된 침체된 구역에 불과하다. 만약 이러한 생각이 옳다면, 유일한 우주에 살고 있다는 우리의 마지막 남은 하찮은 자존심마저 거절된 셈이다.*

장차 언젠가는, 오늘날의 증거를 뒤엎고 아주 다른 자연법칙이 성행하는 이웃의 우주들을 엿볼 수 있는 방법이 고안되고, 거기서 어떤 일이 가능한지를 알게 될 것이다. 혹은 이웃 우주의 주민들이 우리를 엿보게 될지도 모른다. 물론 이런 추측은 우리 지식의 한계를 훨씬 뛰어넘는 것이지만 말이다. 그러나 만약에 린데의 초우주 같은 것이 진실이라면, 놀랍게도 또 하나의 호된 반(反)지방중심주의의 선풍이 불어닥칠 것을 각오해야 할 것이다.

우리 능력은 가까운 장래에 우주를 창조할 수 있기에는 너무나 부족하다. 강한 인간 원리를 증명할 길은 없다(비록 린데의 우주론은 테스트할 수 있는 몇 가지 특성이 있지만). 외계 생물의 문제를 제쳐놓고 인간중심의 자기찬양적 과신이 이제 실험을 받아들이지 않는 요새 속으로 후퇴하였으니 인간의 우월사상과의 거듭된 과학적 전투는, 적어도 대세로 보아서, 승리를 거둔 것 같다.

오랫동안 유지된 관점은, 철학자 이마누엘 칸트 Immanuel Kant의 〈인간 없이는 …… 모든 창조는 불모의 황야에 불과하고, 헛된 행위로 궁극의 목적이 없다〉는 말로 요약될 수 있는데, 이것은 한낱 자기도취의 어리석음으로 드러났다. 범용(凡庸, mediocrity)의 원리는 우리의 모든 경우에 적용되는 것 같다. 우리는 인간이 우주의 중심무대에 선다는 명제가 철두철미 거듭되어 사실과 어긋나리라고는 짐작하지 못했던 것이다. 그러나 이제 논쟁의 대세는 결정적으로 하나의 입장으로 기울어졌다. 매우 유감스럽게도 그 입장은 다음의 한 문장으로 요약된다. 〈우리는 우주의 드라마 속에서 주인공이 아니다.〉

아마도 다른 세계의 생명이 주인공인지도 모른다. 어쩌면 주인공이 없을 수도 있다. 그 어느 경우든, 우리가 겸허해야 할 충분한 이유가 있다.

*이런 생각에 대해서는 용어가 여의치 않다. 우주를 뜻하는 독일어 [das] All은 포괄성을 분명히 하고 있다. 영어 universe는 〈우주들Multiverse〉의 하나에 불과하다고 해야겠으나 나는 Cosmos로서 초우주를, Universe로서 우리가 아는 우주를 표현하고자 한다.

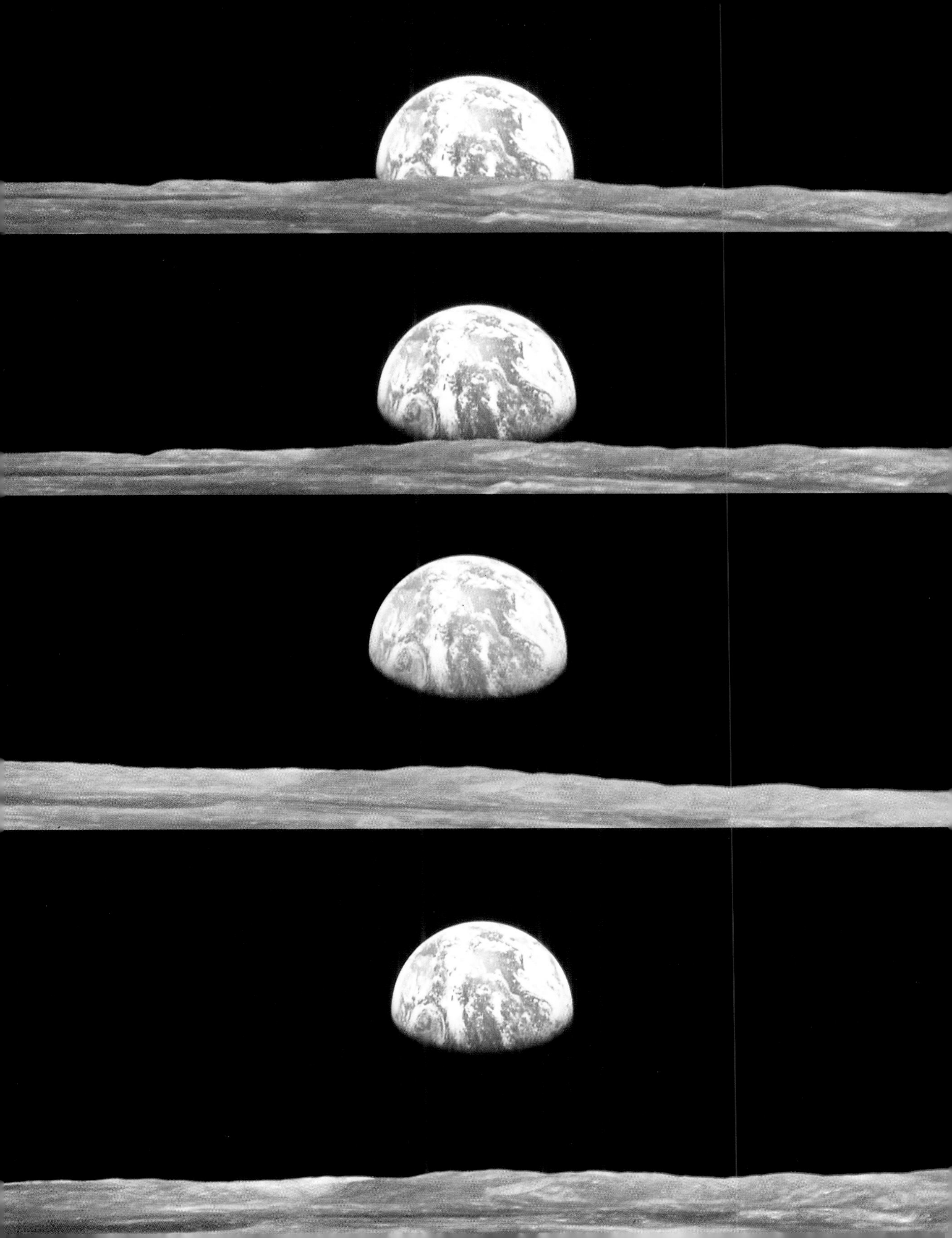

들이 좋아하는 성서의 구절을 믿을 만한 것으로 받아들이고, 그들에게 불편하거나 부담스러운 부분은 배제할 수 있지 않을까? 예컨대 살인의 금지는 사회가 제대로 기능하는 데 필수적이지만 만약 살인 행위에 대한 신의 징벌이 있을 법하지 않다면 많은 사람들이 살인하고도 무사할 수 있으리라고 생각하게 되지 않을까?

많은 사람들은 코페르니쿠스와 갈릴레오가 사회질서를 깨뜨리는 죄악을 기도했다고 생각했다. 사실 성서의 문자 그대로의 진리에 대한 도전은 모두, 그 원천이 어디였든 간에 그 결과는 마찬가지였을 것이다. 과학이 어떻게 해서 사람들의 신경을 건드리기 시작했는지를 이제 알 수 있다. 사람들의 원한은 신화를 영속시키려던 사람들을 비판하는 대신에 신화를 신용하지 않았던 사람들로 그 화살을 돌렸던 것이다.

우리 조상들은 우주의 기원을 그들 자신의 경험으로부터 미루어 더듬어 오름으로써 이해하였던 것이다. 그 밖에 어떤 방법이 있었겠는가? 그래서 우주는 우주의 알로부터, 또는 어머니 신과 아버지 신의 성적 결합에서, 또는 창조주의 작업장에서, 아마 결함 있는 여러 시도 중 가장 최근의 것으로, 이를테면 생산품으로 태어났다는 것이다. 지금 우리가 보는 우주보다 크지 않은 우주가, 인간의 기록이나 암석 기록보다 더 오래되지 않았을 무렵에, 우리가 알고 있는 곳과 별로 다르지 않은 곳에서 태어났던 것이다.

우리 우주론에서의 모든 사물은 낯익은 것이 되는 경향이 있다. 최선의 노력을 다해도 우리는 아주 뛰어난 발명가는 못되는 모양이다. 서양에서의 하늘은 평온하고 부드러우며 지옥은 마치 화산의 내부와 같아서 이 두 영역은 각각 신과 악마가 지배하는 위계 제도로 다스려진다. 일신론 monothe-ism은 왕 중의 왕에 대해 이야기했다. 인간들의 모든 문화에서는 인간의 정치제도와 비슷한, 우주를 다스리는 제도를 상상했다. 그 유사성을 의심하는 사람은 거의 없었다.

그 후 과학이 도래하여, 우리 인간은 만물의 기준이 아니며, 우리의 상상 밖에 불가사의가 존재하고, 우주는 우리가 편하게 그렇다고 생각하는 것과 다르다는 것을 가르쳐 주었다. 우리는 인간 상식의 특성에 관해서 좀더 알게 되었다. 과학은 인간의 자아 의식을 더 높은 수준으로 끌어올렸다. 이것은 확실히 통과의식, 즉 성숙함을 향하는 발걸음이다. 이는 코페르니쿠스 이전 생각의 유치함이나 자기도취성과 뚜렷하게 대조된다.

한 물질이다. 극관은 고체의 물로, 구름은 고체 및 액체의 물로 되어 있다고 보는 것이 타당한 추측이다.

이 푸른 물질이 엄청난 양의(깊이가 수킬로미터인) 액체 상태의 물이라는 생각을 쉽게 할지도 모른다. 그러나 적어도 이 태양계에 관한 한 이러한 생각은 좀 이상한 것이다. 왜냐하면 액체 상태의 물로 된 지표 위의 바다는 다른 곳에 없기 때문이다. 화학성분을 알려주는 표징이 될 가시광선 및 근적외선의 스펙트럼을 들여다보면, 극관에는 얼음이 있고 공기 안에는 구름을 만들기에 충분한 수증기가 있음을 발견할 수 있을 것이다. 수증기의 양은 실제로 바다가 액체 상태의 물로 이루어졌다면 증발로 인하여 생겨야 할 바로 그만큼이기도 하다. 이 이상한 가설은 확인되었다.

또한 분광기는 지구 공기의 1/5이 산소(O_2)임을 밝혀낼 것이다. 태양계의 다른 어느 행성도 이렇게 많은 산소량을 비슷하게라도 가지고 있지는 못하다. 이것은 모두 어디서 온 것일까? 태양의 강한 자외선은 물(H_2O)을 산소와 수소로 분해하는 데 수소는 가장 가벼운 기체이므로 금방 공간으로 도망가버릴 수도 있다. 확실히 이 설명은 O_2의 원천 중 하나지만 이것만으로 그 많은 산소를 설명하기에는 어림도 없다.

다른 가능성은 태양이 대량으로 방출하는 가시광선이 지구에서 물을 분해하는 데(다만 생물 없이 분해하는 방법은 알려진 것이 없다) 쓰인다는 것이다. 그러려면 식물——가시광을 강하게 흡수하는 색소의 색깔을 띤 생물로서 물 분자를 광자 두 개의 에너지로 분해하여 산소는 방출하고 수소는 붙들어 유기분자 합성에 이용할 줄 아는 생물——이 있어야 한다. 그리고 이 식물은 이 행성 위에 널리 퍼져 있어야 한다. 이것은 상당히 무리한 요구라고 할 수 있다. 만약 당신이 훌륭한 회의적인 과학자라면 이만큼의 O_2는 생명에 대한 증거가 되지는 않을 것이라고 생각하겠지만, 확실히 의심해 볼 만한 이유는 될 것이다.

이렇게 산소가 많다면 대기 속에 오존(O_3)이 발견되더라도 놀랄 일이 아니다. 왜냐하면 자외선은 산소분자(O_2)로부터 오존을 만들기 때문이다. 오존은 위험한 자외선을 흡수하게 된다. 그래서 산소가 생물에 기인한다면 생물은 산소를 통해 스스로를 보호한다는 흥미로운 이야기가 가능하게 된다. 그러나 이 생물체는 광합성 식물에만 한정된다. 고도의 지성을 가진 생물에는 적용되지 않을 이야기이다.

외계의 탐사대원이 대륙을 더 자세히 조사한다면 거기에는 대략 두 종

◀ 지구의 바다는 무엇으로 이루어졌을까? 지구의 평균온도(1979년 1월). 위 그림은 낮. 갈색이 최고온이며 차츰 빨간색에서 연한 푸른색을 거쳐 어두운 푸른색으로 온도가 내려간다. 이 메르카토르 Mercator 투영법에서는 아프리카가 두 번 나타난다. 남반구는 여름이다. 호주와 남미의 남반부, 그리고 남부 아프리카가 가장 뜨거운 지역이다. 가운데 그림은 야간의 월 평균온도를 나타낸다. 낮에 더웠던 지역은 모두 냉각된다. 아래 그림은 낮과 밤의 온도차를 보여준다. 사하라와 호주는 최대의 온도차를 보이는데 이것은 사막지대의 특징이다. 바다는 온도 변화에 둔한 액체인 물로 이루어진 것을 짐작케 한다. NASA의 위성자료. JPL의 Moustafa Chahine 제공.

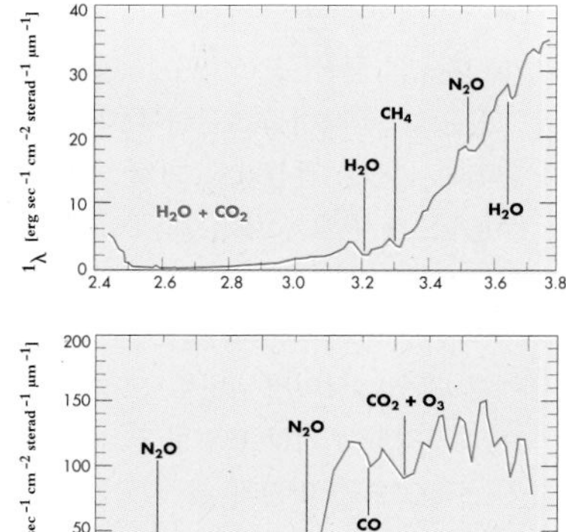

갈릴레오 우주선이 얻은 지구의 적외선 스펙트럼. 수증기, 메탄, 이산화탄소, 일산화탄소, 아산화질소(N_2O)의 존재를 보여준다.

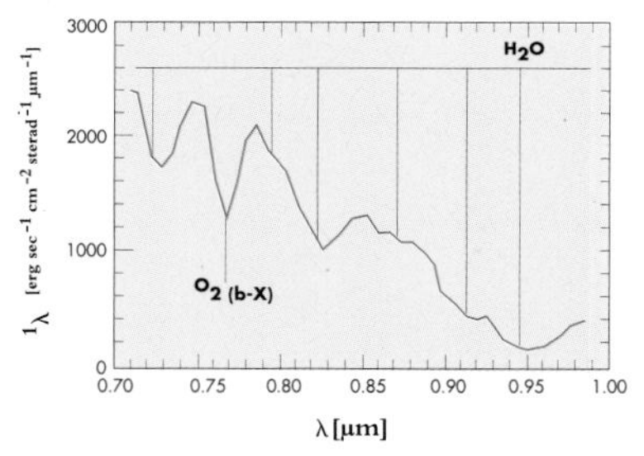

갈릴레오 우주선이 얻은 지구의 가시광선 및 근적외선 스펙트럼. 수증기와 다량의 산소 분자를 보여준다.

류의 지역이 있음을 알게 될 것이다. 하나는 다른 많은 천체에서도 볼 수 있는 보통의 암석과 광물의 스펙트럼을 나타낸다. 또 하나는 좀 이상한 지역, 즉 빨간 빛을 강하게 흡수하는 물질이 있음을 나타낸다.(물론 태양은 노란색에 피크가 있는, 모든 색의 빛을 방출한다). 이 색깔은, 만약 보통의 가시광선이 물을 분해한다면 공기 속에 산소가 많다는 것을 설명하는 데 필요한 바로 그 물질에 유래한다. 이것은 생물의 존재를 다시(이번에는 좀더 강하게) 암시하는 것으로 생물이 여기 저기에 점재하는 것이 아니라 행성 표면에 넓게 퍼져 있음을 알려준다. 실제로 이 색소는 엽록소인데, 푸른 빛과 빨간 빛을 흡수하므로 식물이 녹색으로 보이는 이유가 된다. 우리는 식물이 밀생하는 행성을 보고 있는 셈이다.

그러므로 지구는, 적어도 이 태양계 안에서는 특이한 세 가지의 특성, 즉 바다, 산소, 생물을 가진 것으로 밝혀진다. 이들이 서로 무관하다고 생각하기는 어렵다. 바다는 많은 생명이 기원한 장소이고 산소는 그들의 생산품이다.

지구의 적외선 스펙트럼을 주의해서 보면 공기의 희소 성분들을 찾을 수 있다. 즉, 수증기를 비롯하여 이산화탄소(CO_2), 메탄(CH_4) 등 야간에 지구가 공간으로 방출하려는 열을 흡수하는 기체들이다. 이 기체들은 행성을 덥힌다. 이들이 없다면 지구는 어디서나 어는 점 이하의 온도가 될 터이다. 우리는 이 천체의 온실효과를 발견한 셈이다.

같은 대기 속에 메탄과 산소가 같이 있다는 것은 이상한 일이다. 화학 법칙은 매우 분명하다. O_2가 초과하면 CH_4은 H_2O와 CO_2로 모두 변환되어야 한다. 이 과정은 극히 효율적이어서 지구 대기 전체에서 한 개의 메탄 분자도 없어야 하는데 실제는 100만 개 분자 중 1개가 메탄 분자이므로 큰 차이가 있다. 이것은 웬일일까?

가능한 유일한 설명은 O_2와 반응하는 양보다 많은 메탄이 신속히 지구 대기로 주입된다는 것이다. 만약 그렇다면 그 많은 메탄은 어디서 오는 것일까? 어쩌면 그것은 지구 내부 깊숙한 곳으로부터 스며나올 수도 있지만 양을 고려할 때 그럴 것 같지는 않다. 화성이나 금성에는 이렇게 많은 메탄이 없다. 그러므로 유일한 가능성은 생물과 관련시키는 것인데, 생물 화학이나 구체적인 메커니즘에 대한 가정 없이 단순히 산소 대기 속에서는 메탄이 매우 불안정하다는 것에 근거한 결론이다. 사실 메탄은 늪 속의 박테리아, 쌀 경작, 식물의 연소, 유정의 천연가스, 소의 복내 가스 등에서 발생한다. 그러

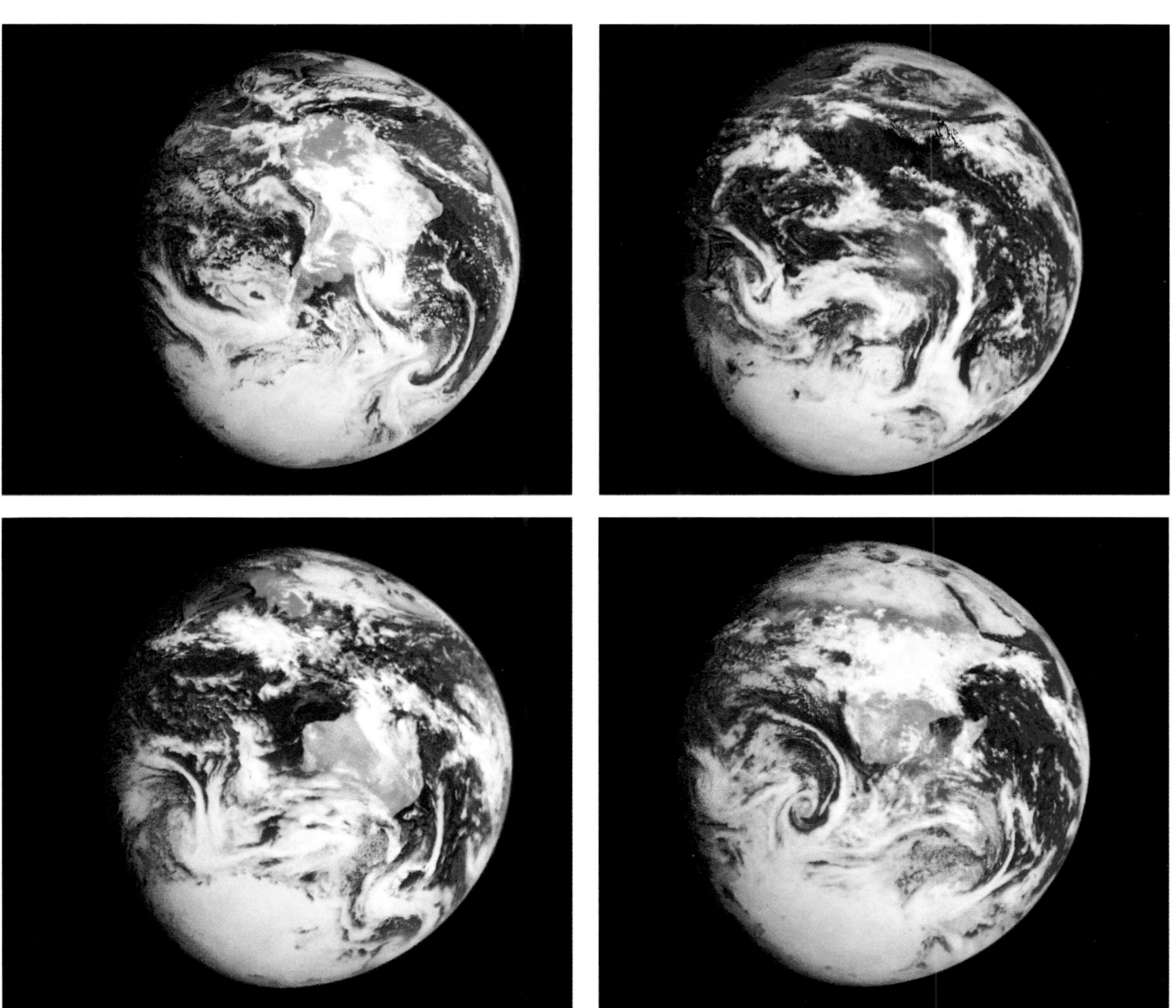

갈릴레오 탐사선에서 본 지구. 적색 파장과 근적외선에서 특별히 선택된 파장으로 찍은 후 인공착색으로 합성한 사진. 공기 중의 산소는 푸른색으로 나타냈는데 양극에 가까울수록 더 많아지는 것 같다. 그 이유는 극을 보는 시선이 더 기울어져서 보다 긴 대기 경로를 통과하기 때문이다. 수증기는 진홍색으로 구름과 관련되어 있다. 보통의 규산염(珪酸鹽) 광물은 회색으로 보이지만 여기의 행성 대륙에서는 인공착색에 의해 주황색으로 표시되었다. 테양계의 다른 행성은 이런 색으로 나타나지 않는다. 사실 이것은 엽록소이고 지구 위에 생물이 사는 표징인 셈이다. 왼쪽 위의 사진부터 차례로 남미, 태평양, 호주와 인도네시아, 아프리카를 중심으로 찍은 사진이다. 1990년 12월 지구를 지나갈 때 갈릴레오는 호주와 남극 상공에서 최근접했다(불과 900km). 인공착색 사진. 코넬 대학 레이드 톰슨 W.Reid Thompson.

므로 산소 대기 속의 많은 메탄은 생명의 표징이라 할 수 있다.

소의 복내에서 일어나는 상황을 행성간 공간에서 검출할 수 있다는 것은 약간 어처구니없는 이야기이기는 하다. 특히 우리에게조차 친숙한 것이 아닌데도 말이다. 하지만 지구 근방을 지나가는 외계인 과학자는 늪이나 쌀, 불, 기름, 소 등을 구체적으로 꼬집어낼 수는 없을 것이고, 그저 생물이 있음을 추정할 것이다.

지금까지 우리가 논의한 생명의 표징들은 모두가 비교적 단순한 형태의 생물에 기인한다. (소의 위 안에 있는 메탄은 거기에 기생하는 박테리아가 만든다.) 만약 외계인의 탐사우주선이 인간도 기술도 없는 공룡의 시대였던 1억 년 전에 지구를 지나갔다면, 외계인들은 기껏해야 산소, 오존, 엽록소, 그리고 훨씬 더 많은 메탄을 알아냈을 것이다. 그러나 오늘날엔 외계인의 기계가 생명의 표징뿐만 아니라 100년 전만 해도 검출할 수 없었던 하이테크놀로지의 표징까지 찾아낼 것이다.

즉 지구로부터 방출되는 어떤 특정한 전파를 검출할 수 있을 것이다. 전파가 반드시 생명이나 지성의 표징인 것은 아니다. 많은 자연현상도 전파를 발생한다. 우리는 생물이 살지 않는 듯한 다른 천체에서 발생한 전파가 오는 것을 알고 있다. 그것은 행성의 강한 자기장에 갇힌 전자들에 의해서, 또 행성간 공간의 자기장 사이의 충격파면에서 일어나는 무질서 운동으로, 그리고 또 번개의 발생으로부터도 생기게 된다. (이것을 〈휘슬러 whistler〉라 하는데, 일반적으로 높은 주파수부터 낮은 주파수까지 훑어내린 뒤 다시 되풀이된다). 이런 전파는 연속적인 것도 있고 반복되는 폭발형도 있는데, 어떤 것은 몇 분 동안 계속되다가 소멸한다.

그러나 지구에서 오는 일부 전파는 이와는 달리 전파가 전리층(성층권 위의 전기를 띤 대기층으로 전파를 반사하거나 투과시킨다)을 뚫고 나올 때 특정한 주파수를 가진다. 즉, 전파 방출이 있을 때마다 일정한 중심 주파수가 있고 여기에 변조된 신호(복잡한 단속된 파형)가 얹혀진다. 자기장 속의 전자나 충격파, 번개의 방전 중 그 어느 것도 이런 전파를 낼 수는 없다. 가능한 유일한 설명은 지성을 가진 생물에 유래하는 것이다. 전파 방출이 지구 위의 지성에 유래한다는 결론은 단속된 전파신호가 무슨 뜻을 가졌는지에 무관하게 성립한다. 이 신호가 틀림없이 하나의 메시지라고 암호풀이를 할 필요는 없는 것이다. (사실 이 신호는, 이를테면 미 해군이 원양에 있는 핵잠수함에 보내는 것일 수도 있다.)

그래서 외계인 탐색대원은, 지구에는 적어도 한 종류 이상의 생물이 전파기술을 가지고 있음을 알게 될 것이다. 어떤 종류일까? 메탄을 만드는 족속? 산소를 발생하는 족속? 풍경을 녹화하는 색소를 가진 족속? 혹은 우주선의 다른 탐사방법에 걸리지 않을 정도로 교묘한 다른 족속? 이 기술을 가진 족속을 찾아내려면, 그 족속 자신은 아니더라도 그들의 기구들은 찾을 수 있는, 분해능이 보다 더 뛰어난 탐사가 필요할지도 모른다.

우선 그는 중급 정도의 망원경(분해할 수 있는 최소 길이가 1-2km 정도)으로 훑어 볼 것이다. 그런데 두드러진 건물, 이상한 구조, 부자연스러운 조경, 생명의 표징 중 그 어느 것도 보이지 않고 대신에 짙은 대기의 운동이 보인다. 풍족한 물은 증발해서 다시 비로 내리는 것이겠다. 지구에 가까운 달 위에서 볼 수 있는 옛날의 충돌화구란 흔적조차 거의 없다. 그렇다면 이 천체의 나이보다 훨씬 짧은 시간 동안에 새로운 육지가 형성되었고 그 후 침식되었을 것이다. 이것은 흐르는 하천의 존재를 암시한다. 차츰 세부로 확대해 보면 산맥, 강 유역, 그 밖에 이 행성이 지질학적으로 활발함을 나타내는 많은 증거를 볼 수 있다. 또 식물 서식단지에 둘러싸인 식물들이 없는 이상한 곳이 곳곳에 보인다. 풍경 속에서 이들은 변색된 얼룩처럼 보일 것이다.

지구를 약 100미터의 분해능으로 보게 되면 모든 것이 달라진다. 이 행성은 직선, 정방형, 사각형, 원들로 덮여 있는데, 때로는 강둑을 따라 뒤섞이고, 때로는 산기슭에 옹기종기 모여 있으며, 때로는 평원에 넓게 펼쳐져 있지만, 사막이나 높은 산에는 거의 없으며, 대양에서는 전혀 보이지 않는다. 그들의 규칙성, 복잡성과 분포는, 비록 그 기능과 목적에 대한 보다 깊은 이해는 어렵겠지만, 생명과 지성이 아니고는 설명하기 힘들 것이다. 아마도 이 외계 탐험가는, 이곳에서 지배적인 생물은 영토와 유클리드 기하학을 동시에 좋아하는 족속일 것이라고 결론내릴 것이다. 이 분해능으로는 그들을 볼 수도 없으니, 하물며 그들을 알기란 불가능한 일일테니 말이다.

식물이 없는 얼룩들은 그 바탕이 바둑판 무늬로 된 것이 많다. 이들은 이 행성의 도시들이다. 도시에서뿐만 아니라 풍경의 많은 부분에 걸쳐 직선, 정방형, 사각형, 원들이 넘치고 있다. 도시들이 이루는 어두운 얼룩들은 매우 도형화되어 있고 불과 몇 안 되는 식물서식지 —— 매우 규칙적인 경계를 가졌다 —— 만이 그대로 방치되어 있다. 가끔 어느 도시에서는 삼각형이나 오각형도 보인다.

만약 1미터 또는 그 이하의 분해능으로 사진을 찍는다면 도시 안의 서 수십 킬로미터 분해능으로 본 서부 유럽. 아직 생명의 표징이 없다. METEOSAT 사진, ESA 제공.

초기 랜드새트 Landsat 위성으로 본 뉴욕 주 북부(인공착색 사진). 물은 검고, 구름은 희고, 식물 서식지는 붉다. 온타리오 호수가 위에, 오대 호는 아래, 그 중 큰 두 개가 세네카 호수(좌)와 카유가 호수(우). 카유가 호수의 남단에 저자가 사는 뉴욕 주 이타카 시가 있다. 이 사진에서도 생명이나 지성의 표징은 보이지 않는다. NASA 제공.

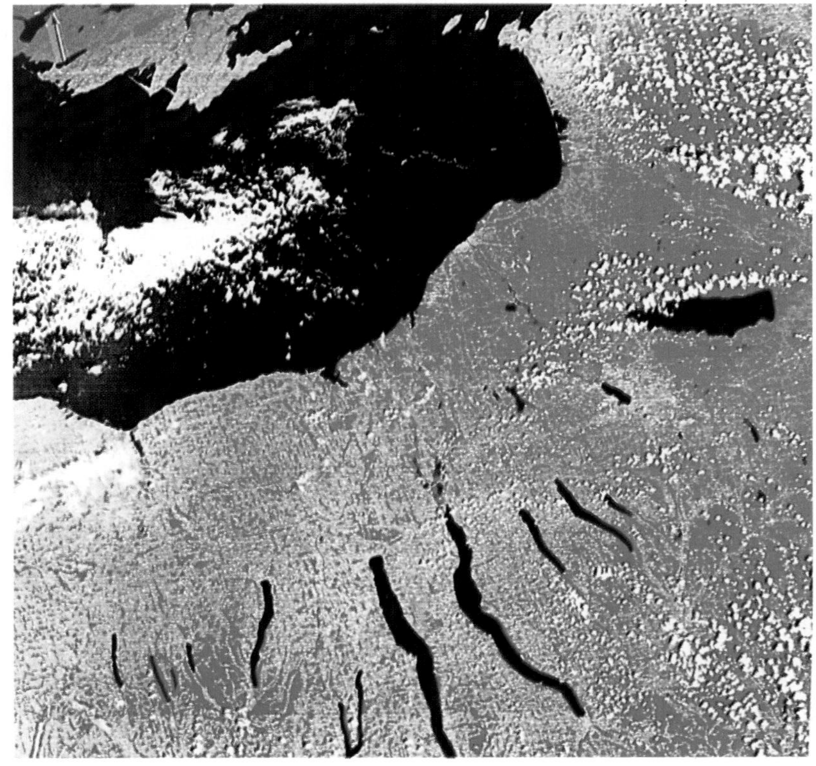

뉴욕 시와 그 근방(초기 랜드새트 위성의 인공착색 사진). 분해능은 약 100미터. 뉴욕 시는, 지구 위 모든 도시와 마찬가지로 검은 얼룩처럼 보인다. NASA 제공.

중국 고비 사막의 끝(랜드새트 위성의 인공착색 사진). 사구는 오른쪽 아래에 갈색으로, 눈은 푸른색으로, 부채꼴 모양의 충적지는 연보라색으로, 식물서식지는 녹색으로 보인다. 메릴랜드 주 란함 시에 있는 지구관측위성회사 제공.

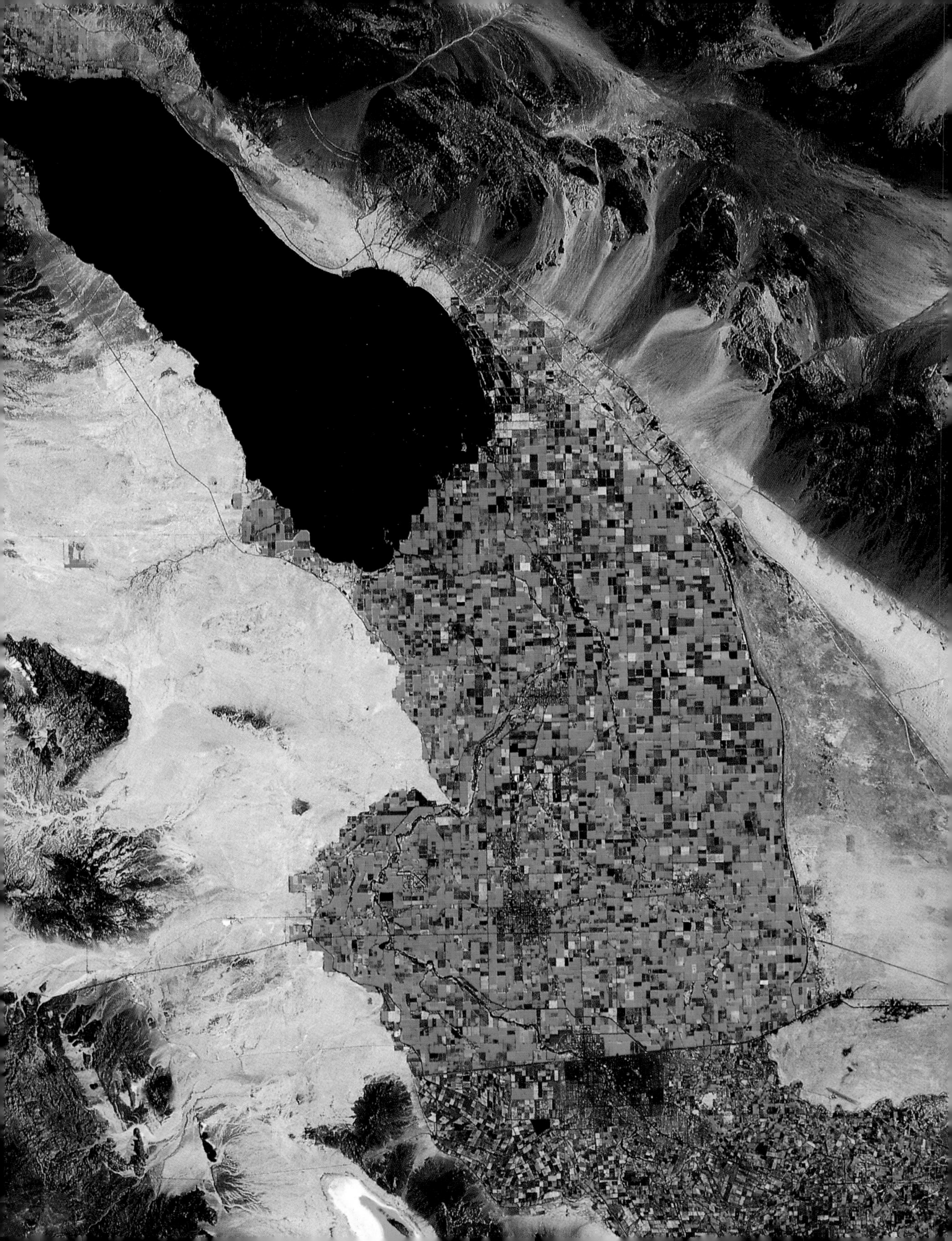

이 시점까지는 외계인의 지구탐험이 아주 성공적이었다고 할 수 있다. 환경의 특징, 생명, 지적 생물의 업적 등을 탐지했고 지배적 족속이 기하학과 직선을 편애하는 생물인 것까지 확인했다. 확실히 이 행성은 더 자세한 연구를 할 만한 대상이다. 그래서 외계인은 이제 우주선을 지구선회 궤도로 진입시킨다.

행성을 내려다보면 또 새로운 수수께끼가 나타난다. 지구 전체에 걸쳐 있는 큰 굴뚝에서 이산화탄소와 유해 화합물을 공중에 내뿜고 있다. 또 도로를 달리는 대다수의 물체들도 그렇다. 그런데 이산화탄소는 온실가스이다.

고분해능으로 본 워싱턴 D.C. 미국 국회의사당은 오른쪽 위에 작은 숲에 싸여 보이고(인공착색으로 붉게) 많은 도로가 방사선처럼 퍼져나가고 있다. 포토맥 강을 건너는 다리들 근처(왼쪽 가운데) 도로에 정방형, 직각 사각형, 오각형이 보인다. © 1994 CNES. SPOT 사진회사 제공.

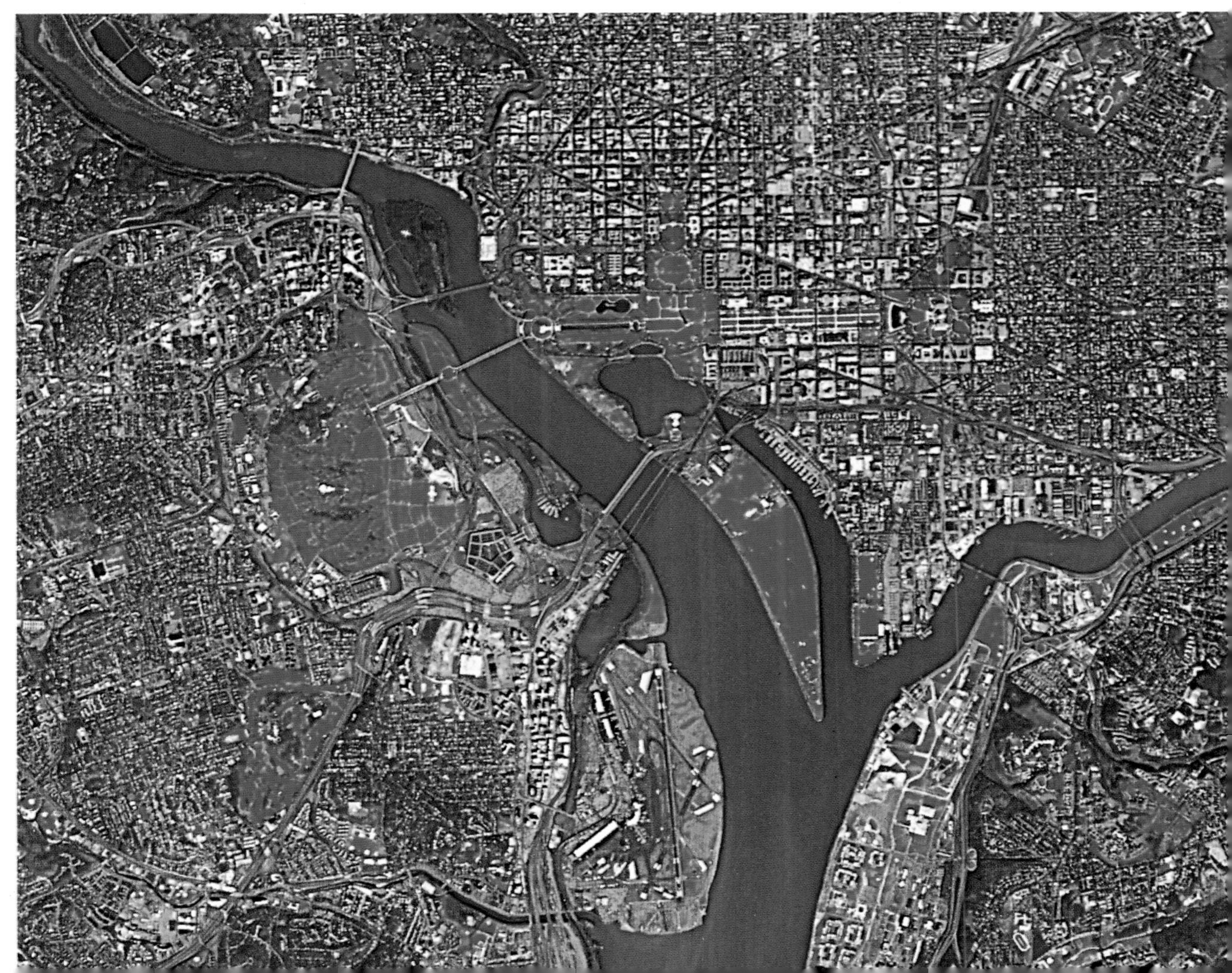

메르카토르 투영법을 통한 밤의 지구. 국방기상위성이 찍은 사진. 워싱턴 대학 우드러프 설리번 Wood-ruff Sullivan과 미 국방성 제공.

계속 지켜보면 대기 중의 그 양은 해마다 꾸준히 늘어나고 있다. 메탄이나 기타 온실가스에 대해서도 사정은 마찬가지이다. 만약 이대로 나간다면 행성의 온도는 올라갈 것이다. 분광기를 쓰면 공중에 방출되는 다른 종류의 분자인 염화불화탄소chlorofluorocarbon가 검출된다. 이들은 온실가스일 뿐만 아니라 생명을 보호해 주는 오존층을 파괴하는 데에도 지독하게 효과가 있다.

남미 대륙의 중앙부를 자세히 보면, 벌써 알고 있겠지만, 광대한 열대림이 있는데 이곳에서는 밤마다 수천 곳에서 불길이 보인다. 낮에는 연기로 덮인 지역을 볼 수 있다. 수십 년 동안에 전 지구에 걸쳐 산림은 차츰 적어지고, 관목만 서식하는 사막은 점점 많아지고 있다.

매우 큰 섬인 마다가스카르를 내려다 보면 강물이 갈색으로 물든 채 주위 바다를 크게 오염시키고 있음을 알 수 있다. 이것은 육지의 표토(表土)가 바다로 씻겨 내려가는 것인데 그 속도가 빨라서 이대로 수십 년이 지나면 남는 표토가 없을 것이다. 같은 현상이 지구의 모든 하구에서 일어나고 있는 것을 볼 수 있다.

그런데 표토가 없다는 것은 농업도 없음을 의미한다. 그렇다면 다음 세기에 지구인들은 무엇을 먹을 것인가? 무엇을 호흡할 것인가? 그들은 더 위험하게 변하는 환경에 어떻게 대처할 것인가?

황혼 무렵의 아마존 열대림. 밝은 불빛은 모두 산림 화재이고, 흰 구름은 발생한 연기이다. ⓒ 1994 CNES. SPOT 사진회사 제공.

다른 곳의 생명을 찾아서: 표준테스트

지구를 출발한 탐사선은 지금까지 행성, 위성, 혜성, 소행성 등 수십 개 천체의 근방을 지나갔는데, 탑재한 장비는 카메라, 열과 전파 측정기, 화학 성분을 결정할 분광기, 기타 여러 장치들이다. 우리는 태양계의 다른 곳 어디서도 생명의 암시를 찾을 수 없었다. 그러나 우리는 다른 곳의 생명, 특히 우리가 아는 종류와는 다른 생명을 탐지하는 우리 능력에 대해서 회의적일 수밖에 없다. 최근까지 우리는 이 자명한 표준테스트, 즉 근대식 행성간 우주선이 지구 근방을 날아가게 하고 그들이 우리 인간들을 탐지할 수 있는지를 알아보는 테스트를 해 본 일이 없었던 것이다. 하지만 1990년 12월 8일에 모든 사정이 달라졌다.

갈릴레오는 NASA의 우주선으로 거대한 행성인 목성, 그리고 그 위성과 환을 탐사하도록 설계되었다. 그 이름은 지구 중심의 주장을 뒤엎는 데 매우 중심적인 역할을 했던 영웅적인 이탈리아 과학자의 이름을 따랐다. 갈릴레이는 최초로 목성을 하나의 세계로 보고 네 개의 큰 위성을 발견했던 장본인이다. 목성에 도달하기 위해서 이 우주선은 금성(한 번)과 지구(두 번)를 근접 통과하고 이들의 중력으로 가속을 얻었다. 그렇지 않았다면 목적지에 다다를 힘이 모자랐을 것이다. 이러한 항로를 고안했던 덕택으로 우리는 처음으로 지구를 외계인이 전망하듯이 전체적으로 볼 수 있었던 것이다.

갈릴레오는 불과 900km(약 600마일) 거리의 지구 상공을 지나갔다. 이 장에서 썼던 많은 우주선의 자료는 약간의 예외(1km 이하의 미세구조를 찍은 사진과 야간 사진을 포함) 말고는 모두 갈릴레오가 얻은 것이다. 우리는 갈릴레오에 의하여 산소 대기, 물, 구름, 바다, 양극의 얼음, 생명, 지성의 존재를 추정한 셈이다. 행성들을 탐사하기 위해 만들어진 측정기기와 프로토콜을 우리 지구의 환경을 감시하는 데 사용하는 일은(현재 일부에 대해서 NASA가 매우 진지하게 추진하고 있다), 우주비행사 샐리 라이드 Sally Ride의 말대로, 〈행성 지구로 향하는 사명〉인 것이다.

갈릴레오의 지구생명 탐지계획에 관해서 나와 같이 일한 NASA 과학팀의 동료들은 코넬 대학의 톰슨 W. Reid Thompson, 아이오와 대학의 거넷 Donald Gurnett, JPL의 칼슨 Robert Carlsson, 콜로라도 대학의 호드 Charles Hord 박사이다.

우리는 사전에 어떤 종류라는 가정 없이 지구 위의 생물을 갈릴레오로 탐지하는 데 성공하였는데, 이는 다른 행성에서 생물을 탐지하지 못했을 때 그 부정적 결과에 대한 우리의 신뢰도를 높일 수 있게 된 것이다. 이런 판단은 인류중심적, 지구중심적, 지방중심적인 것일까? 나는 아니라고 생각한다. 우리는 우리가 아는 종류의 생물학만을 추구하고 있는 것이 아니다. 널리 퍼진 광합성 색소, 대기의 여타 성분과 균형을 깨뜨린 기체, 고도로 기하도형화된 표면, 야간에 빛이 만든 정해진 별자리 같은 무늬, 천체 현상이 아닌 전파 복사 등, 이들 어느 것이나 생명의 존재를 알리는 징조이다. 우리는 물론 지구에서 우리의 생물 형태만을 발견했지만, 다른 곳에서는 다른 많은 생물 형태가 발견될 것이다. 아직까지 우리는 그들을 발견하지 못하고 있다. 이러한 제3의 행성에 대한 탐사로부터 우리는 태양계의 모든 천체들 가운데 우리 지구만이 생명의 혜택을 받았다는 잠정적인 결론을 굳히게 된다.

우리는 탐사를 막 시작한 셈이다. 어쩌면 화성이나 목성, 에우로파 Europa나 타이탄 Titan에 생물이 숨어 있을지도 모른다. 또 우리 은하는 우리 지구처럼 생물이 풍성한 세계들로 가득 차 있을지도 모른다. 그러나 실제로 얻어진 지식으로는 현재 지구가 유일하다. 아직까지 미생물이라도 서식하는 다른 세계는 알려지지 않고 있다. 하물며 기술적 문명을 가진 천체는.

지구선회 궤도를 돌면서 외계인 탐험가는 무언가 확실히 잘못되었음을 알게 될 것이다. 무슨 생물이건 간에 지금 지구를 우점한 생물들은 지구 표면을 개발하는 데 그렇게도 많은 공을 들였건만, 그와 동시에 그들의 오존층과 산림을 파괴하고 표토를 흘려버리고 있으며 그들 행성의 기후에 통제하지 못할 묵직한 실험을 하고 있는 것이다. 그들은 무엇이 일어나고 있는지 깨닫지 못했는가? 그들은 그들의 숙명을 잊고 있는 것일까? 그들 모두를 존속시켜 줄 환경을 위해 협력할 수는 없단 말인가?

아마도 이쯤이면 외계인 탐험가는 지구에 지성이 있는 생물이 있다는 추측을 재고할 때가 왔다고 생각할 것이다.

갈릴레오 우주선이 아틀란티스 우주왕복선의 화물칸으로부터 나오고 있다. 이는 앞으로 주요 소행성구역의 소행성 가스프라 Gaspra, 이다 Ida와 목성 그리고 (도중에) 금성과 지구를 거쳐갈 것이다. JPL/NASA 제공.

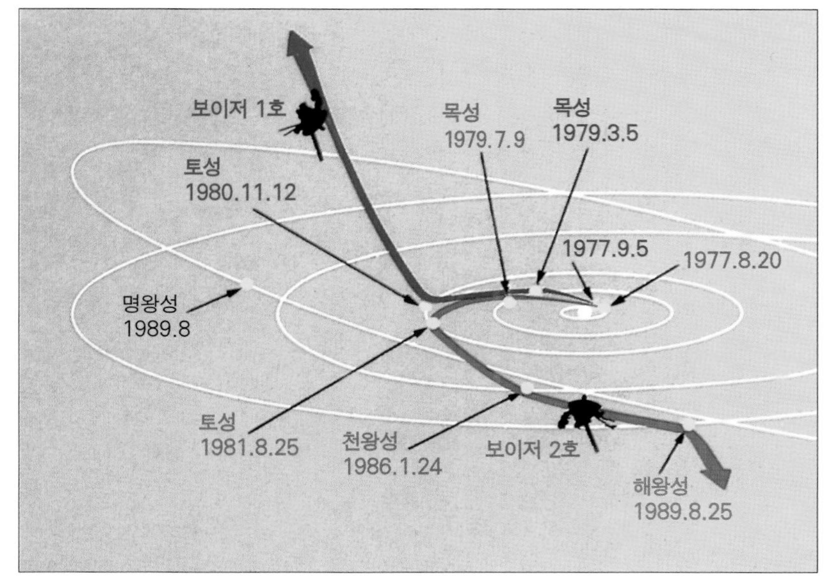

두 보이저 호의 경로. JPL/NASA 제공.

확실하게 갈 수 있는 우주선을 만들었다. 그보다 더 먼 곳은 아무런 보장이 없었다. 그러나 훌륭한 설계와 JPL 기술자가 우주선의 성능이 떨어지는 것보다 더 빨리 성능을 향상하도록 지시 전파를 보냈기 때문에 두 우주선 모두 계속해서 천왕성과 해왕성을 탐사할 수 있었다. 요즘에도 이들은 태양의 가장 먼 행성 너머로부터 발견된 사실들을 보내오고 있다.

우리는 우주선이나 우주선을 만든 사람들보다 우주선이 보내오는 빛나는 업적에 훨씬 더 귀를 기울이는 경향이 있다. 언제나 그랬다. 크리스토퍼 콜럼버스의 항해에 매혹되었던 역사 서적들도 니냐Niña나, 핀타Pinta, 산타 마리아Santa María의 배목수들이나 쾌속 범선의 원리에 관해서는 별로 언급하지 않았다. 이 우주선들, 그 설계자들, 조선공들, 항해사들, 관리자들은 과학과 공업기술이 확실한 평화적 목적을 위해 성취할 수 있었던 업적의 실례라고 할 수 있다. 그들 과학자와 기술자들은 우수함과 국제경쟁을 추구하는 미국을 대표할 만한 인재들인 것이다. 마땅히 그들은 우표에 그려져야 한다.

네 개의 큰 행성, 즉 목성, 토성, 천왕성, 해왕성 각각에서 우주선들(홀로 또는 모두)은 행성과 그들의 환, 위성들을 조사하였다. 1979년에 그들은 목성에서 치사량보다 1000배나 강한 복사를 내는 대전(帶電)입자들이 갇혀 있

보이저 1호와 2호가 밝힌 목성의 위성 가니메데 Ganymede의 적도 지역. 많은 지형은 고대 수메르 Sumer의 도시와 신들의 이름이 붙여졌다. USGS 음영 지도.

는 곳도 위험을 무릅쓰고 들어가서 목성의 환, 지구 밖의 최초의 활화산, 공기 없는 천체의 지하의 바다 등 많은 놀라운 것들을 발견하였다. 1980년과 1981년에는 토성에서 얼음 눈보라를 무릅쓰고 몇 개가 아닌 수천 개의 새로운 환을 발견하였다. 두 우주선은 비교적 가까운 과거에 이상하게 녹았던 흔적이 있는 동결된 위성들과, 유기화합물의 구름 아래로 액체 탄수화물로 된 바다로 추정되는 것을 가진 큰 위성 등을 조사하였다.

1986년 1월 25일 천왕성 구역에 들어간 보이저 2호는 잇따른 놀라운 사실들을 알려 왔다. 접근은 불과 몇 시간 동안 이루어졌지만 지구로 보내온 충실한 자료는 이 청록색 행성의 종전 지식을 혁신하여 15개의 위성과, 시커먼 환, 고에너지 대전입자가 붙들려 있는 띠 등의 존재를 알려 왔다. 1989년 8월 25일에는 보이저 2호가, 해왕성을 스쳐 지나가면서, 멀어진 태양의 희미한 빛을 받은 여러 색깔의 구름 무늬와 엄청나게 엷은 대기에 휘날리는 미세한 유기물 깃털이 돋은 이상한 위성을 관측하였다. 그리고 1992년에는 두 우주선이 가장 바깥쪽 행성을 지나서, 보다 먼 〈태양풍 한계권 heliopause(태양풍이 별에서 오는 바람에 굴복하는 곳)〉으로부터 방출되는 것으로 짐작되는 전파를 탐지하였다.

우리는 지구에 갇혀 있기 때문에 멀리 떨어진 행성들은 요동하는 대기의 바다를 통해서 보아야 한다. 이들이 내는 자외선, 적외선, 전파의 많은 부분은 지구 대기를 투과하지 못한다. 우리 우주선들이 태양계의 연구를 혁신했던 이유를 쉽게 이해할 수 있다. 즉, 우리는 외계공간의 진공이 이루는 순수한 투명 상태로 올라가서 보이저처럼 관측 대상으로 접근하고 지나쳐 가며 그 둘레를 돌거나 그 표면에 착륙했던 것이다.

이 우주선들은 지구로 4조 비트의 정보(대략 백과사전 10만 권의 분량에 해

보이저에서 본 목성의 절묘한 구름무늬. JPL/NASA 제공.

▶ 에우로파의 표면에서 본 목성. 오른쪽 탈출가스로 에워싸인 위성은 이오 Io. 어떤 과학자들은 에우로파의 표면 밑에 물로 된 바다가 있다고 생각하고 있다. 돈 데이비스 Don Davis 그림.

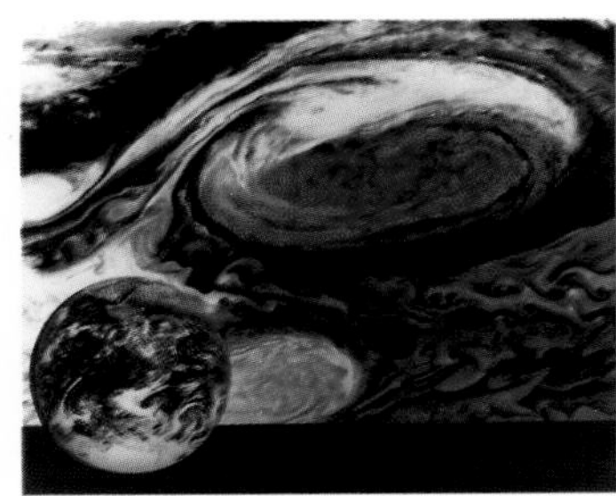

지구 크기와 비교한 목성의 대적반의 근접사진(인공착색). 메스자로스 S.P. Meszaros 및 NASA 제공.

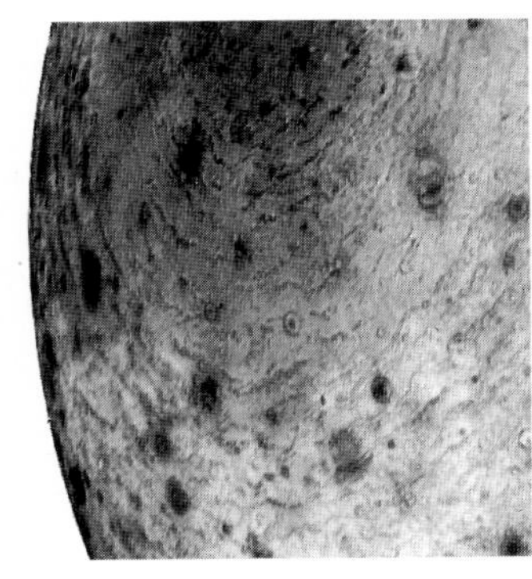

칼리스토 Callisto 발할라 Val-halla의 여러 가장자리로 된 충돌분지(음화). USGS/NASA 제공.

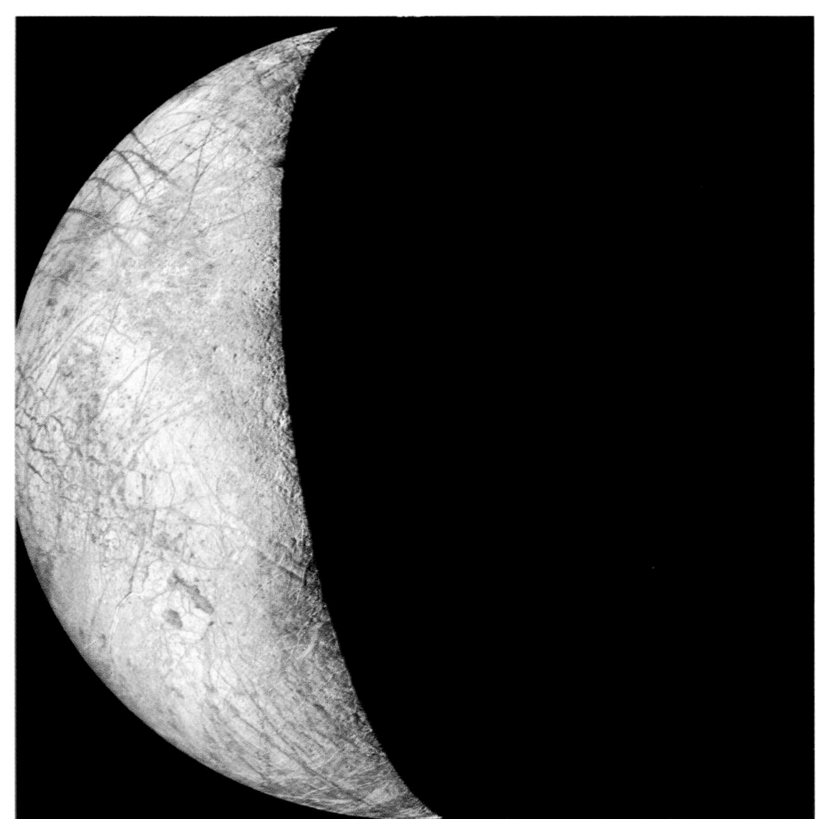

◀ 보이저 호가 본 에우로파 표면의 일부(합성사진). USGS/NASA 제공.

이오의 화산 활동(합성사진). USGS/NASA 제공.

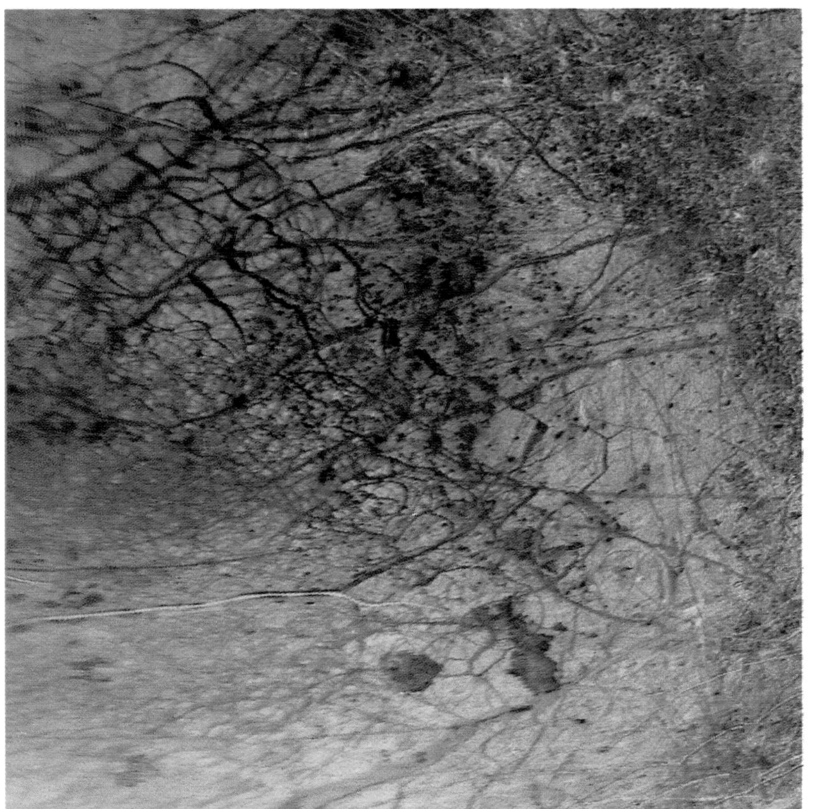

에우로파의 고분해능 합성사진(보이저 호). USGS/NASA 제공.

토성의 많은 환. 극히 과장된 인공착색으로 크기의 비교삼아 지구를 삽입한 보이저 호 사진. 메스자로스 및 NASA 제공.

토성의 극히 과장된 인공착색 사진(보이저 호). JPL/NASA 제공.

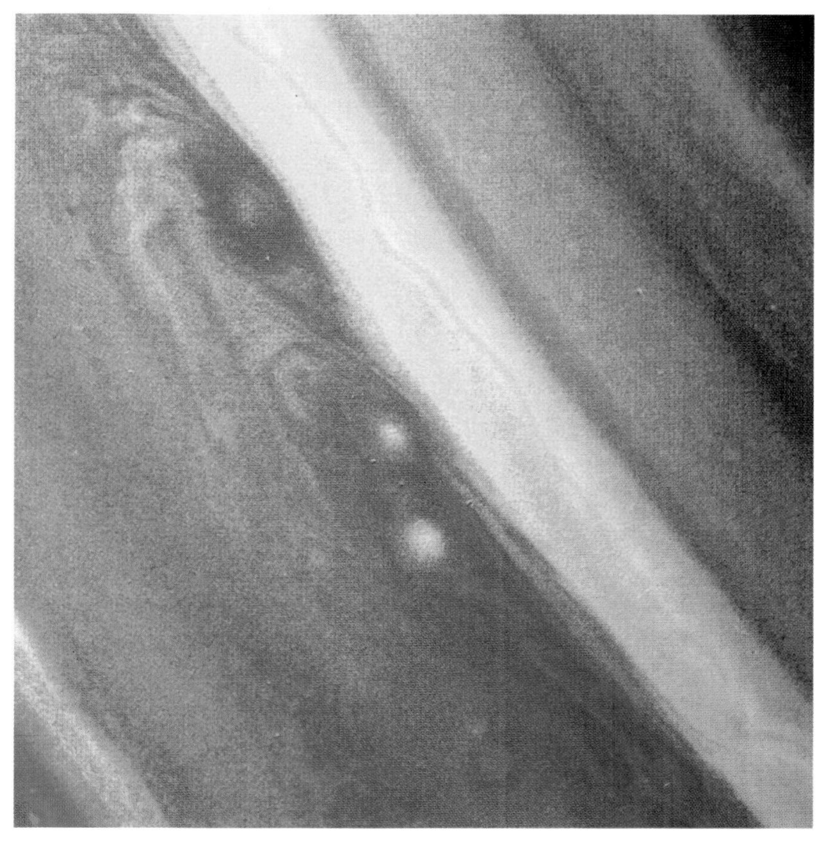

토성 구름의 극히 과장된 인공착색 사진(보이저 호). JPL/NASA 제공.

당)를 보내 왔다. 나는 『코스모스 *Cosmos*』에서 보이저 1, 2호의 목성 접근을 이야기했다. 이제 나는 다음 몇 쪽에서 토성, 천왕성, 해왕성과의 접근에 관해서 이야기하겠다.

보이저 2호가 천왕성을 만나기 직전의 계획은, 우주선이 돌진하는 위성들 사이를 뚫고 예정된 경로를 따라 진행할 수 있도록 적재한 추진장치를 잠시 발사하는 것을 최종 동작으로 준비했었다. 그러나 이 경로 수정은 필요 없는 것으로 판명되었다. 우주선은 이미 예정된 경로의 200km 범위 안에(50억km나 되는 긴 구부러진 비행 끝에) 들어 있었던 것이다. 이것은 마치 핀을 던져서 50km 떨어진 바늘구멍을 지나가게 하는 일이나 워싱턴에서 총을 쏴서 달라스에 있는 과녁에 명중시키는 일과 맞먹는다.

행성들이 지닌 보석의 주된 광맥은 전파라는 형태로 지구에 전해졌다. 그러나 해왕성으로부터의 전파 신호가 지구의 전파망원경에 모아질 때에는, 지구가 너무 멀리 떨어져 있어서 수신되는 입력이 겨우 10^{-16}와트(소수점 아래 0이 15개 다음 1)에 지나지 않는다. 이 미약한 신호와 보통 독서용 전등의 전력을 비교하면 원자의 지름과 지구와 달 사이의 거리의 비율과 같다. 마치 아메바가 걸어가는 소리를 듣는 셈이다.

이 계획은 1960년대 말에 착상되었고, 1972년에 최초의 자금이 출연되었다. 그러나 이 계획이 최종으로(천왕성, 해왕성과의 만남을 포함) 승인된 것은 우주선이 목성의 정찰을 끝냈을 무렵이다. 두 우주선은 재사용이 불가능한 타이탄/켄타우르스 추진방식으로 발사되었다. 보이저는 약 1톤 무게로 작은 집 한 채를 가득 메운다. 각각은 방사성 플루토늄을 전기로 바꾸는 발전기로부터 약 400와트(평균 미국 가정의 동력을 상당히 밑도는 양)의 동력을 소모한다. 만일 태양에너지에 의존했다면 우주선이 태양에서 멀어질수록 얻을 수 있는 동력은 급속히 줄어들 것이다. 핵에너지가 아니었다면 보이저는 태양계 변두리에서는 전혀(아마 목성으로부터의 약간을 제외하면) 자료를 보내지 못했을 것이다.

우주선 내부를 통해서 흐르는 전류는 행성간 공간의 자기장을 측정할 섬세한 계기를 압도하기에 충분한 자기장을 만든다. 그래서 자력계는 문제를 일으킬 전류로부터 멀리 떨어진 긴 가로대 끝에 설치되었다. 그 밖에도 돌출 부분들이 있어서 보이저는 고슴도치를 닮은 모양이 되었다. 카메라, 적외선 및 자외선 분광기, 광도편광계 photopolarimeter로 불리는 장치는 지시에 따라 표적의 행성을 겨냥하도록 회전할 수 있는 주사대 scan platform 위에 설치되었다. 안테나가 제대로 향하고 자료가 지구에서 수신되려면 우주선은 지구가 어디에 있는지를 알아야 한다. 또 태양과 최소한 다른 한 개의 밝은 별의 위치를 알아야만 우주선이 삼차원의 위치를 제대로 잡고 도중의 어느 행성이라도 겨냥할 수 있다. 만약 카메라를 제대로 겨냥할 수 없다면 사진을 수십억 마일이나 먼 지구로 전송할 수 있었던들 소용없는 노릇이었을 것이다.

우주선 하나의 제작비는 대략 최신 전략폭격기 한 대 값과 맞먹는다. 그러나 폭격기와는 달리 보이저는 한번 발사되면 수리하기 위해 격납고로 돌아올 수 없다. 그래서 우주선의 컴퓨터나 전자기기는 여분이 있게끔 설계되었다. 필수적인 전파수신장치를 포함한 주요 기계장비 중 많은 것들은 최소

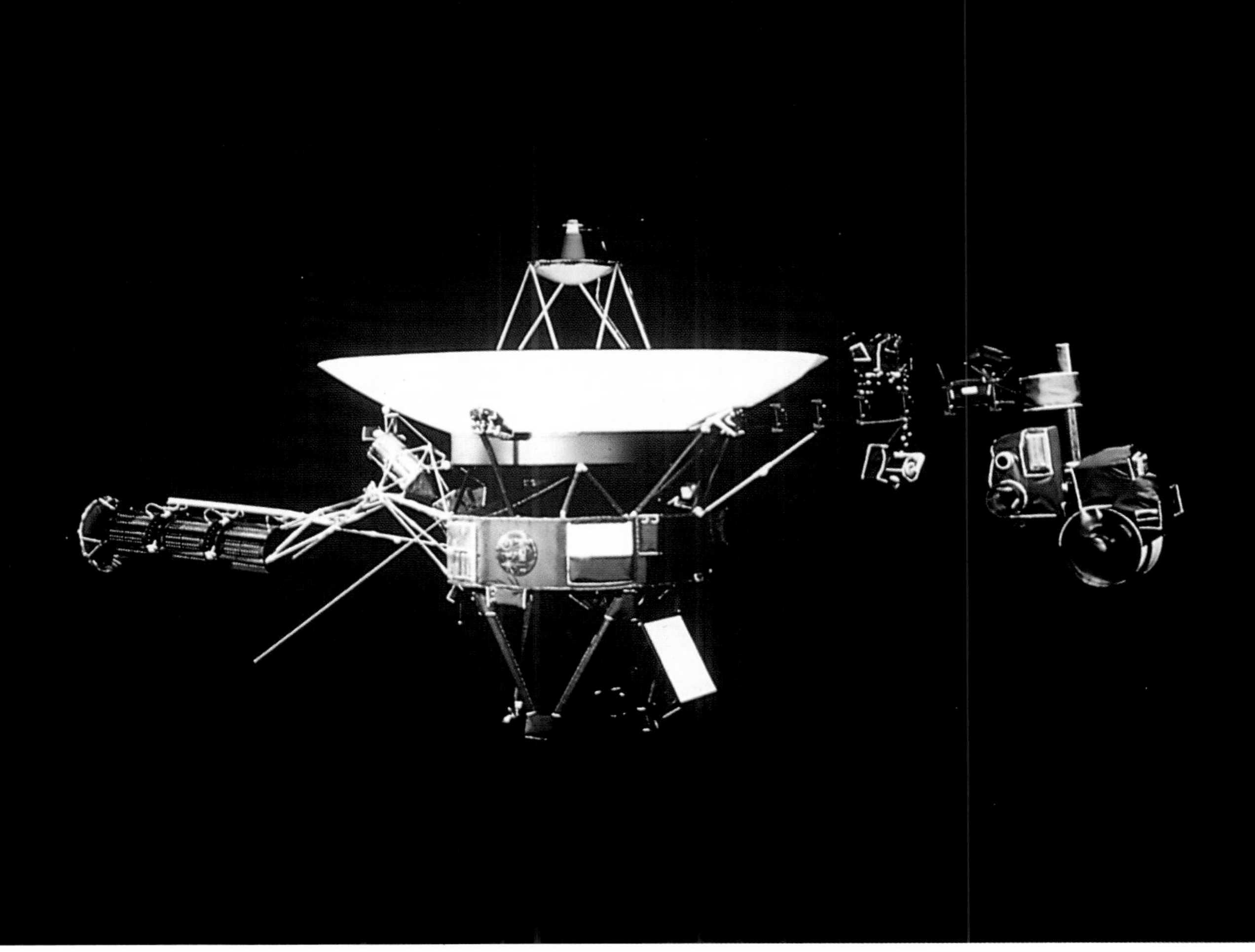

보이저 호. 카메라와 분광기를 설치한 주사대는 왼쪽 끝에 있다. 입자나 자기장 탐지기는 다른 여러 돌출부에 설치되어 있다. 자료를 지구로 발신하고 지구로부터 지시를 수신하는 안테나는 꼭대기의 흰 접시형 부분이다. 컴퓨터, 테이프 레코더, 열 조절기 및 기타 장치는 중앙의 팔각형 부분 안에 있고 그 중 한 면 위에 성간기록 장치 Interstellar Record가 있다. JPL/NASA 제공.

한 두 개의 여분(필요할 때 지시를 받을)이 있다. 만일 두 우주선의 어느 것이라도 사고가 날 경우 컴퓨터는 〈우발사고 분지식 논리branched contingency tree logic〉를 써서 적절한 조치를 취하게 되어 있다. 만약 그것으로 해결이 안 될 때에는 본부로 구조 요청의 전파를 보낸다.

우주선이 지구에서 멀어져감에 따라 전파의 왕복 시간도 늘어나서 보이저가 해왕성 거리에 있을 때는 11시간 정도가 된다. 그래서 사고시에는 우주선이 지구로부터의 지시를 기다리는 동안 안전한 대기 상태에 들어갈 방법을 알 필요가 있다. 비록 현재까지는 심각한 기억감퇴(일종의 로봇 노인성 치매)의 징후가 보이지 않지만, 우주선이 낡아갈수록 기계 부분과 컴퓨터 체계에 더욱더 많은 사고가 예상된다.

이것은 보이저가 완전무결하다는 말이 아니다. 실제로 계획을 위협하고 가슴 조이게 하는 심각한 사고들이 일어나기도 했다. 그때마다 기술자(이들 중 일부는 보이저 계획의 시작 때부터 종사한 사람들이었다)들의 특별팀에게 그 문제를 〈해결〉하도록 위임되었다. 그들은 거기에 필요한 과학을 공부하고 고장난 부분에 관한 그들의 과거 경험을 되살려 보곤 했다. 경우에 따라서는 발사되었던 보이저의 부품과 동일한 부품으로 실험하거나 고장난 부품을 많이 만들어서 그 고장의 형태를 통계적으로 알아내기도 하였다.

발사한 지 거의 8개월이 지날 무렵인 1978년 4월, 우주선은 소행성 지대로 접근하고 있었는데 지구로부터의 지시가 빠져서(사람의 실수로) 보이저 2호의 컴퓨터가 주된 전파 수신장치를 대체 장치로 바꾸고 말았다. 이 수신장치가 다음번 지상발신이 우주선을 향하는 동안 신호 형식을 지구에 맞게 고정하기를 거부했다. 추적 루프 축전기 tracking loop capacitor라는 부품이 고장난 것이었다. 7일 동안이나 보이저 2호와의 연락이 두절된 후에 고장방지 소프트웨어가 갑자기 대체 수신기를 주수신기로 다시 바꾸도록 지시를 내렸다. 신기하게도 —— 왜 그런지 지금까지 아무도 모른다 —— 주수신기는 금방 고장나고 말았다. 설상가상으로 이제는 우주선의 컴퓨터가 그 망가진 주수신기를 쓰겠다고 바보스럽게 고집했다. 인간과 로봇의 착오가 불행하게 연결되어서 우주선은 이제 진짜 위기에 빠지게 되었다. 보이저 2호로 하여금 대체 수신기로 되돌아가게 할 방법을 생각해낸 사람은 아무도 없었다. 설사 그랬다 하더라도 대체 수신기는 지구로부터의 지시를(고장난 축전기 때문에) 수신할 수 없었다. 계획의 많은 종사자들은 모든 것이 끝장났다고 걱정했다.

그러나 모든 지시에 대한 완고한 무응답 상태가 일주일 동안 계속된 후 마침내 수신기를 자동 교환하라는 지시가 수신되었고 변덕스러운 우주선의 컴퓨터 프로그램으로 입력되었다. 그 일주일 동안 JPL의 기술자들은 주요 지시를 고장난 대체 수신기가 알아듣게 만드는 혁신적인 지시 주파수 조정 방식을 고안해냈다.

이제 기술자들은 (적어도 초보적 방법으로는) 우주선과 다시 교신을 할 수 있게 되었다. 그러나 불행하게도 대체 수신기는 동작이 불안정해져 우주선의 여러 장치를 가동할 때 방출되는 갈 데 없는 열에 극히 예민해졌다. 그 후 몇 달 동안 JPL의 기술자들은 우주선 가동 단계의 대부분에서 열의 발생 상황을 완전히 파악할 수 있는 시험을 고안하고 그것을 실시하였다. 지구로부터의 지시의 수신을 방해하는 것은 무엇일까? 그리고 그것을 허용하는 것은 무엇일까?

에 있다. 즉, 얼음과 암석 두 가지를 가지고 있는 듯하다. 얼음과 암석은 이웃하는 천체에도 많이 있으며, 어떤 천체는 거의 얼음만으로 되어 있다. 만약 타이탄의 표면이 얼음으로 덮여 있다면 혜성과의 충돌은 일시적으로 얼음을 녹일 것이다. 톰슨과 나는, 타이탄 표면의 어디라도 과거에 한번 이상 녹았던 확률은 1/2보다 크고, 충돌로 표면이 녹아서 곤죽 상태로 머문 평균 지속시간이 1000년에 가까움을 계산하였다.

이것은 전혀 다른 이야기를 만들어낸다. 지구에서 생명의 기원은 바닷속이나 얕은 개펄에서 비롯되었다. 지구 생물은 물을 주성분으로 하며, 물은 필수적인 물리적, 화학적인 역할을 담당한다. 사실 우리 인간처럼 물기가 많은 생물은 물 없는 생활을 상상할 수 없다. 만약 우리 행성 위에서 생명이 탄생하는 데에 1억 년 이하의 시간이 걸렸다면 타이탄에서는 1000년이 걸렸을 가능성은 없을까? 톨린이 액체 상태의 물에 섞인다면(불과 1000년 동안이라 해도) 타이탄의 표면은 우리가 생각하는 것보다 훨씬 더 생명의 탄생에 가까이 같을지도 모른다.

이 모든 사실에도 불구하고 우리는 타이탄에 관해서 애처로울 정도로 아는 것이 거의 없다. 이런 느낌을, ESA 후원으로 프랑스의 툴루즈 Toulouse에서 열린 타이탄에 관한 과학 심포지엄에서 나는 절실하게 느꼈다. 타이탄에서는, 액체 상태의 물로 된 바다는 불가능하지만 액체 탄화수소의 바다는 가능하다. 메탄(가장 많이 있는 탄화수소)의 구름은 표면에서 그다지 멀지 않은 상공에 있는 것으로 생각된다. 에탄(C_2H_6, 다음으로 많이 있는 탄화수소)은 표면에 응축해 있을 것이다. 마치 온도가 물의 어는 점과 끓는 점 사이에 있는 지구의 표면 근처에서 수증기가 액화되는 것과 같이 타이탄의 일생 동안에는 막대한 액화 탄화수소의 바다가 이루어졌을 것이다. 이 바다는 안개와 구름 훨씬 아래쪽에 자리하지만 그렇다고 전혀 알 수 없는 것은 아니다. 왜냐하면 전파가 타이탄의 대기와 그 속에서 서서히 떨어지는 미세입자들을 투과할 수 있기 때문이다.

툴루즈에서 캘리포니아 공과대학의 뮬맨 Duane O. Muhleman은 캘리포니아의 모하비 사막에 있는 전파망원경으로 전파 신호(pulse, 맥동신호)를 타이탄으로 발신해서 타이탄의 안개와 구름을 뚫고 표면에 도달한 후 다시 우주 공간으로 반사되어 지구로 돌아오게 하는 극히 어려운 기술을 우리에게 설명하였다. 매우 약해진 전파 신호는 뉴멕시코의 소코로 Socorro 근방

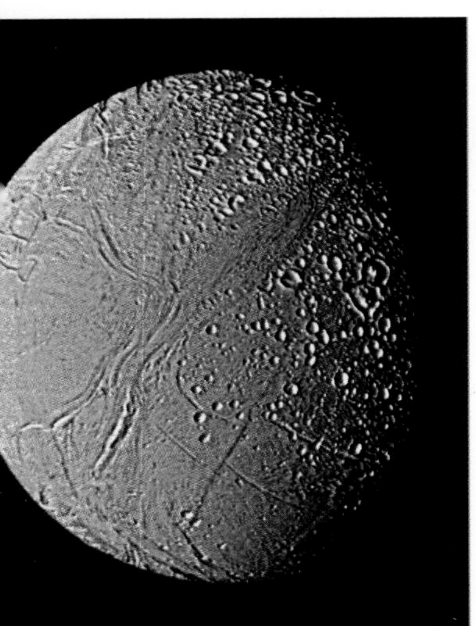

토성의 또다른 위성 엔켈라두스 Enceladus의 인공착색 사진(실제는 매우 희고 얼음에 덮여 있다). 수많은 충돌자국이 오른쪽에 보이지만 왼쪽에서는 어떤 사건으로 얼음이 모두 녹아서 자국이 없어졌다. JPL/NASA 제공.

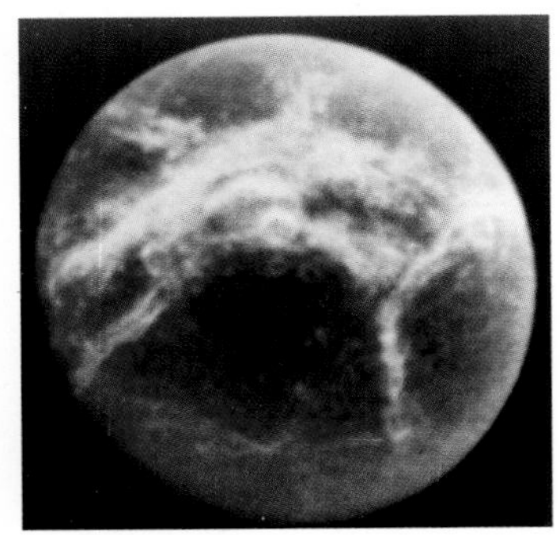

토성의 또다른 위성 디오네 Dione의 운동 후면의 반구. 보이저 사진, JPL/NASA 제공.

에 열지어 서 있는 여러 전파망원경에서 수신된다. 대단한 일이다. 만약 타이탄이 암석이나 얼음으로 된 표면을 가졌다면 그 표면에서 반사된 전파 신호는 지구에서 검출될 수 있다. 그러나 만약에 타이탄이 탄화수소의 바다로 덮여 있다면 뮬맨은 아무것도 보지 못했을 것이다. 액체 탄화수소는 이런 전파를 모두 흡수하기 때문에 아무런 메아리도 지구로 돌아오지 못할 것이다. 사실 뮬맨의 거대한 레이더 장치는 지구를 향한 타이탄의 모든 지역이 아닌 특정 경도의 지역이 반사해서 보낸 신호를 보는 것이다. 그래 좋다. 그렇다면 타이탄에는 바다와 대륙이 있고 신호의 메아리를 지구로 돌려보내는 것은 타이탄의 대륙이라고 할 수도 있다. 그러나 만약 타이탄이 이런 점에서 지구와 비슷하다면, 즉 어떤 경도(예컨대 유럽과 아프리카에 걸친)에서는 주로 대륙이고 또 다른 곳(예컨대 태평양 복판)에서는 주로 바다라면 우리는 또 다른 문제에 당면해야 한다.

타이탄이 토성 둘레를 도는 궤도는 완전한 원이 아니라 상당히 찌그러진 타원이다. 만약 타이탄에 넓은 바다가 있다면 거대한 행성인 토성은 선회하는 타이탄에 상당한 조석을 일으켜서 이로 인한 조석의 마찰은 태양계의 나이보다 훨씬 짧은 시간 동안에 타이탄의 궤도를 원형으로 만들었을 것이다. 1982년에 「타이탄 바다들의 조석」이란 과학 논문에서 스탠리 더모트 Stanley Dermott(현재 플로리다 대학에 재직)와 나는, 위와 같은 이유 때문에 타이탄은 전면이 바다나 육지로 된 천체이어야 한다고 주장하였다. 그렇지 않다면 조석 마찰이 얕은 바다에서 그 효력을 발휘했을 것이다. 호수나 섬은 괜찮지만 그 이상의 것이 있었다면 타이탄의 궤도는 지금 우리가 보는 것과는 아주 다른 형태가 되었을 것이다.

그러면 이제 우리는 세 개의 과학적 논점을 갖게 된 셈이다. 하나는 타이탄이 탄화수소의 바다로 거의 다 덮여 있다는 것, 또 하나는 대륙과 바다가 섞여 있다는 것, 세번째는 타이탄이 넓은 바다와 넓은 대륙을 동시에 가질 수 없다는 것 등이다. 무엇이 정답일지는 흥미로운 주제이다.

지금까지 내가 이야기한 것은 일종의 과학적 중간보고서라고 할 수 있다. 내일이라도 이런 수수께끼와 모순을 해결할 새로운 사실이 알려질지 모른다. 아마 뮬맨의 레이더 결과에는 무엇인가 잘못된(그것이 무엇인지는 알기 어렵지만) 것이 있을지도 모른다. 하지만 그의 장치는 그가 마땅히 관찰해야 할 때인 타이탄이 최근접했을 때 관찰하고 있음을 알려준다. 만약 뮬맨이 잘못되지 않았다면 타이탄 궤도의 조석 진화에 관한 더모트와 나의 계산이 잘못되었을지도 모르는데 아직까지 아무런 착오도 찾아낸 사람이 없다. 그리고 왜 메탄이 타이탄 표면에 응축하지 않는지도 이해하기 어렵다. 아마 저온임에도 불구하고 수십억 년 동안 화학적 과정에 변동이 생겼는지, 하늘에서 날아오는 혜성과의 충돌과 화산이나 기타 지각 변동과 더불어 우주선의 도움으로 액체 탄화수소를 더 복잡한 고체 유기물로 응결시켜, 그것이 전파를 공간으로 반사하게 되었는지도 모른다. 혹은 전파를 반사하는 물질이 바다 표면에 떠 있을지도 모른다. 그러나 액체 탄화수소는 아주 밀도가 작아서 극히 가벼운 것이 아니면 알려진 고체 유기물 대부분은 모두 타이탄의 바다에 가라앉을 것이다.

토성의 위성 이아페투스Iapetus의 음화사진. USGS/NASA 제공.

현재 더모트와 나는 우리가 우리 세계에서의 경험에 너무 익숙해져 있어 너무 지구 본위로 생각하기 때문에 타이탄에 대륙과 바다가 있다고 상상했던 것은 아닐까 의심하고 있다.

토성의 다른 위성들은 마멸되고 자국진 지형과 수많은 충돌분지로 덮여 있다. 만약 이런 천체에서 액체 탄화수소가 서서히 축적되는 과정을 상상한다면 그 결과는 전면적인 바다가 아니라, 고립된 큰 화구들이 액체 탄화수소로 채워진(넘칠 정도는 아닌) 표면이 될 것이다. 수많은 석유의 둥근 바다가

이아페투스 표면의 상상화. 타이탄의 바깥쪽 궤도를 도는 얼음과 복잡한 유기물질의 색다른 천체. 토성이 그 하늘에 덩그렇게 떠 있다. 론 밀러Ron Miller 그림.

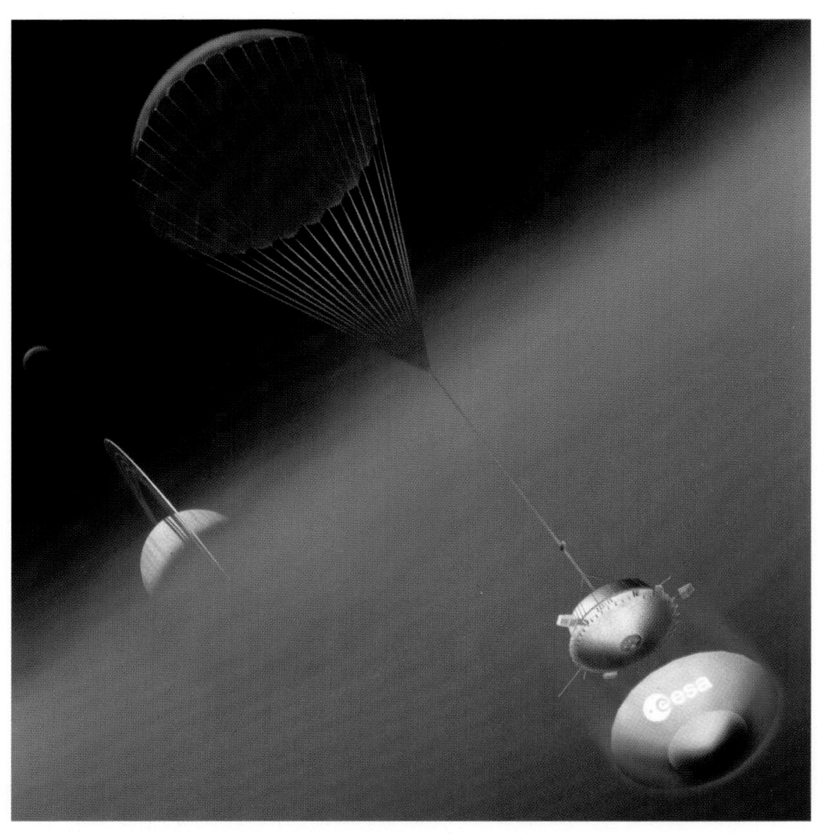

호이겐스 진입탐사선이 열차단기를 분리하고 낙하산으로 타이탄의 안개에 돌입하고 있다. ESA의 하미드 핫산 그림.

(어떤 것은 지름이 100마일이나 된다) 표면 여기 저기에 흩어져 있는데 먼 거리에 있는 토성으로 인한 물결은 눈에 띄지 않고 배나 수영이나 파도타기, 혹은 낚시를 하는 광경은 기대하기 어려울 것이다. 이런 경우 조석의 마찰은 무시할 수 있어서 타이탄의 길쭉한 타원 궤도는 원형으로 그다지 많이 변하지 않을 것으로 계산되었다. 표면의 전파와 근적외선 사진이 얻어지기 전에는 확실하게 알 수 없겠지만 아마 이것으로 우리의 수수께끼가 해명된 것인지도 모른다. 즉 〈타이탄은 탄화수소의 큰 원형 호수들이 있는 천체로 어떤 경도에서는 다른 데보다 호수가 많다〉는 것이다.

그러면 우리가 기대할 것은 톨린의 두꺼운 침전물로 덮인 얼어붙은 표면일까, 유기물질의 땅 껍질을 가진 몇 개의 섬들이 여기저기 돌출한 탄화수소의 바다 아니면 화구호수들의 세계일까, 혹은 우리가 여태 상상하지 못한 더 기묘한 것일까? 이것은 단순히 질문에 그치는 것이 아니다. 왜냐하면 타

8 장

최초의 새로운 행성

부탁입니다. 당신은 행성의 개수에 대한 이유를 알려고 원하지는 않겠지요?
이 걱정은…… 이제 덜어졌어요.
―요하네스 케플러의 『코페르니쿠스 천문학의 개요』 제4권(1621)

◀ 천왕성의 위성 미란다Miranda. 아마 태양계에서 가장 이상한 위성일 것이다. 보이저의 합성사진. USGS/NASA 제공.

문명의 시작 이전에 우리 조상들은 주로 하늘 아래 탁트인 야외에서 살았다. 인공 조명, 대기 오염, 근대적 야간 오락이 고안되기 이전에 우리는 별들을 바라보았다. 물론 여기에는 달력을 필요로 하는 실용적 이유도 있었지만 분명히 그 이상의 것이 있었다. 오늘날에도 몹시 지친 도시인들의 대다수는 수많은 반짝이는 별들이 박혀 있는 맑은 밤하늘을 만나게 되면 예기치 못한 감동에 사로잡힌다. 이럴 때 나는 새삼스럽게 숨막히는 느낌이 든다.

어느 시대나 고장을 불문하고 모든 인간 문화에서 하늘과 종교적 충동은 서로 뒤엉켜 있다. 내가 들에 누워 하늘이 나를 에워싼 듯 보일 때 그 광막한 규모는 나를 압도한다. 그것은 너무나 거대하고 너무나 멀어서 나란 존재의 하찮음이 절실하게 느껴진다. 그러나 하늘이 나를 거절하는 것 같지는 않다. 나는, 참으로 조그만, 하늘의 한부분이다. 그러나 만물을 덮치는 광대무변한 그 규모에 비하면 모든 것이 조그마한 것이 아닌가! 그리고 별들, 행성들, 그들의 운동에 생각을 집중시킬 때, 나는 기계적인 느낌, 즉 우리의 갈망이 아무리 고귀한 것이더라도 우리를 미소하고 비천한 존재로 만드는 거대한 규모에서 절묘한 정밀도로 움직이고 있는 시계 장치라는 느낌을 부정할 수 없다.

인간의 역사에서 위대한 발명의 대부분은(돌로 만든 연모나 불의 이용에서부터 기록된 언어에 이르기까지) 알려지지 않은 은인들에 의해서 이루어진 것이다. 오래된 과거의 사건들이 기억될 수 있는 제도는 미약했으며, 그래서 우리는 행성이 별과 다르다는 것을 처음으로 알았던 선인의 이름도 모른다. 그녀 혹은 그는 아마 수만 년 내지 수십만 년 전에 살았을 것이다. 그러나 결국에는 전세계 사람들이 밤하늘을 장식하는 더도 덜도 아닌 다섯 개의 밝게 빛나는 점들이 수 개월에 걸쳐 다른 별들 사이의 보조를 깨뜨리고 이상하게, 마치 자기자신의 뜻을 가진 듯이, 움직인다는 것을 알게 되었다.

태양과 달도 이 행성들의 기묘한 겉보기 운동에 한몫 끼어 모두 7개의 방황하는 천체가 있는 셈이 되었다. 고대인들에게는 이 7개의 천체가 중요했다. 고대인은 7개 천체들에 신들 —— 단순히 고대의 신들이 아니라 주요한 신들, 즉 다른 신(과 인간)들에게 무엇을 하라고 명령을 하는 우두머리 신들 —— 의 이름을 따서 불렀다. 밝고 느리게 움직이는 행성을 바빌로니아인은 마르둑 Marduk, 고대 스칸디나비아인은 오딘 Odin, 그리스인은 제우스Zeus, 로마인은 주피터 Jupiter로 이름지었다.(그 모두가 신들의 왕을 가리킨다.) 로마인들은 태양에서 멀리 떨어지는 일이 없는 어둡고 빨리 움직이는 행성을 머큐리 Mercury(신들의 심부름꾼)로 불렀고, 가장 밝은 행성은 사랑과 아름다움의 여신 비너스 Venus, 붉은 핏빛의 행성은 전쟁의 신 마르스 Mars, 가장 느린 행성은 시간의 신 새턴 Saturn의 이름을 따서 불렀다. 이런 비유들은 우리 조상이 할 수 있었던 최선이라고 할 수 있다. 그들에게는 맨눈을 능가할 과학기계가 없었고, 지구에 매여 살았으므로 지구 역시 행성이라는 생각을 가질 수 없었던 것이다.*

주일(일, 월, 년의 주기와는 달리 천문학적 뜻이 없다)을 만들었던 시절에 7개 요일에 밤하늘의 7개 이상한 천체의 이름을 붙였다. 우리는 이 관습이 전해진 사실을 쉽게 알 수 있다. 영어로 토요일은 토성의 날, 일요일, 월요일은 너무나 분명하다. 화요일에서 금요일까지는 고대 영국을 침략한 색슨과 튜턴의 신들 이름에서 유래한다. 예컨대 수요일 Wednesday은 오딘 Odin 또는 워딘 Wodin의 날, 즉 문자대로 발음하면 〈Wedn's day〉이고, 목요일 Thursday은 토르 Thor의 날, 금요일 Friday은 사랑의 여신 프레이아 Freya의 날이다. 한 주일의 마지막 날은 로마 이름으로 남았지만 다른 날들은 독일 이름이 되었다.

이러한 관련은 모든 로맨스어(프랑스, 스페인, 이탈리아의 언어)에서 더욱더 명백하다. 왜냐하면 그들은 모두 고대 라틴어에 유래하기 때문인데 요일은 (일요일부터 차례로) 태양, 달, 화성, 수성, 목성, 금성, 토성의 이름을 따랐던 것이다.(태양의 날은 하나님 Lord의 날이 되었다.) 요일에 대응하는 천체의 밝기에 따라, 즉 태양, 달, 금성, 목성, 화성, 토성, 수성(따라서 일, 월, 금, 목, 화, 토, 수요일) 순으로 이름을 붙일 수도 있었겠지만 그러지 않았다. 만약 로맨스어의 요일이 태양으로부터의 거리에 따랐다면 그 순서는 일, 수, 금, 월, 화, 목, 토요일이 되었을 것이다. 하지만 행성과 신들과 요일의 이름을 지을 당시에는 행성의 거리의 순서를 아는 사람이 없었다. 요일의 순서는 임의로운 것 같다. 태양이 으뜸임을 인정했지만 말이다.

이 7명의 신들, 7개 요일, 7개의 천체들(일월 및 5행성)은 어디서나 사람들의 생각에 박혔다. 7이란 숫자는 초자연적인 뜻을 내포하기 시작했다. 지구를 중심으로 한 7개의 투명한 동심 구각(球殼)인 7개의 하늘은 이들 7개의 천체들이 움직이는 것으로 생각되었다. 가장 바깥의 제7천은 〈고정된〉 별들이 자리하는 것으로 생각되었다. 천지창조의 7일(신의 안식일을 포함), 머리의 7혈(七穴), 7덕(七德), 칠거지악, 수메르인의 7마리의 악마, 그리스 알파벳의

*과거 4000년 동안에 7개의 천체가 한 군데 모였던 시기가 있었다. 기원전 1953년 3월 4일 동트기 직전에 초승달이 지평선에 있었다. 금성, 수성, 화성, 토성, 목성은 목걸이의 보석들처럼 배열되어 페가수스 자리의 큰 4각형 근처(현재 페르세이드 Perseid 유성우가 방출되는 점 근처)에 있었다. 무심하게 하늘을 쳐다보는 사람이라도 이 현상 앞에서는 걸음을 멈췄을 것이다. 이것은 무엇일까, 신들의 친교일까? 레이 Leigh 대학의 천문학자 데이비드 판케니어 David Pankenier와 JPL의 케빈 팽 Kevin Pang에 의하면 이 사건은 고대 중국천문학자가 채택했던 행성 주기의 시발점이 되었다고 한다. 지난 (또는 앞으로) 4000년 동안에 태양 주위를 도는 행성 운동에서 지구에서 보아서 이처럼 서로 가까이 모이는 시기는 없다. 그러나 2000년 5월에 모든 7개 천체가 하늘의 한 곳에, 보는 곳에 따라 새벽이나 일몰시에, 그리고 기원전 1953년의 늦은 겨울 때보다 10배 정도 더 흩어져서 보일 것이다. 그래도 파티를 열기에는 좋은 밤이 될 것이다.

수성, 화성, 토성(좌로부터 우로)이 태양이 달의 밤쪽 반구에서 바로 나타나는 시기에 직선 배열을 한다. 클레멘타인 우주선이 달 선회궤도에서 찍은 사진. 해군연구소 제공(왼쪽에 세 개의 작은 점이 보이겠지만 책에서는 잘 안 보일지도 모르겠다.)

천왕성의 다섯 개의 큰 위성. 1986년 1월 보이저 2호의 통과시 촬영. 오른쪽에서 왼쪽으로 티타니아 Titania, 미란다Miranda, 오베론 Oberon, 움브리엘Umbriel, 아리엘 Ariel(왼쪽 전면). JPL/NASA 제공.

7개 모음(행성의 신과 각각 관련된다). 연금술의 7인의 숙명의 지배자, 마니교의 7대 서적, 7성사(七聖事), 고대 그리스의 7현(七賢), 연금술의 7개의 〈물체〉(금, 은, 철, 수은, 납, 주석, 구리. 역시 금은 태양, 은은 달, 철은 화성 등으로 연결됨)들이 있으며, 7번째 아들의 7번째 아들은 초능력이 주어졌다. 7은 〈행운의〉 숫자이다. 『신약성서』의 「요한계시록」에는 족자의 7개 봉인이 열렸고 7개 나팔이 소리를 냈고 7개 접시가 채워졌다는 구절이 있다. 성 아우구스티누스는 7의 신비로운 중요성을 〈3은 첫번째 홀수〉이고(1은 어떻게 하고?) 〈4는 첫번째 짝수〉(2는 어떤가?)이고 〈이들로 7이 이루어졌다〉는 근거로 모호하게 설명하였다. 오늘날에도 이런 식으로 관련시키는 경우가 남아 있다.

갈릴레이가 발견한 목성의 4개 위성의 존재까지도 7이란 수의 우선권에 도전했다는 이유로 받아들여지지 않았다. 코페르니쿠스의 체계가 받아들여짐에 따라 지구가 행성표에 추가되었고 태양과 달은 제외되었다. 그래서 행성이 6개(수성, 금성, 지구, 화성, 목성, 토성)만 있는 셈이 되었다. 그러므로 왜 6개가 되어야 하는가를 설명하는 유창한 학설이 나왔다. 예를 들면 6은 첫번째 오는 〈완전한 수〉, 즉 그 약수의 합(1+2+3)과 같아지는 수이기 때문이다. 증명끝(Q.E.D.). 그리고 어쨌든 천지창조는 6일 동안이지 7일이 아니라는 것이다. 사람들은 7개가 아닌 6개 행성을 받아들이게 되었다.

숫자적 신비주의에 능숙한 사람들이 코페르니쿠스 체계에 적응함에 따라, 이 절제없는 사고방식은 행성으로부터 위성 쪽으로 향하게 되었다. 지구는 위성이 하나, 목성은 4개의 갈릴레이의 위성을 가졌으니 합계 5개인데 확실히 1개가 모자란다.(6이 첫번째 완전수임을 잊지 말라.) 1655년에 호이겐스가 타이탄을 발견했을 때 그와 많은 다른 사람들은 그것이 마지막 위성임을 확신했다. 6개의 행성, 6개의 위성, 그리고 하느님은 그의 하늘에 계시다.

하버드 대학의 과학사가 코헨 I.Bernard Cohen은 호이겐스가 다른 위성을 찾는 일을 사실상 포기했다고 지적했다. 그 이유는 위의 논법으로 더 이상 위성이 없다는 것이 명백했기 때문이었다. 16년 후 파리천문대의 G.D.

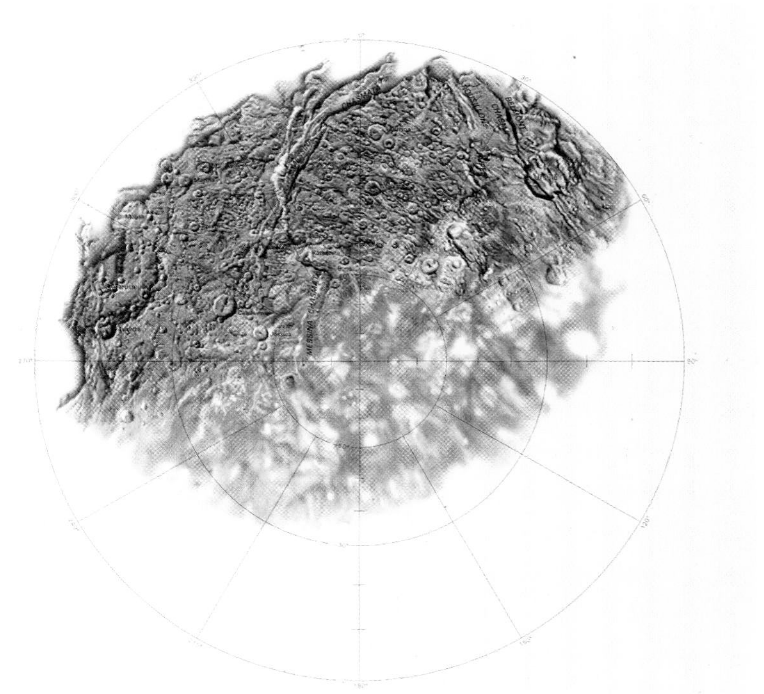

천왕성의 위성 티타니아의 남극 투영사진. USGS의 명암사진.

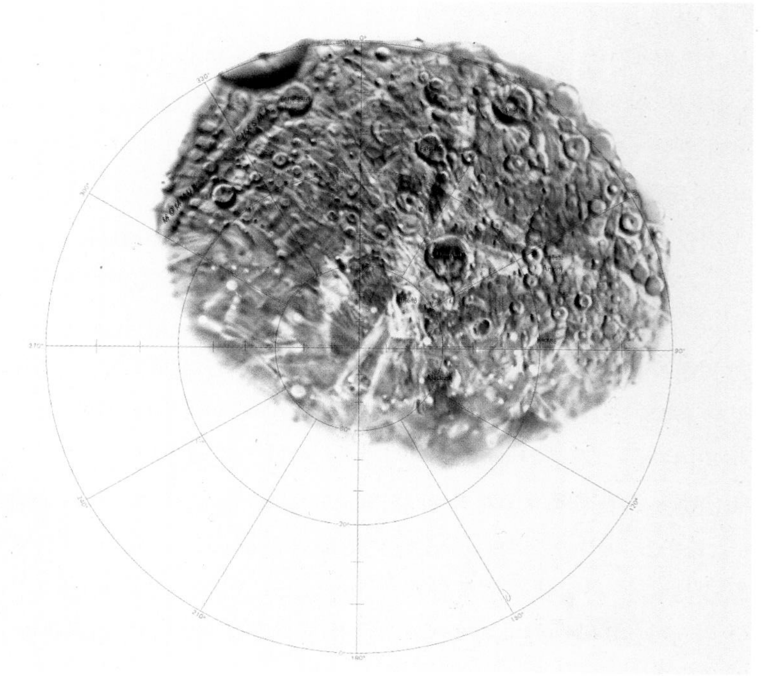

천왕성의 위성 오베론의 남극 투영사진. 오베론 위의 화구들은 셰익스피어 희곡에 등장하는 영웅들의 이름을 따서 명명되었다. USGS 명암사진.

카시니* 는 공교롭게도 호이겐스가 옆에 있을 때 타이탄보다 바깥쪽 궤도에서 일곱번째 위성 이아페투스 Iapetus를 발견했다. 이 위성은 한쪽 반구가 검고 다른 반구는 흰 이상한 천체였다. 그 후 얼마 지나지 않아 카시니는 토성의 다음번 위성인 레아 Rhea를 타이탄의 안쪽 궤도에서 발견하였다.

숫자풀이를 할 수 있는 또다른 기회가 생긴 참이었는데 이번에는 후원자에 아첨을 떠는 현실적 사업으로 장식되었다. 카시니는 행성의 개수(6)와 위성의 개수(8)를 합해서 14를 얻었다. 그런데 그를 위해서 그의 천문대를 만들어주고 그의 봉급을 준 사람은 프랑스의 루이 14세, 즉 태양왕이었던 것이다.

이 천문학자는 재빠르게 이 두 위성을 그의 군주에게 〈증정〉하여 루이 14세의 〈정복〉이 태양계의 끝까지 다다랐다고 선언하였다. 카시니는 신중하게도 그 후 위성을 찾는 일에서 물러섰다. 코헨에 따르면, 카시니는 위성을 하나 더 찾아냈다가 루이 14세의 비위를 거스르기를 두려워했다. 머지않

*토성을 탐사하려는 유럽과 미국의 공동계획은 그의 이름을 땄다.

아 이 왕은 신교를 믿는다는 죄로 백성들을 토굴에 가두었던 분인 만큼 함부로 대할 분이 아니었다. 그러나 12년 후 카시니는 위성 탐색을 다시 시작하여 또 2개의 위성을 ---- 틀림없이 많은 두려움을 가지고 ---- 발견했다.(이런 식으로 계속하지 않은 것은 잘한 일이었던 것 같다. 그렇지 않았다면 프랑스는 부르봉 왕조의 70여 명이나 되는 루이 왕을 가져야 했을 터이니 말이다.)

새로운 천체들의 발견이 발표되었을 때인 18세기 말엽에 이르러서는 이런 숫자풀이 논법의 힘이 많이 시들해졌다. 그래도 1781년에 새로운 행성을 망원경으로 발견했다는 소식을 사람들이 들었을 때의 놀라움은 참된 뜻의 놀라움이었다. 처음의 6개 내지 8개의 위성이 발견된 이후의 새로운 위성들은 별로 인상적이지 못했다. 그러나 새로운 행성이 발견되기를 기다렸다는 것과 그 발견 수단을 인간이 고안했다는 것은 모두 놀라운 일로 여겨졌는데 무리도 아니었다. 만약 전에 알려지지 않았던 행성이 하나 있었다면 더 많은 행성들이 이 태양계 안에 그리고 다른 태양계에 있을 가능성이 있는 것이다. 어둠 속에 새로운 천체들이 허다하게 숨어 있다면 앞으로 무엇이 발견될지를 누가 장담하겠는가?

그런데 발견자는 직업적인 천문학자가 아니라 윌리엄 허셜 William Herschel이라는 음악가였다. 일찍이 그의 친척들은 영국에 귀화한 또다른 독일인(당시 영국 왕으로 후에 미국 이주민들의 압제자였던 조지 3세) 가족과 함께 영국에 이주했다. 허셜은 새 행성을 그의 후원자의 이름을 따서 〈조지의 별〉로 명명하기 원했지만 그것은, 하늘의 뜻이었는지, 실현되지 않았다.(천문학자들은 왕에게 아첨하기에 바빴던 것 같다.) 그 대신 허셜이 발견한 행성은 천왕성 Uranus으로 불리게 되었다.(영어사용국의 아홉 살짜리들에게는 언제나 신나는 이야깃거리이다.) 이 이름은 그리스 신화에서 새턴(토성)의 아버지로 올림프스 신들의 할아버지 뻘되는 신에서 유래한다.

이제 태양과 달은 행성으로 치지 않고, 비교적 대수롭지 않은 소행성과 혜성을 무시하면, 천왕성이, 태양으로부터 차례로 헤아려서(즉 수성, 금성, 지구, 화성, 목성, 토성, 천왕성, 해왕성, 명왕성 순) 일곱번째 행성이 된다. 이것은 고대인에게 알려지지 않았던 최초의 행성이다. 네 개의 바깥쪽 행성, 즉 목성형 행성은 네 개의 안쪽 행성, 즉 지구형 행성과 아주 다르다. 명왕성은 따로 다루어진다.

해가 갈수록 천문 기계의 품질이 개량됨에 따라 우리는 천왕성에 관해

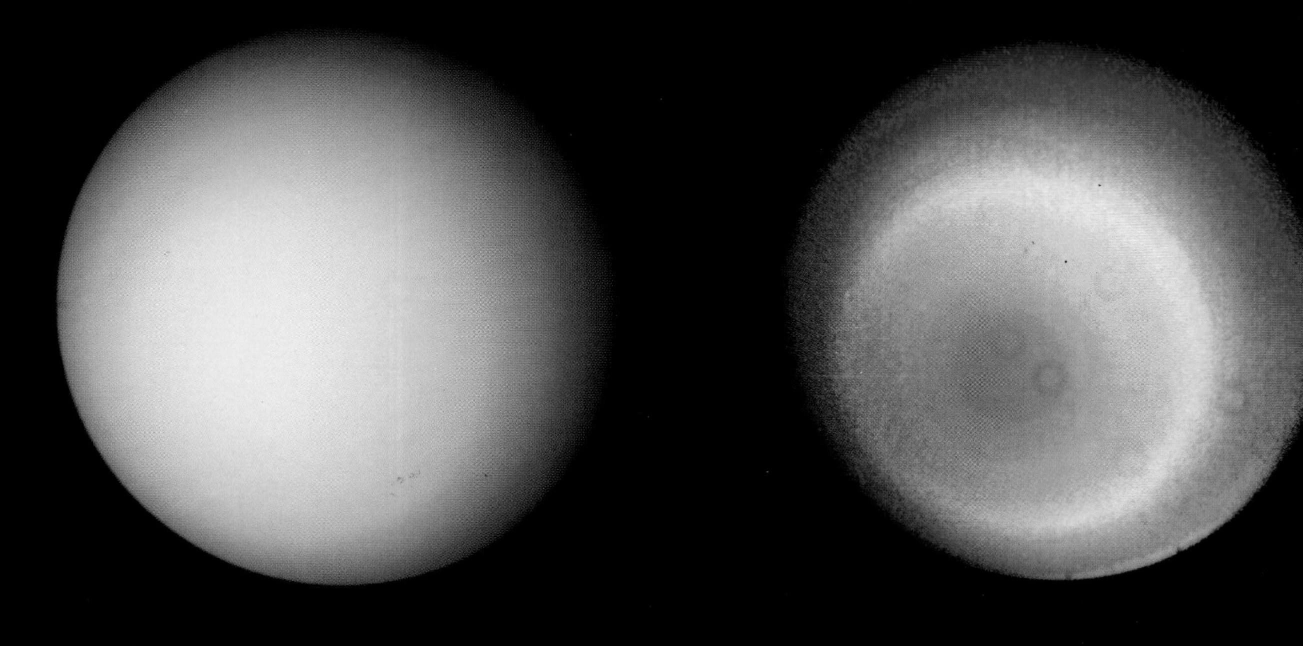

하늘의 과녁 천왕성. 보이저 2호의 사진(왼쪽은 우주선에서 보이는 행성, 오른쪽은 인공착색으로 대조를 과장한 자외선 사진). 행성의 남극은 대략 지구를 향하고 있다. 어두운(주황색으로 표시) 극관 부분은 천왕성의 자기장에 의해 극대기권으로 들어오는 전자에 의해서 생성된 탄화수소로 추정된다. 오른쪽의 여러 색깔의 작은 원들은 보이저 카메라 장치 속의 먼지 알갱이들 때문에 생긴 상이다. JPL/NASA 제공.

서 더 많은 것을 알기 시작했다. 우리에게 희미한 태양광선을 반사해 보내는 것은 고체 표면이 아니라, 타이탄, 금성, 목성, 토성, 해왕성의 경우처럼, 대기층과 구름들이다. 천왕성의 대기는 가장 간단한 두 가스인 수소와 헬륨으로 이루어졌다. 메탄을 비롯한 다른 탄화수소도 있다. 지구에 있는 관측자에게 보이는 구름들 바로 아래에 막대한 양의 암모니아, 황화수소, 그리고 특히 물을 포함한 방대한 대기가 있다.

목성이나 토성의 내부 깊은 곳은 압력이 매우 커서 원자가 전자를 뱉어내기 때문에 대기가 금속 상태로 된다. 이들보다 가벼운 천왕성은 내부의 압력이 작아서 이런 일이 일어나지 않는다. 그러나 전혀 볼 수 없는 더 깊은 곳에서는 위에 덮인 대기층의 무게에 눌려 암석화된 표면이 존재한다는 사실을 천왕성의 위성에 미치는 미소한 작용으로부터 탐지하였다. 이를테면 커다란 지구 같은 행성이 방대한 대기의 담요에 싸여서 숨어 있는 셈이다.

지구의 표면 온도는 지구가 가로막는 태양광선에 큰 영향을 받는다. 태양을 꺼버린다면 지구는 곧 식어서, 남극 대륙의 추위 정도가 아니라, 또 바다가 얼어 붙을 정도를 넘어 대기까지 얼어붙어 떨어져 10미터 두께의 산소와 질소의 눈으로 지구 전체가 덮이게 된다. 지구의 뜨거운 내부로부터 조금씩 흘러나오는 에너지는 이 눈들을 녹이기엔 불충분하다. 그러나 목성, 토성과 해왕성의 경우는 다르다. 거기서는 먼 태양으로부터 얻는 만큼의 열이 행성 내부로부터 나오고 있다. 태양을 꺼버려도 그들은 약간의 영향을 받는데 그친다.

그런데 천왕성은 이야기가 다르다. 천왕성은 목성형 행성 중의 괴짜로, 지구와 비슷하다. 즉 내부로부터 나오는 열이 극히 적다. 왜 그런지, 즉 해왕성과 많은 점에서 닮았는데도 내부 열의 강한 원천이 없는 이유를 아직 우리는 잘 이해하지 못하고 있다. 이런 이유 때문에(딴것을 제쳐 놓고) 우리는 이 힘센 천체들의 깊은 내부에서 무엇이 일어나고 있는지를 이해하지 못하고 있는 것이다.

천왕성은 옆으로 누워서 태양 둘레를 돌고 있다. 1990년대에는 천왕성의 남극이 태양열을 받고 있는데 바로 이 남극을 이 20세기 말에 지구의 천왕성 관측자가 보고 있는 것이다. 천왕성이 태양 둘레를 도는 데는 84년이 걸린다. 그래서 2030년대에는 천왕성의 북극이 태양 쪽(지구 쪽)으로, 2070년대에는 다시 남극이 태양 쪽으로 향하게 된다. 그 중간에 지구의 천문학자들은 주로 적도 지방을 보게 될 것이다.

다른 모든 행성은 그 궤도 면에 수직에 가까운 축 둘레를 자전한다. 천왕성의 특이한 자전의 원인은 확실히 모른다. 가장 유망한 설명은 천왕성이 생성 초기에 매우 길쭉한 타원을 도는 지구 정도 크기의 개구쟁이 행성에게 박치기를 당했다는 것이다. 이런 충돌은, 정말 일어났다면, 천왕성에게 작지 않은 교란을 일으켰을 것이다. 어쩌면 과거의 교란이 남긴 흔적이 우리의 탐색을 기다리고 있을지도 모른다. 그러나 천왕성은 멀기 때문에 그 수수께끼를 풀기는 힘들다.

1977년 당시 코넬 대학에 재직했던 제임스 엘리엇James Elliot이 이끄는 과학자팀은 우연히 천왕성도 토성처럼 환을 가졌음을 발견했다. 이 과학자들은 NASA의 특별항공기(커이퍼 공중 천문대)를 타고 인도양 상공에서 천왕성이 다른 별 앞을 지나가는 것을 관측하고 있었다.(이러한 엄폐occultation〔천체가 다른 천체에 가려져 지구로부터 보이지 않게 되는 일〕는 천왕성이 먼 별에 대해서 느리게 움직이기 때문에 가끔 일어난다.) 관측자들은 별이 천왕성과 그 대기층 뒤로 들어가기 직전과 빠져 나온 직후 몇 차례씩 단속적으로 반짝거리는 현상을 발견하고 놀랐던 것이다. 반짝거리기가 단속되는 모양이 엄폐 전후에서 동일했기 때문에 그 후의 많은 연구 끝에 행성 둘레에 아홉 개의 아주 얇고 어두운 환이 있어 천왕성을 마치 하늘에 뜬 과녁의 중심처럼 보이게 하는 것을 알게 되었다.

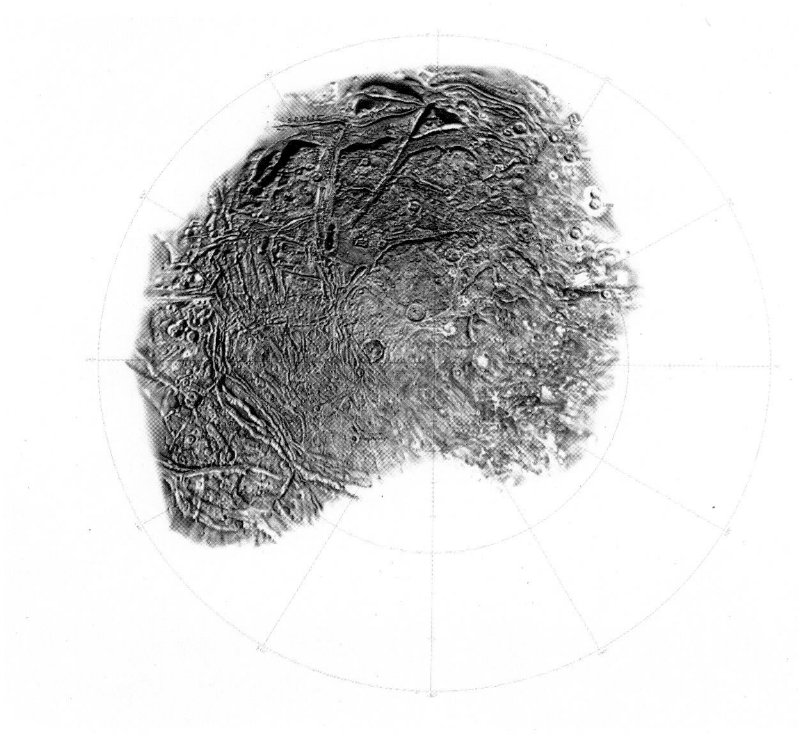

천왕성의 위성 아리엘. 남극투영 사진. USGS 명암지도.

지구의 관측자는 이 환들을 둘러싸고 이미 알려진 다섯 개 위성(미란다, 아리엘, 움브리엘, 티타니아, 오베론)의 동심 궤도가 있는 것을 알게 되었다. 위성들의 이름은 셰익스피어의 『한여름밤의 꿈』과 『템페스트』, 그리고 알렉산더 포프 Alexander Pope의 『자물쇠의 강탈 *The Rape of the Lock*』에 등장하는 인물들의 이름을 딴 것이다. 그 중 두 개는 허셜 자신이 발견했다. 다섯 개 중 가장 안쪽의 미란다는 나의 스승 G.P.커이퍼가 1948년에야 비로소 발견했다.* 그 당시에 천왕성의 새로운 위성을 발견한 것이 얼마나 큰 업적으로 여겨졌는지를 나는 기억한다. 그 후에 다섯 개의 위성 모두에서 반사되는 근적외선은 그들의 표면에 얼음이 존재한다는 분광학적 특성을 나타냈다. 그것도 이상할 것 없다. 천왕성은 태양으로부터 너무 멀기 때문에 그곳

*커이퍼가 이런 이름을 지었던 것은 템페스트의 여주인공 미란다가 한 말 〈오, 훌륭한 새로운 세계여, 이러한 사람들을 지녔으니〉에 유래한다. 이에 프로스페로 Prospero는 〈그것은 그대에게 새로우리라〉고 응답한다. 바로 그렇다. 태양계의 다른 모든 천체들처럼 미란다의 나이는 약 45억 년이나 된다.

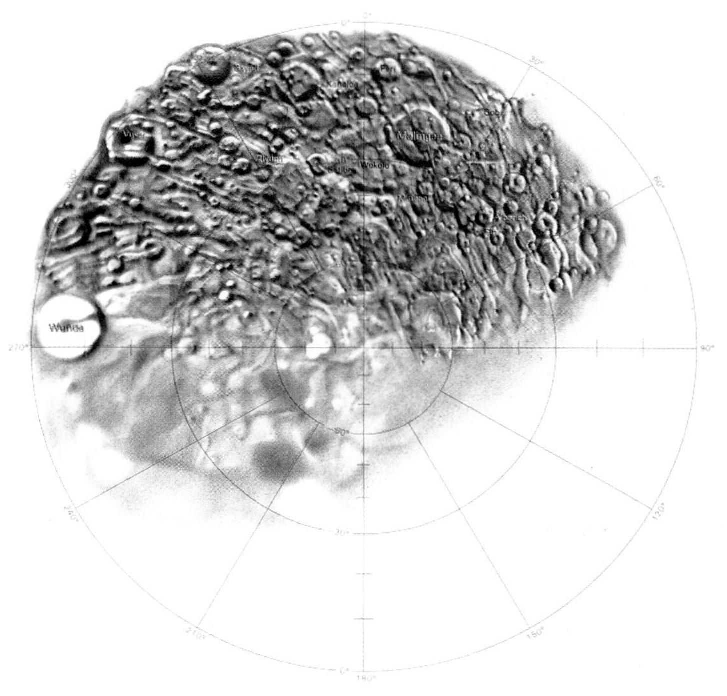

천왕성의 위성 움브리엘. 남극투영 사진. USGS 명암지도.

의 정오가 지구의 일몰 후보다 어두울 정도이므로 온도는 어느 점 이하일 것이 분명하므로 물은 모두 얼어버리게 마련인 것이다.

천왕성과 그의 환, 그리고 그 위성들에 대한 우리의 인식혁명은 1986년 1월 24일에 시작되었다. 이날 보이저 2호는 8.5년의 여정 끝에 미란다의 매우 가까이를 지나 하늘의 과녁을 맞혔다. 천왕성의 중력은 우주선을 해왕성을 향해 팔매질쳤지만, 우주선은 천왕성 집단의 근접사진 4,300장과 풍부한 자료를 지구로 보내 왔다.

천왕성은 하나의 강력한 복사대 radiation belt, 즉 행성의 자기장에 붙잡힌 전자와 양성자의 무리들로 둘러싸인 것으로 밝혀졌다. 보이저는 이 복사대를 뚫고 지나가면서 천왕성의 자기장과 붙잡힌 대전입자들을 측정했다. 그것은 또 이 고속도 입자들이 발생하는 전파의 불협화음 —— 변동하는 음색, 화음, 색조와 주로 포르티시모(가장 강하게)로 —— 을 탐지하였다. 이와 비슷한 것이 목성과 토성에서도 탐지되었고 후에 해왕성에서도 그랬지만 언제나 각 행성에 독특한 주제와 대위법의 특성을 띠고 있었다.

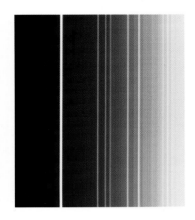

천왕성 환의 확대 인공착색 사진. 아홉 개의 밝은 선들(오른쪽부터 세 개, 두 개, 세 개, 한 개로 무리져 보인다)이 아홉 개 환에 해당한다. 배경의 파스텔 색의 선들은 컴퓨터의 강화효과 때문이다. 왼쪽의 가장 밝은 엡실론 환은 무색이고 다른 여덟 개 선들은 실제 색깔의 차이를 매우 과장해서 나타내고 있다. 천왕성의 환은 토성의 환과는 달리 매우 어둡고 복사로 처리된 유기물질로 이루어진 것으로 생각된다. JPL/NASA 제공.

지구에서는 자기장의 극과 지리적 극이 매우 근접해 있다. 그러나 천왕성에서는 약 60°나 떨어져 있다. 그 이유는 아무도 모른다. 어떤 사람들은 지구에서 주기적으로 일어나고 있는 자기 남북극의 역전을 천왕성에서 탐지한 것이라고 제안하였다. 또다른 사람들은 이것 역시 천왕성을 쓰러뜨렸던 옛날의 강렬한 충돌의 결과로 설명한다. 그러나 아무도 모를 일이다.

천왕성은 태양에서 받는 것보다 훨씬 더 많은 자외선을 내고 있는데 아마도 자기권에서 새어나와 상층 대기를 두들기는 대전입자들에 기인하는 것 같다. 천왕성 공간의 조망대로부터 우주선은 천왕성의 환들이 멀리서 밝게 빛나는 별의 전면을 지나갈 때 별의 반짝임이 단속되는 것을 관측했다. 먼지들이 만드는 어두운 띠가 새로 발견되었다. 우주선이 지구의 전면에서 천왕성 뒤로 지나가면 우주선이 보내는 전파신호가 천왕성 대기층을 접선 방향으로 뚫고 오기 때문에 메탄의 구름들 밑을 들여다볼 수 있었다. 대기 중을 떠다니는 아마도 8,000km 두께의 과열된 물로 이루어진 넓고 깊은 바다를 추정하는 사람들도 있다.

천왕성 접근의 주요한 업적 가운데 사진들이 돋보인다. 보이저의 두 개 TV 카메라에 의해서 우리는 열 개의 새로운 위성을 발견했고 천왕성의 구름 높이에서 낮의 길이(약 17시간)를 측정했고 열두 개의 환에 대해서 조사하였다. 가장 볼 만한 사진은 이미 알려진 다섯 개의 큰 위성(특히 그 중 가장 작은 커이퍼의 위성 미란다)에서 보내온 것들이었다. 그 표면은 단층계곡, 평행능선, 깍아지른 절벽, 낮은 산맥, 충돌화구, 한때 녹았던 표면 물질이 범람했던 식은 자국 등으로 들어차 있었다.

이렇게 혼란한 경치는 태양에서 그처럼 멀리 떨어진 조그맣고 차고 얼어붙은 천체로부터는 기대 밖의 것이었다. 아마도 그 표면은 어느 먼 과거에 천왕성, 미란다, 아리엘 사이의 중력적 공명으로 천왕성의 에너지가 미란다 내부로 유입되어 해빙과 재형성이 일어났던 것인지 모른다. 혹은 천왕성을 넘어뜨렸던 오래전 충돌의 결과를 보고 있는지도 모른다. 또는, 가능한 상상으로, 미란다가 한때 난폭하게 달리는 침입자에 의하여 산산조각이 나서 그 궤도에 뿌려졌다가 그후 조각들이 서서히 서로 충돌하고 또 중력으로 서로 끌려서 오늘날의 미란다와 같은 더덕더덕 뒤범벅된 미완성의 천체가 다시 형성된 것인지도 모른다.

나에겐 미란다의 어슴푸레한 사진들이 특별한 느낌을 준다. 왜냐하면 나는, 그것이 천왕성의 강한 빛 속에 거의 파묻힌 빛의 작은 점으로 천문학자의 숙련과 인내에 의해 아주 어렵게 발견되었던 것을 생생하게 기억하고 있기 때문이다. 불과 수십 년만에 미란다는 미발견의 천체로부터 그의 과거의 비밀까지도 일부나마 밝혀질 운명에 놓이게 되었다.

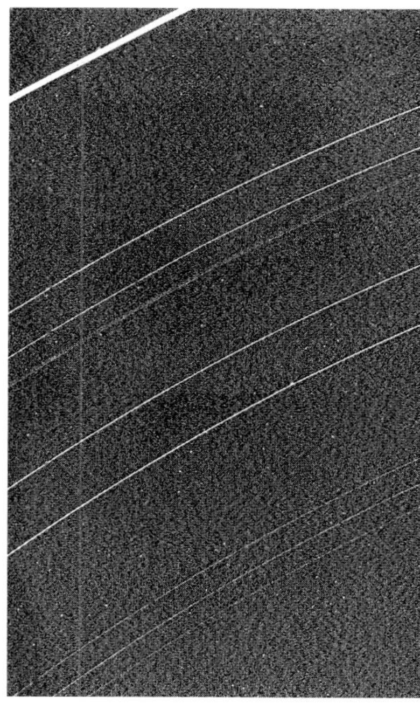

천왕성 환들의 또다른 광경. 가장 넓은 엡실론 환(제일 위)은 폭이 100킬로미터(60마일)에 못 미친다. 다른 환들의 어떤 것은 폭이 10킬로미터 정도 된다. JPL/NASA 제공.

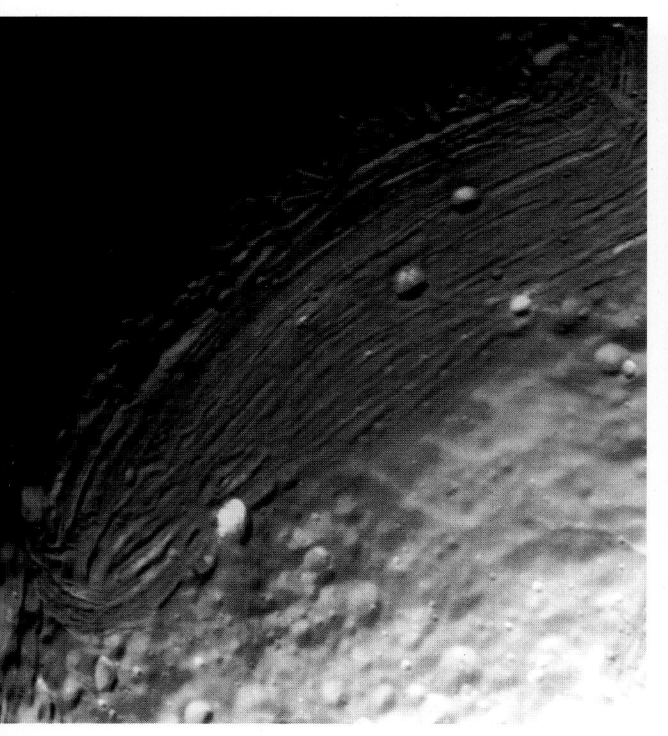

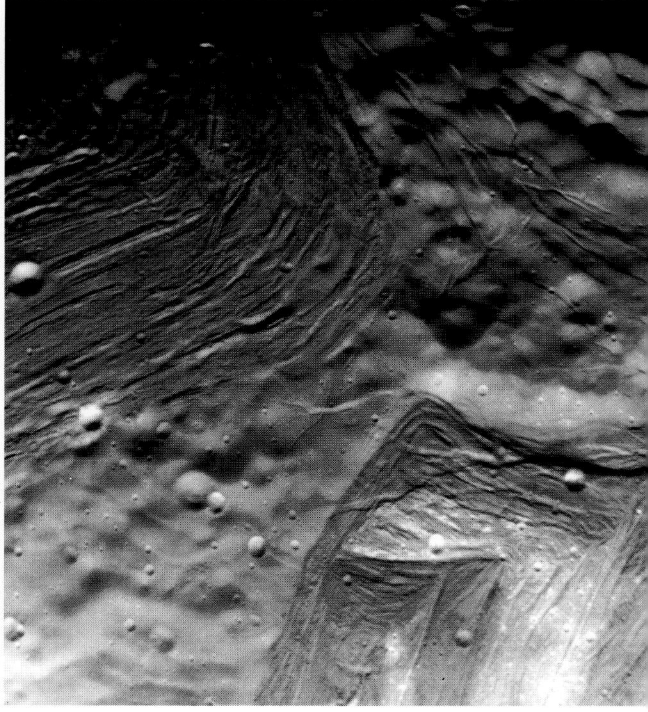

▲ 보이저 2호가 1986년 1월 24일에 얻은 미란다 근접 사진. 이 이상한 지형의 기원이 무엇이든 간에 여기에 새겨진 화구들은 이 지형이 천왕성의 형성 당시로 소급되는 오래전의 것임을 보인다. JPL/NASA 제공.

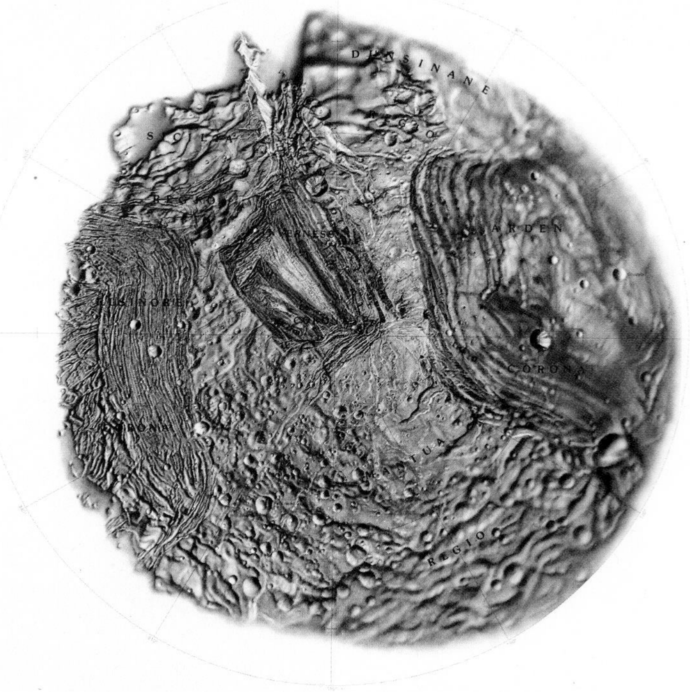

천왕성의 위성 미란다의 남극투영 사진. 여러 부분들 사이의 불연속적인 경계는 실제의 것이다. USGS 명암지도.

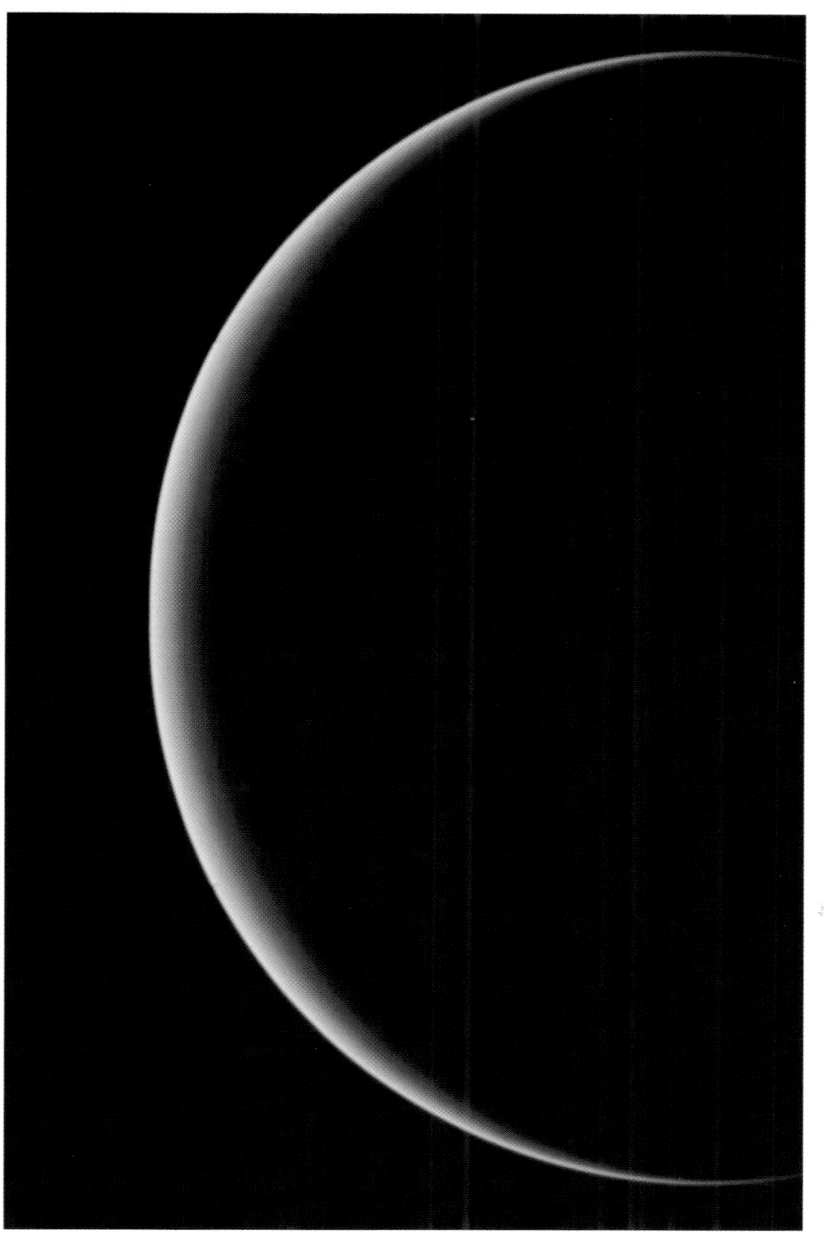

보이저 2호가 뒤돌아본 천왕성의 초승달 모습. USGS/NASA 제공.

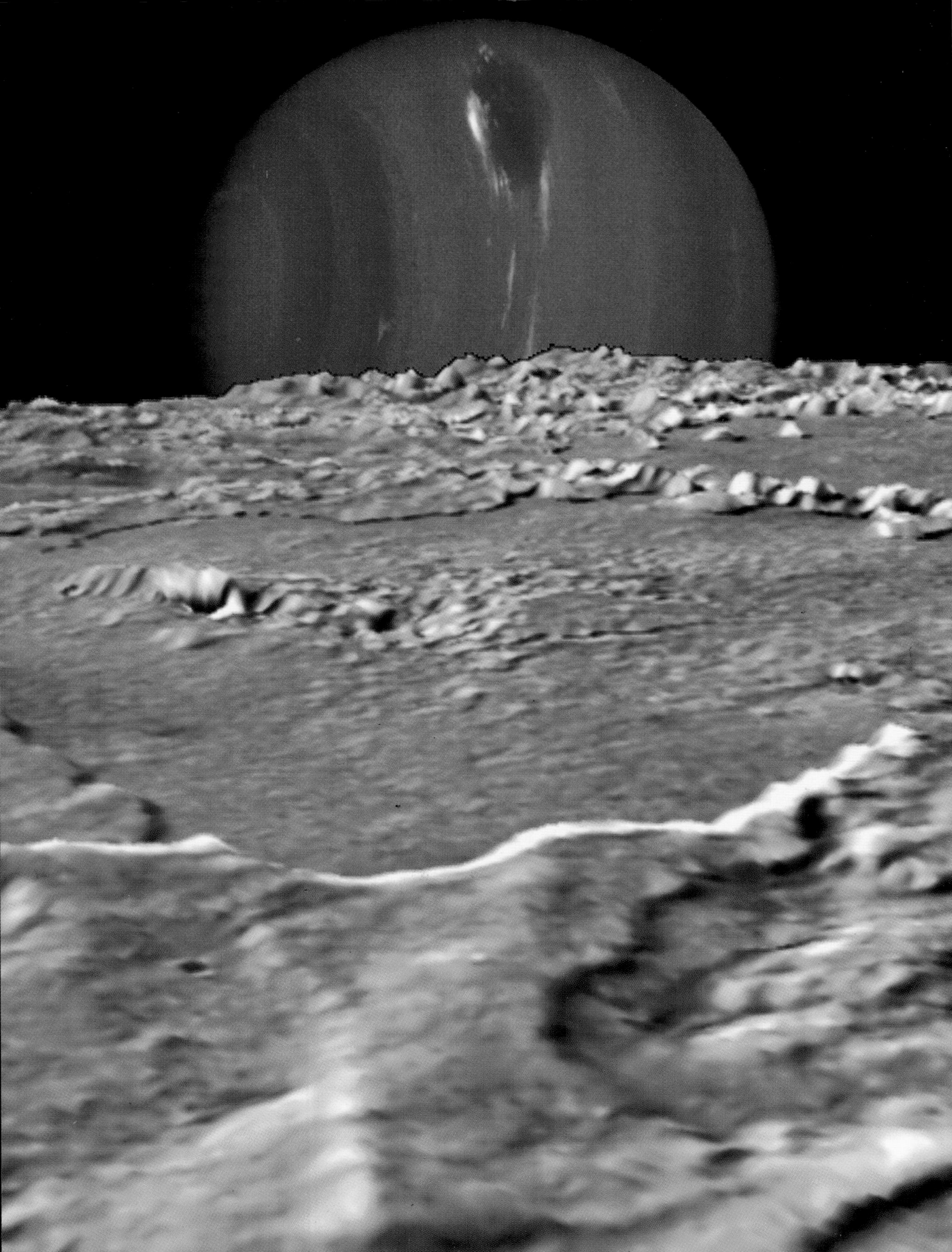

9 장

태양계 외곽의 우주선

트리톤의 호숫가에서 나는 내 비밀에 찬 가슴을 터놓으리라.
—에우리피데스의 『이온』(기원전 413년경)

해왕성은 보이저 2호의 태양계 대원정에서 마지막 기항지였다. 일반적으로 해왕성은 가장 바깥 쪽 행성인 명왕성의 바로 안쪽에 자리하는 행성으로 여겨진다. 그러나 지금은 명왕성의 아주 길쭉한 타원 궤도 때문에 해왕성이 가장 바깥 쪽의 행성이 되었고 1999년까지 그럴 터이다. 상층 구름의 대표적 온도는 약 -240℃인데 가열하는 태양으로부터 너무 멀리 떨어져 있기 때문이다. 그 내부로부터 나오는 열이 없었더라면 더 추울 것이다. 해왕성은 성간공간의 밤의 세계 가장자리를 미끄러져 가고 있는 셈이다. 해왕성은 태양으로부터 너무 멀어서 마치 태양이 밤하늘에서 매우 밝게 빛나는 별과 다름없어 보인다.

얼마나 멀까? 너무나 멀어서 해왕성은 1846년에 발견된 이후 아직도 태

◀ 위성 트리톤의 표면 바로 위에서 본 해왕성. 해왕성 대기 속의 구름들이 움직이고 있다(이 사진에서는 위에서 아래로). 보이저 사진 합성. USGS/NASA 제공.

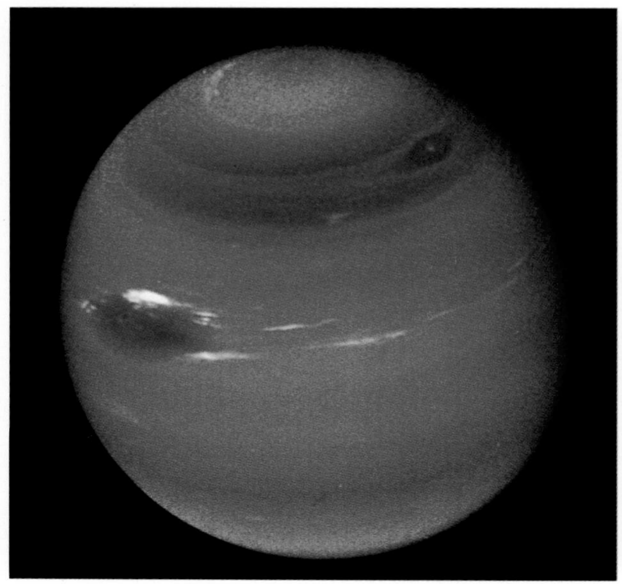

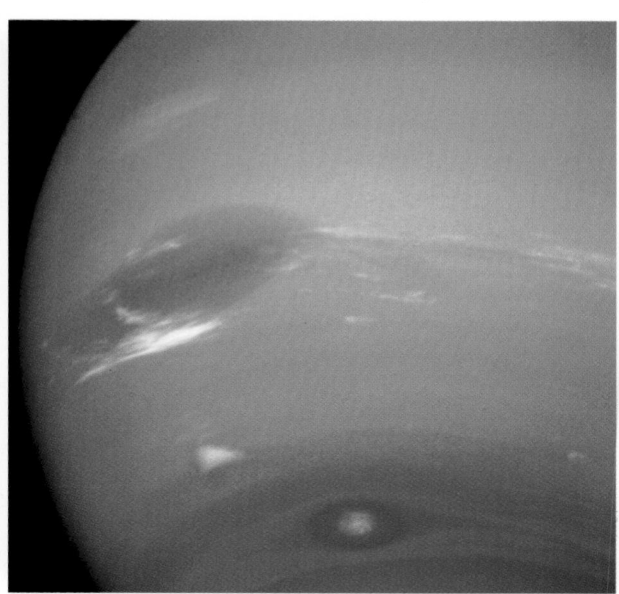

해왕성의 근접 사진. 오른쪽 위에서 아래로 있는 세 개의 큰 구름 무리는 〈큰 어두운 무늬Great Dark Spot〉, 〈스쿠터 Scooter〉, 〈어두운 무늬 2 Dark Spot 2(중심이 흰 것)〉 등으로 별명이 붙었다. 이들은 서로 다른 속도로 돌기 때문에 스쿠터가 오른쪽 사진에는 있지만 왼쪽 사진에는 없다. 이들은 모두 서에서 동으로 돌고 있다. 우리는 깊은 대기층의 윗부분을 보고 있는데 훨씬 밑에 암석으로 된 핵이 있다. JPL/NASA 제공.

양 둘레를 한 바퀴(1행성년)도 돌지 못하고 있으며,* 맨눈으로 볼 수도 없고, 빛이(어느것도 빛보다 빨리 가지 못한다) 해왕성에서 지구까지 오는 데 5시간이 넘게 걸릴 정도이다.

보이저 2호가 해왕성 집단을 1989년에 뚫고 지나갈 때 그 카메라, 분광기, 입자·자기장 탐지기, 기타 기계 장치는 행성과 그 위성들, 그리고 환들을 바쁘게 탐사했다. 해왕성 자체는 그의 사촌 격인 목성, 토성, 천왕성처럼 매우 거대한 행성이다. 이 네 개의 거대한 가스 행성은 지구와 유사한 천체를 중심부에 가졌지만 정교하고 복잡한 위장을 뒤집어쓰고 있다. 목성과 토성은 비교적 작은 암석과 얼음의 중심부를 가진 가스 행성인 데 반해 천왕성과 해왕성은 근본적으로 암석과 얼음으로 된 천체이지만 이를 감추는 짙은 대기층에 싸여 있는 것이다.

해왕성은 지구보다 네 배나 크다. 우리가 그 차갑게 느껴지는 매우 푸른 모습을 볼 때, 역시 우리는 고체 표면이 아니라 대기층과 구름들만 보고 있

*해왕성이 태양을 한 바퀴 도는 데 그처럼 오래 걸리는 것은 그 궤도가 230억 마일이나 되고, 또 태양의 중력이(해왕성이 성간공간으로 날아가지 않도록 한다) 비교적 약하기(지구 근방보다 1000분의 1이하) 때문이다.

는 셈이다. 대기층 역시 수소와 헬륨, 그리고 약간의 메탄과 극소량의 다른 탄화수소로 이루어졌다. 약간의 질소가 있을지도 모른다. 밝은 구름들은 메탄의 결정으로 이루어진 듯한데 성분이 알려지지 않은 더 깊은 곳에 있는 두꺼운 구름들 위에 떠 있다. 구름들의 운동으로부터 우리는 음속에 가까운 강한 바람의 존재를 알아냈다. 크고 어두운 무늬는 기묘하게도 목성의 대적반 Great Red Spot과 거의 같은 위도에 있는 것으로 알려졌다. 푸른 바다 색깔은 해신의 이름 Neptune으로 명명되었던 이 행성에 어울리는 것 같다.

이 어슴푸레하고 차갑고 폭풍이 휩쓰는 먼 천체에도 이를 에워싸는 여러 환들이 있는데, 크기가 담배 연기 알갱이에서 작은 트럭 정도되는 헤아릴 수 없이 많은 물질들의 궤도 운동으로 이루어졌다. 다른 목성형 행성의 환처럼 해왕성의 환도 서서히 사라져 가는 것으로 (계산에 의하면 중력과 태양 복사가 태양계의 나이보다 훨씬 짧은 시간 안에 이들을 분산시킬 것으로) 알려졌다. 만약 곧 없어질 것이라면 우리가 환들을 볼 수 있는 것은 오직 환들이 최근에 만들어졌기 때문일 것이다. 그렇다면 환들은 어떻게 만들어졌을까?

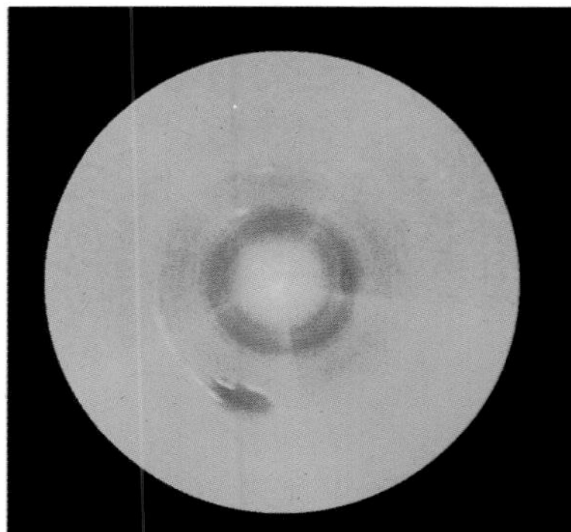

해왕성의 남극투영 사진. JPL/NASA 제공.

해왕성 집단에서 제일 큰 위성은 트리톤 Triton이다.* 트리톤이 해왕성 둘레를 도는 데는 거의 6일이 걸리며 도는 방향은, 태양계의 큰 위성들 중 유일하게, 행성의 자전과 반대 방향(해왕성의 자전이 반시계 방향이라면 시계 방향)이다. 트리톤은 질소가 풍부한 대기를 가져서 어느 정도 타이탄의 대기와 비슷하지만 대기와 안개가 엷어서 그 표면을 볼 수 있고 그 경관은 다양하고 훌륭하다. 트리톤은 얼음(질소와 메탄의 얼음)의 천체인데, 아마도 그 밑은 우리에게 친숙한 물의 얼음과 암석이 깔려 있을 것이다. 거기에는 충돌 분지(액체가 다시 얼기 전에 범람한 듯이 보인다. 따라서 트리톤에는 한때 호수들이 있었다), 충돌화구, 서로 교차하는 긴 계곡들, 새로 내린 질소의 눈으로 덮인 넓은 벌판, 참외의 껍질처럼 주름진 지형, 바람에 휘날리다가 얼음 표면에 가라앉은 듯이 보이는 길고 어두운 얼룩들의 평행한 줄기 등이, 트리톤의 얇은 대기(지구 대기의 약 1/1000 두께)를 뚫고 보인다.

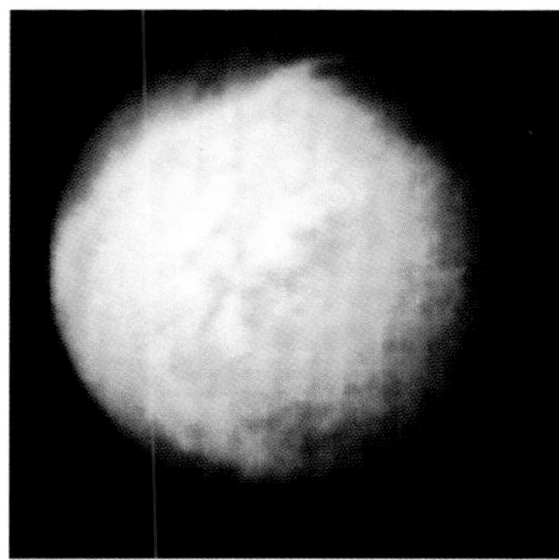

보이저 2호가 접근할 때, 400만 킬로미터(250만 마일) 거리에서 본 트리톤.

*로버트 고다드 Robert Goddard(근대식 액체연료 로켓의 발명가)는 별 탐험대가 트리톤에서 출발할 채비를 하고 출발도 하게 될 시대를 예견했다. 이것은 1918년에 손으로 썼던 『마지막 이민』에 1927년에 추가했던 생각이었다. 출판하기에는 너무 기발하다고 생각했는지 그것을 친구집 금고 속에 넣어두었다. 그 표지에는 다음과 같은 경고가 적혀 있다. 〈이 노트는 오직 낙천가만이 읽어야 한다.〉

보이저가 찍은 트리톤. 이 사진은 자세히 볼 만한 가치가 있다. 충돌화구가 드문 곳은 표면이 지구처럼 젊을 것이다. 즉 화구들은 메워졌거나 어떤 과정에 의하여 그 위가 덮였을 것이다. 이 천체에서 그러한 과정은 메탄 또는 질소의 바다가 다시 동결된 후 거기에 메탄이나 질소의 눈이 계절적으로 표면을 덮는 과정으로 생각된다. 윗부분에서 어두운 줄기가 모두 서에서 동으로 부는 바람에 휘날리는 데 유의하라. 이 사진에는 잘 이해되지 않은 것도 많이 있다. 보이저 사진 합성. USGS/NASA 제공.

트리톤의 모든 화구는 마치 거대한 공작 기계에서 찍혀 나온 듯이 원시 상태에 있다. 내려앉은 벽이나 무디어진 돌출 지형이 없다. 눈이 주기적으로 내리고 증발하는데도 트리톤의 표면을 수십억 년 동안 침식한 흔적이 없다. 그러므로 트리톤 형성 시기에 파였던 화구들은 초기의 어떤 전면적 표면 재조성 과정으로 메워지고 덮였을 것이 틀림없다. 트리톤은 해왕성의 공전과 반대 방향으로 해왕성 둘레를 돌고 있는데 이것은 달이나 태양계 대다수의 큰 위성들과 다르다. 만약 트리톤이 해왕성을 만들었던 회전 원반에서 태어났다면 그것은 해왕성과 같은 방향으로 궤도 운동을 할 것이다. 그러므로 트리톤은 해왕성 둘레의 원시 성운에서 형성된 것이 아니라 다른 곳(아마도 명왕성보다 훨씬 더 먼 곳)에서 태어난 후 해왕성을 너무 가깝게 지나가다가 우연히 해왕성의 중력에 붙들리게 된 것이다. 이 사건이 트리톤에 막대한 고체 조석을 일으켜 그 표면을 녹이고 과거의 표면 지형을 모두 없애버렸을 것이다.

도에 우리가 감지할 수 있는 변화를 줄 것이기 때문이다.

이런 뜻으로 새로 발견되는 혜성(1992QB와 1993FW와 같은 이름을 가진)은 행성이 아니다. 만약 우리의 탐지기가 이들을 탐지할 수 있었다면, 아마 이보다 더 많은 혜성들이 태양계 외곽에서 발견되기를 기다리고 있을 것 같다. 그들은 너무 멀어서 지구에서는 보기 힘들고, 또 거기까지 가는 것도 오

▲ 허블 망원경이 찍은 명왕성과 그 위성 샤론 Charon. 이것은 현재까지 얻을 수 있는 두 천체의 최상의 사진이다. 명왕성은 샤론보다 더 붉다. 명왕성은 달보다 작고, 샤론은 지름이 겨우 1,270km(790마일)에 불과하다. 알브레히트 R. Albrecht(ESA/ESO, NASA) 제공.

미래의 우주선이 명왕성과 그 위성 샤론을 방문한다. 현재 이 천체들의 표면은 알려지지 않았으나 명왕성이 트리톤과 비슷하리라는 화가의 상상에는 일리가 있다. 그림 NASA 패트 롤링 Pat Rawlin(SAIC).

랜 시간이 걸리는 여행이 될 것이다. 그러나 명왕성이나 그 너머로 소형의 빠른 우주선을 보내는 것은 우리 능력의 범위 안에 있다. 이런 우주선을 명왕성이나 그 위성 샤론 가까이로 보내고 그후 가능하다면 커이퍼의 혜성대에 있는 혜성 중 하나를 근접 통과시키는 것은 뜻있는 일일 것이다.

지구를 닮은 천왕성과 해왕성의 암석 핵심부가 최초로 뭉쳐지고 그 다음에 행성들의 모체인 원시 성운에서 다량의 수소와 헬륨 기체를 중력으로 끌어들인다. 원래 그들은 우박이 쏟아지는 것 같은 환경에 놓여 있었다. 그들의 중력은 너무 가까이 오는 얼어붙은 작은 천체들을 가속하여 행성 구역을 넘어서 오르트의 혜성구름을 향하여 날려보내기에 알맞은 크기를 가졌다. 목성과 토성도 같은 과정으로 거대한 기체행성이 되었으나 그들의 중력은 너무나 커서 얼음의 천체들을 오르트 구름에 머물지 않고 태양계를 완전히 떠나서 별들 사이의 거대한 어둠의 공간을 영원히 헤매게 한다.

아름다운 혜성은 때로 인간에게 놀라움과 두려움을 불러일으키고 또 안쪽 행성들과 바깥쪽 위성들 표면에 충돌자국을 만들고 때때로 지구 위의 생물을 위협한다. 그러나 천왕성과 해왕성이 45억 년 전에 거대한 천체로 자라나지 않았다면 혜성들이 우리에게 알려지거나 위협을 주는 일은 없었을 것이다.

이제 잠시 틈을 내어 해왕성이나 명왕성 너머에 있는 행성들, 즉 다른 별들의 둘레를 도는 행성들에 대해서 알아보기로 하자.

우리 이웃의 많은 별들은 그 둘레를 도는 기체와 먼지로 이루어진 얇은 원반(때로는 수백 천문단위(AU)나 벌어진)을 가지고 있다.(태양계의 최외곽 행성인 해왕성과 명왕성은 태양에서 약 40AU 거리에 있다.) 태양과 비슷한 젊은 별들은 늙은 별보다 원반을 가질 확률이 훨씬 더 크다. 어떤 경우에는 원반의 가운데에 음반처럼 구멍이 있다. 구멍은 가운데 별로부터 아마도 30-40AU 거리까지 뚫려 있다. 예를 들어 직녀성 Vega이나 에리다누스자리 엡실론별(ε Eridani)의 경우가 그렇다. 화가자리 베타별(β Pictoris)을 둘러싼 원반의 구멍은 별에서 15AU까지 벌어진 데 불과하다. 이러한 안쪽의 먼지 없는 구역은 최근에 거기에 생성된 행성들에 의해서 청소되었을 가능성이 있다. 사실 이러한 청소 과정은 우리 태양계의 초기 역사에 대한 추정에서도 언급되고 있다. 관측 기술이 더 개량되면 아마 우리는 먼지 구역과 먼지 없는 구역의 자세한 구조를 볼 수 있어서 직접 관측되기엔 너무 작고 어두운 행성들의

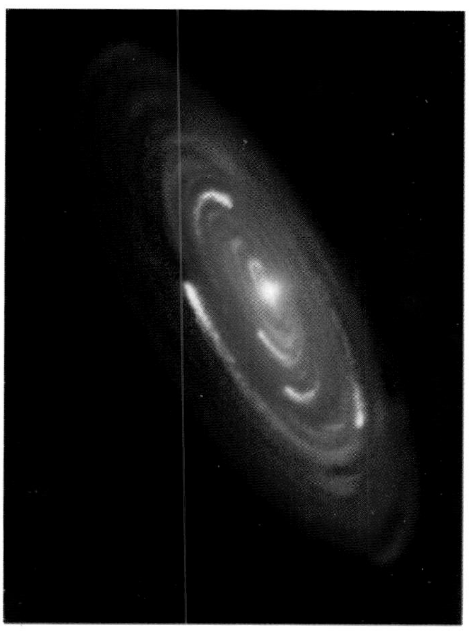

왼쪽은 화가자리 베타별 둘레의 행성 전단계의 원반. 별의 본체는 십자선 위의 차광장치로 가려졌다.(그러지 않으면 측면을 보이는 원반을 별빛으로 없애버린다). 오른쪽은 원반을 측면이 아니라 넓이로 볼 때의 상황을 상상한 그림. 원반의 안쪽 부분의 〈유입지대〉에서 원반물질을 휩쓸어서 행성들이 형성되고 있다. 왼쪽 사진은 스미스Bradford Smith와 테릴Rich Terrile, JPL/NASA 제공, 오른쪽 그림 다나 베리Dana Berry.

존재를 추정하게 될 것이다. 분광학적 자료는 이 원반이 휘저어진 상태에 있고 물질이 중심에 있는 별로 떨어지고 있음을 알려주는데, 아마도 원반에서 생긴 혜성이 보이지 않는 행성들에 끌려서 그들의 태양(중심에 있는 별)에 너무 접근했다가 증발하는 과정이 일어나는 것으로 짐작된다.

행성들은 작고 반사광으로 빛나므로 그들 태양의 밝은 빛에 휩쓸리기 쉽다. 그럼에도 불구하고 우리 이웃 별들의 주위에서 완전히 형성된 행성을 찾아내기 위한 노력이 계속되고 있다. 즉 별과 지구 관측자 사이에 어두운 행성이 지나갈 때 별빛이 잠시 어두워지는 현상이나 보이지 않는 행성 궤도를 도는 별의 움직임이 미소하게 흔들리는 현상 등을 탐지하는 것이다. 대기권 밖 관측이 훨씬 더 예리하다. 이웃 별 둘레를 도는 목성형 행성의 경우 그 밝기는 그 별의 밝기의 약 10억 분의 1 정도로 약하지만, 새로운 방식의 지상망원경은 지구 대기로 인한 반짝거림을 없앰으로써 불과 몇 시간의 관측으로도 이런 행성을 탐지할 수 있는 날이 멀지 않았다. 이웃 별을 도는 지구형 행성이라면 이보다 100배나 더 어두워지는데 그래도 대기권 밖의 비교적 값싼 우주선으로 그 발견이 가능할 것이다. 아직까지는 이런 시도가 성공하지 못했지만 우리는 목성 정도 크기의 행성을 이웃 별 주위에서(그 둘레에 돌고 있다면) 찾아낼 수 있는 단계에 다다른 것이다.

가장 중요하고도 다행스러웠던 최근의 발견은 약 1,300광년 떨어진 곳에서 그럴 가능성이 안 보이던 별 둘레에서 가장 뜻밖의 방법으로 어엿한 행성이 탐지된 것이다. B1257+12로 불리는 펄사는 급속히 자전하고 있는 중성자별(믿기 어려울 정도로 조밀한 태양으로 초신성 폭발을 겪은 무거운 별의 잔해)이다. 이 별은 한 번 자전하는 데 0.006218531938818 7초로 극히 정밀하게 측량된 주기가 인상적이다. 즉 이 펄사는 매분 약 10,000회전을 하는 셈이다.

이 별의 강력한 자기장 안에 붙들린 대전입자는 지구를 향해 매초 160회씩 단속되는 전파를 보내고 있다. 1991년에 알렉산더 월스잔 Alexander Wolszczan, 현재 펜실베이니아 주립대학 재직)은 이 전파의 맥박에 나타난 감지될 수 있는 미소한 변화는 근방의 행성들이 이 별에 미치는 운동의 미소한 변화 때문인 것으로 설명했다. 1994년에는 이 행성들의 추정된 중력 작용이 그간에 쌓인 신호 도착시간의 변동(100만분의 1초 단위의)으로 월스잔에 의하여 확인되었다. 이 현상이 중성자별의 성진 starquakes(별의 지진)이나 다른 원인에 의한 것이 아니고 새로운 행성들 때문이라는 확증은 이제 압도적인——월스잔의 말대로 〈반박할 여지가 없는〉——것이다. 즉 새로운 태양계의 존재가 〈결정적으로〉 밝혀진 셈이다. 다른 모든 방법과는 달리 펄사의 전파 도착시간을 조사하는 방법은 가까운 지구형 행성에 대해서는 비교적 용이하지만 먼 목성형 행성을 탐지하기는 어렵다.

새로운 행성은 A, B, C 세 개인데 행성 C는 지구의 약 2.8배나 무겁고 0.47AU*의 거리에서 펄사 둘레를 98일마다 한 바퀴 돈다. 행성 B는 지구의 약 3.4배 질량으로 0.36AU 거리에서 67일, 더 작은 행성 A는 지구 질량의 약 0.015배, 별에 더 가까운 0.19AU 거리를 돈다. 대략 말해서 행성 B는 우리 태양에서 수성의 거리에 있고, 행성 C는 수성과 금성 중간쯤, 행성 A는 두 행성보다 안쪽으로 수성의 반 정도 거리에 있고 달 정도의 질량을 가졌다. 이 행성들이 펄사를 만들어낸 초신성 폭발에서 살아남은 과거 행성계의 잔재인지, 또는 초신성 폭발 후 별을 둘러싼 강착 accretion 원반에서 태어난 것인지 우리는 모른다. 그러나 그 어느 경우이건 우리는 이제 또 다른 지구들이 존재한다는 것을 알게 되었다.

B1257+12가 내고 있는 에너지 출력은 태양의 약 4.7배나 된다. 그러나 태양과는 달리 그 대부분은 가시광선이 아니라 전기를 띤 알갱이들의 격렬

*지구는 정의에 따라 태양으로부터 1AU 거리에 있다.

10 장

성스러운 암흑

모든 시각적 인상 가운데 하늘의 깊숙함은
가장 감정에 가까운 것이다.
—새무얼 테일러 콜리지의 『노트북』(1805)

◀ 낮은 궤도에서 수평선을 찍은 사진은 어느 것이나, 이 우주왕복선에서 찍은 열대폭풍우 사진처럼, 푸른 띠를 보여준다. 존슨 우주항공센터/NASA 제공.

구름 없는 5월 아침의 푸르름이나 해지는 바다의 붉은 노을은 인간에게 경이로움과 함께 시와 과학으로 향하는 마음을 불러일으켜 왔다. 지구 위 어디에 살든, 언어와 관습, 혹은 정치 체제가 무엇이든 간에 우리는 같은 하늘을 공유하고 있다. 우리는 대개 하늘의 푸르름을 기대하기 때문에 어느 날 아침에 일어났을 때 구름 없는 하늘이 검거나 노랗거나 초록빛이라면 깜짝 놀랄 것이다.(로스앤젤레스나 멕시코시티의 시민들은 갈색 하늘에, 런던이나 시애틀의 시민들은 잿빛 하늘에 익숙해져 있지만 그들도 푸른 하늘을 정상적인 지구의 하늘로 생각한다.)

그런데도 검은 하늘이나 노란 하늘, 심지어 초록빛 하늘을 가진 천체들도 있는 것이다. 하늘의 색깔은 그 천체를 특징짓는다. 태양계의 어느 행성

우주왕복선에서 찍은 이 열대 폭풍우 사진처럼, 낮은 궤도에서 지구를 찍은 모든 사진은 푸른색 띠를 보여준다. 존슨 우주항공센터/NASA 제공.

에 나를 떨어뜨린다면 나는 중력도 느끼지 않고 지상을 내려다보지 않더라도 태양과 하늘을 잠시 볼 수만 한다면 내가 어디에 있는지 정확하게 알아맞힐 수 있을 것 같다. 저 낯익은 푸른 색조에 여기 저기 흩어진 양털 같은 흰 구름의 풍경은 우리 천체의 특징이다. 프랑스 사람의 표현 〈사크르-블뢰 sacre-bleu!〉는 대략 영어의 〈저런 Good Heavens!〉에 해당하는 말이다.* 문자대로는 〈성스러운 푸른 하늘! sacred blue!〉의 뜻이다. 옳은 말이다. 만약에 지구를 대표하는 깃발이 있다면 그것은 푸른색이어야 할 것이다.

그 속에서 새들이 날아다니고, 그 속에 구름들이 떠 있고, 인간들은 감탄하고, 또 그 속을 매일같이 횡단하며, 그 속을 뚫고 태양과 별에서 오는 빛은 번쩍인다. 그렇다면 이 하늘이란 무엇일까? 그것은 무엇으로 만들어졌을까? 그것은 어디서 끝나며 얼마나 많은 것일까? 이 푸르름은 모두 어디서 오는 것일까? 만약에 하늘이 모든 인간의 공유물이고 우리 세계를 특징짓는 것이라면 우리는 그에 관해서 뭔가 알아야 할 것이다. 하늘이란 무엇인가?

1957년 8월 인간은 최초로 푸른 하늘 위로 올라가서 둘러보았다. 공군

*이 표현은 〈gosh-darned〉나 〈geez〉처럼 본래 Sacre-Dieu!(성스러운 하느님)가 소리내어 말하기에 너무 강하다고(두번째 계명을 연상하게 한다고) 생각한 사람들을 위한 완곡화법에 지나지 않는다.

예비역 장교이자 의사였던 데이비드 시몬스David Simons는 역사상 가장 높이 오른 인간이 되었던 것이다. 그는 단독으로 풍선을 조종하여 10만 피트(30킬로미터)를 넘는 고도에 올라가서 두꺼운 창문 너머로 색다른 하늘을 보았다. 현재 캘리포니아 대학(어바인 소재) 의과대학 교수인 시몬스 박사는 머리 위 하늘이 어둡고 짙은 보랏빛으로 보였다고 회상한다. 그는 지면 높이의 푸른빛에서 공간의 완전한 암흑으로 이어지는 경계에 해당하는 고도에 이르렀던 것이다.

시몬스의 거의 잊혀진 비행 이후 여러 나라 사람들이 대기층 위를 비행하였다. 외계 공간의 낮하늘은 검다는 인간(및 로봇)의 직접적인 경험이 되풀이되면서 이제는 그 사실이 분명해졌다. 태양은 비행체를 밝게 빛추고 아래에 있는 지구도 밝게 보이는데, 위의 하늘은 밤처럼 검다.

1961년 4월 12일 보스토크Vostok 1호에 탑승한 유리 가가린Yuri Gagarin이 인류 최초의 외계비행에서 목격한 잊지 못할 광경의 기록을 여기에 소개한다.

하늘은 완전히 검다. 이 검은 하늘을 배경으로 별들은 좀더 밝고 또렷이 보인

암흑 공간 속의 지구와 달. 우리가 어느 쪽 천체라도 그 위로 올라간다면 하늘은 검게 보일 것이다. 갈릴레오 우주선의 사진. JPL/NASA 제공.

다. 지구는 매우 특색 있게 아름다운 푸른빛 후광을 띠고 있다. 특히 수평선을 볼 때 잘 드러나보인다. 부드러운 푸른빛에서 차츰 푸른빛, 검은 푸른빛, 보랏빛을 거쳐서 하늘의 완전한 검은 색으로 부드럽게 변한다. 그것은 매우 아름다운 변화였다.

낮하늘의 그 푸른 색채는 공기와 무슨 관련이 있는 것이 분명하다. 그러나 우리가 아침 식탁에 앉아 주위를 둘러볼 때 옆사람이 (보통은) 푸르게 보이지는 않는다. 하늘의 색깔은 소량의 공기가 아니라 아주 많은 공기의 색깔인 것이 틀림없다. 만약 공간에서 지구를 자세히 바라보면 낮은 대기층의 두께만큼 엷은 푸른 띠로 둘러싸여 있는 것을 보게 된다. 사실 그것은 낮은 대기층 자체이다. 그 띠의 꼭대기에서 푸른 하늘이 암흑 공간으로 번져가는 것을 볼 수 있다. 이것은 바로 시몬스가 최초로 진입했고 가가린이 그 위로부터 내려다보았던 경계층인 것이다. 외계비행은 보통 푸른 대기층의 밑바닥에서 출발하는데 이륙 후 몇 분 동안 이 층을 뚫고 오른 다음 정교한 생명유지 장치 없이는 간단한 호흡조차 불가능한 끝이 없는 세계로 들어간다. 인간의 생명은 바로 그 존재를 이 푸른 하늘에 의존하고 있다. 푸른 하늘을 다정하고 성스럽게 여기는 까닭이 여기에 있는 것이다.

낮에 하늘이 푸른 것은 태양광선이 우리를 사방으로 둘러싼 공기에 부딪혀 산란되기 때문이다. 구름이 없는 밤하늘이 검은 것은 공기로부터 반사될 만한 충분히 강한 광원이 없기 때문이다. 어떻게든 공기는 푸른빛을 더 많이 우리에게 내려 보낸다. 어떻게?

태양에서 오는 가시광선은 빛의 파장에 따라 여러 색(빨, 주, 노, 초, 파, 남, 보)으로 되어 있다.(파장은 파동이 공기나 공간 속을 지나갈 때 꼭대기에서 꼭대기 사이의 거리이다.) 보라색과 푸른색은 가장 짧은 파장을, 노랑과 빨강은 가장 긴 파장을 가진다. 우리가 색을 감지하는 것은 우리 눈과 머리가 빛의 파장을 읽는 방법이다.(우리는 빛의 파장을 색깔이 아니라, 이를테면 소리로 번역해도 이치에 어긋나지 않았을 터이지만 우리의 감각은 그렇게는 진화하지 않았던 것이다.)

이 무지개의 여러 색깔이 태양광선처럼 함께 섞이면 희게 보이게 된다. 이 파동들은 모두 태양과 지구 사이의 9,300만 마일(1억 5,000만 킬로미터) 공간을 8분에 달린다. 그들은 주로 질소와 산소 분자들로 이루어진 대기를 두들긴다. 파동의 일부는 공기에 의해서 도로 공간으로 반사된다. 일부는 지면에 다다르기 전에 이리저리로 튕겨서 지나가는 눈동자에게 탐지된다.(또 구름이나 지면에 부딪혀서 공간으로 도로 날아가는 것도 있다.) 이렇게 빛의 파동이 대기 속에서 이리저리 퉁겨가는 현상을 〈산란〉이라고 말한다.

그런데 모든 파동이 공기 분자에게 똑같이 산란되는 것은 아니다. 분자들의 크기보다 훨씬 큰 파장을 가진 파동은 덜 산란된다. 그것은 분자에서 흘러넘쳐서 분자에 거의 영향받지 않는다. 분자 크기에 가까운 파장은 더 많이 산란된다. 그래서 파동은 그 파장만큼 큰 장애물을 그대로 지나가기가 어렵다.(파도가 선창가의 말뚝에게 산란되고, 수도꼭지에서 떨어진 물방울로 생기는 목욕탕 안의 물결이 장난감 오리에 부딪힐 때를 보면 알 수 있다.) 파장이 짧은 빛들(보랏빛, 푸른빛)은 파장이 긴 빛들(노란빛, 빨간빛)보다도 더 많이 산란된다. 우리가 구름이 없는 푸른 하늘을 보고 감탄할 때 우리는 햇빛 속의 짧은 파장을 가진 빛이 선택되어 산란되는 것을 보고 있는 셈이다. 이런 산란은 이를 처음으로 조리 있게 설명한 영국 물리학자의 이름을 따서 〈레일리 Rayleigh 산란〉으로 불린다. 담배 연기가 푸른 것도 바로 같은 이유에서다. 연기를 이루는 알갱이 크기가 푸른빛의 파장 정도로 작기 때문이다.

그렇다면 저녁 노을이 붉은 까닭은 무엇일까? 그 붉은색은 태양광선에서 공기가 푸른빛을 산란해 버리고 남은 색깔이다. 대기층은, 고체인 지구를 둘러싼 중력으로 붙들린 기체의 얇은 층이므로 햇빛은 정오 때보다도 일몰(또는 일출) 때 더 기울어진 긴 공기 경로를 뚫고 와야 한다. 보랏빛과 푸른빛은 태양이 꼭대기 방향에 있을 때보다 이제 더 길어진 공기 경로를 뚫고 오는 동안에 더 많이 산란되므로 우리가 태양을 바라볼 때 우리는 그 나머지, 즉 거의 산란되지 않은 햇빛의 일부, 특히 자줏빛과 붉은빛을 보게 된다. 푸른 하늘이 붉은 저녁 노을을 만드는 셈이다. (정오 때 태양은 노르스름하게 보이는데 그 까닭은 태양이 다른 색보다 노란 빛을 좀더 많이 복사하고 또 태양이 꼭대기 방향에 있더라도 약간의 푸른빛은 지구 대기에게 햇빛 밖으로 산란되기 때문이다.)

가끔 듣는 말이지만 과학자는 비낭만적이며 과학자들의 생각해내기를 좋아하는 열정은 이 세상에서 아름다움과 신비스러움을 없애버린다고 한다. 그렇지만 이 세상이 실제로 어떻게 움직이고 있는지, 즉 흰빛은 여러 색으로 이루어져 있으며, 색채란 우리가 빛의 파장을 느끼는 방식이고, 투명한 공기는 빛을 반사하면서도 파장에 따라 차별하고, 하늘이 푸른 것은 저녁 노을이 붉은 것과 같은 이치 때문이라는 사실들을 이해하는 것은 감동적인 일이 아닐까? 저녁 노을의 낭만은 이에 관해서 조금 알게 된다고 해서 해쳐지는 것이 아니지 않은가?

가장 단순한 분자들은 대부분이 거의 같은 크기(대략 1억분의 1센티미터) 이기 때문에 지구의 하늘이 푸른 것은 공기가 무엇으로 이루어졌는지에 (공기가 빛을 흡수하지 않는 한) 무관하다. 산소와 질소 분자는 가시광선을 흡수하지 않고 그것을 딴 방향으로 튕겨버릴 뿐이다. 그러나 다른 분자들은 빛을 통째로 삼켜버린다. 질소 산화물(자동차 엔진이나 공장에서 발생한다)은 수목을 암갈색으로 만드는 원인인데 실제로 질소와 산소로 이루어진 이 물질은 빛을 흡수한다. 흡수도 산란처럼 하늘을 물들일 수 있다.

다른 천체 다른 하늘, 즉 수성이나 달 또는 다른 행성의 위성들 대부분은 지구보다 작은 천체들이다. 중력이 약하기 때문에 그들은 대기를 붙들어 둘 수 없어 대기는 공간으로 빠져나간다. 그래서 진공에 가까운 공간이 표면에 직접 닿게 된다. 태양광선은 도중에서 산란되거나 흡수되는 일 없이 직접 표면을 두들긴다. 이런 천체들의 하늘은 정오 때에도 검다. 이 사실은 지금까지 12명의 사람(아폴로 11, 12, 14, 17호의 월면 착륙 우주인들)들에 의해서 목격되었다.

이 책을 쓰고 있는 지금까지 알려진 태양계의 위성들의 일람표를 여기에 싣는다.(거의 그 반은 보이저가 발견한 것이다.) 대기를 가지기에 충분한 크기를 가진 토성의 타이탄과 해왕성의 트리톤을 제외한 나머지 모두는 검은 하늘을 가진다. 그리고 모든 소행성도 그렇다.

금성은 지구의 약 90배나 되는 대기를 가졌다. 금성의 대기는 지구처럼 산소나 질소가 아닌 이산화탄소이다. 그러나 이산화탄소도 가시광을 흡수하지 않는다. 만약 금성에 구름이 없다면 그 표면에서는 하늘이 어떻게 보일까? 많은 대기가 있으므로 보랏빛과 푸른빛이 산란될 뿐만 아니라 다른 모든 색깔의 빛(초록, 노랑, 주황, 빨강)도 산란된다. 그러나 대기가 너무 두꺼워서 푸른빛도 표면까지 오지 못하고 잇따른 상층의 산란으로 공간으로 도로 나가버린다. 그래서 표면에 다다른 빛은 지구의 저녁 노을이 온 하늘을 덮은 것처럼 강하게 붉어졌을 것이다. 거기에다 구름 속의 유황은 하늘을 노랗게 물들인다. 소련의 베네라 Venera 착륙선이 찍은 사진들은 금성의 하늘이 주황색 같다는 것을 확인하였다.

화성의 경우에는 이야기가 달라진다. 그것은 지구보다 작은 천체로 훨씬 엷은 대기를 가졌다. 화성 표면의 기압은 사실 시몬스가 올랐던 지구의

62개 천체. 알려진 위성 및 한 개의 소행성. 행성으로부터의 거리 순으로 기록되었다.

지구, 1	화성, 2	이다(Ida), 1	목성, 16	토성, 18	천왕성, 15	해왕성, 8	명왕성, 1
달	포보스 Phobos	닥틸 Dactyl	메티스 Metis	판 Pan	코르델리아 Cordelia	나이아드 Naiad	샤론 Charon
	데이모스 Deimos		아드라스티아 Adrastea	아틀라스 Atlas	오펠리아 Ophelia	탈라싸 Thalassa	
			아말테아 Amalthea	프로메테우스 Prometheus	비안카 Bianca	데스피나 Despina	
			테베 Thebe	판도라 Pandora	크레씨다 Cressida	갈라테아 Galatea	
			이오 Io	에피메테우스 Epimetheus	데스데모나 Desdemona	라리싸 Larissa	
			에우로파 Europa	야누스 Janus	줄리에트 Juliet	프로테우스 Proteus	
			가니메데 Ganymede	미마스 Mimas	포르티아 Portia	트리톤 Triton	
			칼리스토 Callisto	엔켈라두스 Enceladus	로살린드 Rosalind	네레이드 Nereid	
			레다 Leda	테티스 Tethys	벨린다 Belinda		
			히말리아 Himalia	텔레스토 Telesto	푸크 Puck		
			리시테아 Lysithea	칼립소 Calypso	미란다 Miranda		
			엘라라 Elara	디오네 Dione	아리엘 Ariel		
			아난케 Ananke	헬레네 Helene	움브리엘 Umbriel		
			카르메 Carme	레아 Rhea	티타니아 Titania		
			파시파에 Pasiphae	타이탄 Titan	오베론 Oberon		
			시노페 Sinope	히페리온 Hyperion			
				이아페투 Iapetus			
				포에베 Phoebe			

상층과 비슷하다. 그래서 우리는 화성의 하늘이 검거나 검은 보랏빛일 것이라고 상상할 수도 있다. 화성 표면을 찍은 최초의 천연색 사진은 1976년 7월 미국의 바이킹 1호(붉은 행성의 표면에 착륙하는 데 성공한 최초의 우주선)에 의해서 얻어졌다. 숫자로 된 자료는 화성에서 지구로 충실하게 전송되어 천연

화성 표면에서 찍은 최초의 천연색 사진은 잘못해서 지구처럼 푸른 하늘을 보여주었다.

우주선 카메라의 색채조정 기준을 보정하여 훨씬 더 붉은 하늘이 나타났다.

색 사진은 컴퓨터로 합성되었다. 다른 사람들보다도 과학자들을 놀라게 한 것은 신문에 공개된 최초의 사진이 화성의 하늘을 마음 편하고 아늑한 푸른색으로(그처럼 희박한 대기를 가진 행성으로는 불가능한) 보여준 점이다. 뭔가 잘못되었다.

컬러텔레비전의 화상은 세 개의 단색상(빨강, 초록, 푸른색)의 합성으로

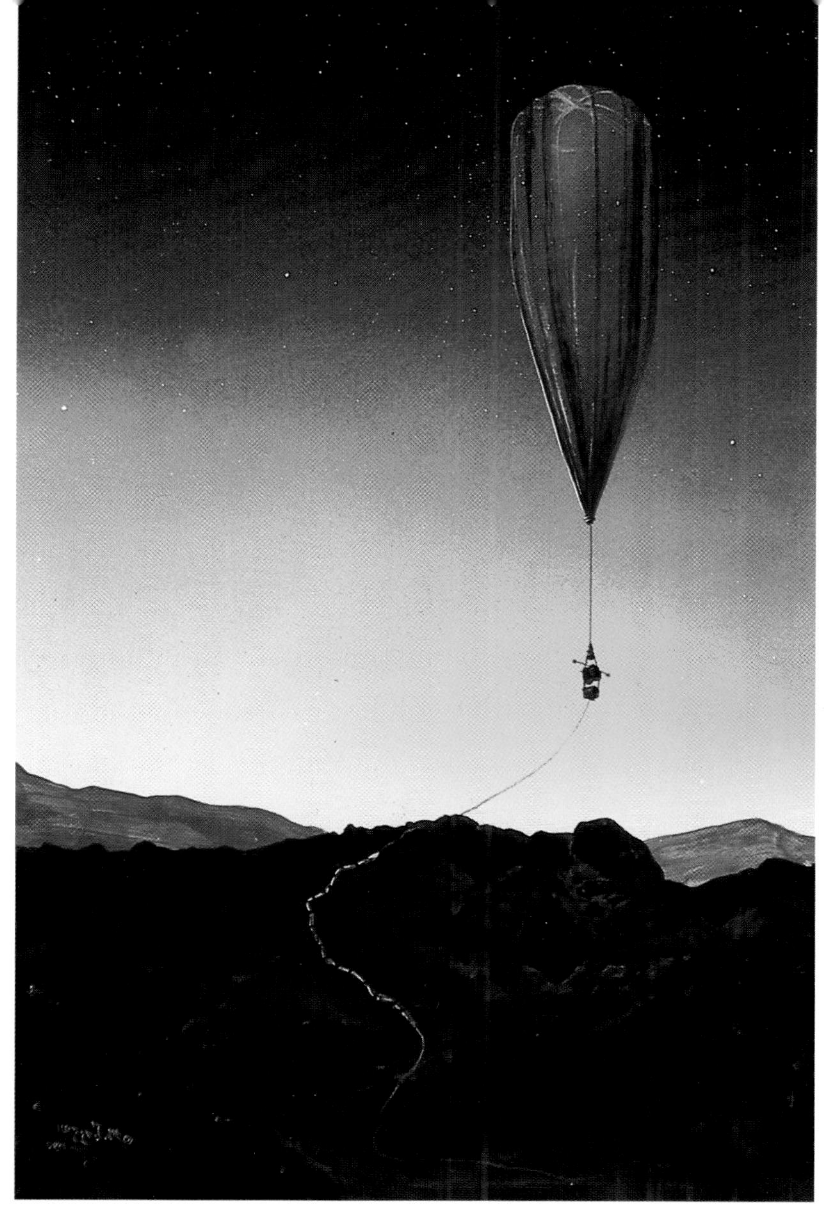

프랑스의 화성탐사 풍선은 저녁 때 장비를 실은 안내용 밧줄인 〈SNAKE(뱀)〉를 늘어뜨린 채 화성 표면에 착륙한다. 이 풍선은 러시아의 1998 화성탐사 계획의 일부로 발사될 예정이다. 그림 마이클 캐롤 Michael Carroll.

11 장

태백성과 샛별

여기에 별천지 있으니 인간의 곳 아니로다(別有天地 非人間).
—이백의 「산중답속인(山中答俗人)」(730년경)

그것은 황혼녘의 하늘에서 밝게 빛나며 태양을 따라 서쪽 지평선 아래로 진다. 저녁에 그것이 처음으로 눈에 띌 때마다 사람들은 (〈별〉에게) 소원을 비는 습성이 생겼다. 때로는 그 소원이 이루어지기도 했다.

혹은 그것이 해뜨기 전의 동쪽 하늘에서 곧 솟아오를 태양으로부터 도망가듯이 보이는 때도 있다. 이 두 출현에서 그것은 해와 달을 제외하면 하늘의 어느 것보다도 밝았으니 그것은 태백성 evening star과 샛별 morning star로 알려지게 되었다. 이 둘은 같은 천체인데 지구보다 더 안쪽 궤도를 돌기 때문에 태양으로부터 멀리 떨어지는 일이 없다는 것을 우리 조상들은 몰랐다. 금성이 일몰 직후나 일출 직전 흰 솜털구름 옆에 나타날 때 비교해 보

◀ 행성간 공간의 마리너급 우주선. 1962년에 최초의 행선간 탐사 우주선으로 마리너 2호가 발사되어 최초로 금성 탐사에 성공하였다. 이는 행성 탐사의 새로운 시대를 열었다. JPL 제공.

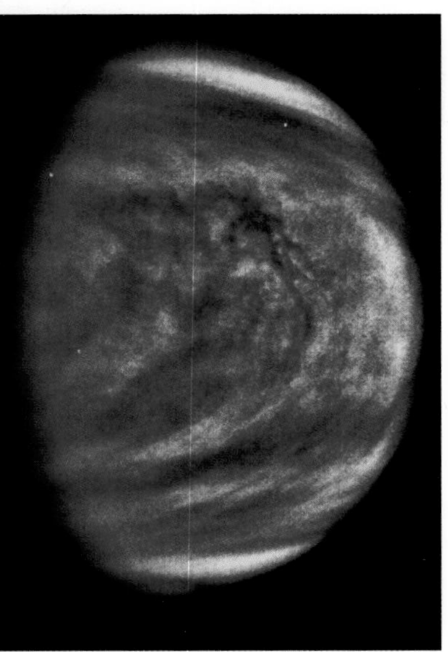

갈릴레오 우주선이 찍은 금성의 상층구름. 화상은 미묘한 대조를 돋보이게 하기 위해서(그리고 보라색 필터를 사용한 것을 알리기 위해서) 푸른 색으로 채색하였다. 이 황산으로 이루어진 구름은 강한 대류를 일으키고 있어서 그 속을 비행하려면 요동이 심할 것이다. 표면 지형은 찾아볼 수 없다. JPL/NASA 제공.

면 레몬 색채를 띠고 있음을 알 수 있다.

망원경으로 보면, 그것이 큰 망원경이라 해도, 아니 지구에서 제일 큰 광학망원경이라 해도 금성 표면의 자세한 모습은 전혀 볼 수 없다. 몇 달에 걸쳐 금성의 무늬 없는 원반은 달처럼 규칙적으로 위상이, 즉 초승달, 반달, 보름달(망), 반달보다 큰 달, 음력 초하루의 달(삭) 모양으로 변하는 것을 볼 수 있다. 금성에 대륙이나 바다의 흔적은 없다.

망원경으로 처음 금성을 본 어떤 천문학자들은 구름에 싸인 천체를 보고 있음을 알아차렸다. 지금 우리는, 그 구름은 황산의 농축된 액체 방울들이 소량의 유황 원자로 물든 것임을 알고 있다. 그들은 표면에서 높은 상공에 떠 있다. 보통의 가시광으로는 구름의 꼭대기에서 50킬로미터 아래에 있는 이 행성의 표면이 어떻게 생겼는지 알 길이 없었고 몇 세기 동안 우리는 고작해야 엉뚱한 상상을 했을 뿐이다.

만약에 우리가 더 자세히 들여다볼 수만 있다면 구름들의 틈 사이로 우리에게 가려진 채 있는 그 신비한 표면이 매일매일 조금씩이라도 드러날 것이라고 추측할 수도 있을 것이다. 그런데 이런 추측의 시대는 끝났다. 지구는 평균해서 그 반이 구름에 덮여 있다. 금성 탐사 초기에 우리는 금성이 100% 구름으로 덮여 있어야 할 이유가 없다고 생각했다. 만약에 금성이 90%, 아니 99%까지 구름에 덮여 있더라도 잠시 찾아오는 맑은 틈 사이를 통해 많은 것을 알 수 있을 것이었다.

1960년과 1961년에 금성을 방문할 최초의 미우주선인 마리너 Mariner 1, 2호는 떠날 채비가 모두 마련되어 있었다. 많은 사람들이 나처럼 이 우주선들이 지구로 사진을 전송할 비디오 카메라를 싣고 가야 할 것이라고 생각했다.

이와 같은 기술은 몇 년 후 레인저 Ranger 7, 8, 9호가 달의 알폰서스 Alphonsus 화구에 충돌 착륙하기 전에 사진을 찍는 데도 이용될 것이었다. 그러나 금성 탐사는 시간이 짧았고 카메라는 무거웠다. 어떤 사람들은, 카메라는 과학기기가 아니라 대중을 화려하게 현혹시킬 뿐 어느 것 하나라도 제대로 된 과학적 의문에 답할 수 없다고 생각했다. 내 생각으론 구름들 사이에 틈이 있는가 하는 문제도 그런 의문 중 하나였다. 카메라는 우리가 너무 어리석어서 문제삼을 줄도 몰랐던 의문까지도 해명할 수 있을 것이라고 나는 주장했다.

화상이야말로 무인 탐사의 신나는 장면을 대중 ---- 결국은 경비를 치르는 손님들 ---- 에게 보여줄 유일한 방법이라고 나는 주장했다. 어쨌든 카메라는 실리지 않았는데 그 후 이 금성 탐사 계획에서는 그 판단이 부분적으로 옳았다는 것이 증명되었다. 즉 가시광으로 고분해능의 근접 촬영을 했는데도 금성의 구름에는, 타이탄의 구름처럼,* 전혀 틈바구니를 찾을 수 없었던 것이다. 금성은 영원히 구름에 덮인 천체였다.

자외선으로 보면 세부가 나타나지만 주된 구름층의 높은 상공에 일시적으로 나타난 고층 구름의 조각들 때문이다. 고층 구름은 행성 자체의 자전보다도 훨씬 빨리 행성 둘레를 돌고 있다(초회전super-rotation). 자외선으로는 표면을 볼 기회는 더욱 적다.

금성의 대기는 지구의 대기보다 훨씬 더 짙다(현재 알려진 바로 표면 기압이 지구의 90배)는 사실이 밝혀지자 곧 구름에 틈이 있다 하더라도 가시광으로는 표면을 볼 수 없다는 것을 알게 되었다. 실제로 극히 적은 햇빛이 짙은 대기를 이리저리 우회하는 경로를 통해 표면에 도착해서 다시 반사된다. 그러나 광자는 낮은 대기층의 분자들의 잇따른 산란에 뒤죽박죽되어 표면의 화상은 하나도 제대로 유지될 수 없다. 마치 극지방의 눈보라에서 일어나는 백일색 whiteout(극지방에서 천지가 온통 백색이 되어 방향 감각이 없어지는 상태) 현상과 같다. 그러나 이 효과(극심한 레일리 산란)는 빛의 파장이 길어질수록 급격히 감소해서, 근적외선에서는 구름에 틈이 있거나 투명하다면 표면을 볼 수 있다는 것이 쉽게 계산되었다.

그래서 1970년에 짐 폴락 Jim Pollack, 데이브 모리슨 Dave Morrison과 나는 텍사스 대학의 맥도날드 천문대에 가서 금성을 근적외선으로 관측하였다. 우리는 구식†의 사진건판을 〈초고감도화 hypersensitized, 노출 전에 암모니아와 열이나 빛으로 처리)〉하였다. 그래서 한동안 이 천문대 지하실에서

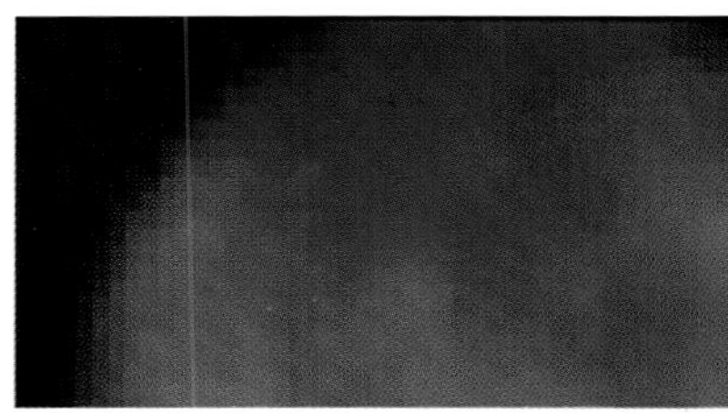

지상에서 찍은 금성의 근적외선 사진. 구름 아래의 표면 지형이 근근히 나타난다. 영호 천문대 제공. 사진 데이비드 알랜.

*타이탄의 경우 사진으로 밝혀진 것은 에어로졸이 주성분인 층 상공에서 분리된 안개들의 집단이었다. 그래서 금성은 가시광을 이용한 탐사선의 카메라가 중요한 것을 아무것도 찾지 못한 태양계의 유일한 천체가 되었다. 다행히 우리는 탐방한 천체의 거의 모두에서 사진들을 얻었다.(NASA의 국제혜성탐사선은 1985년에 카메라도 없이 쟈코비니 지너 Giacobini-Zinner 혜성의 꼬리를 뚫고 지나갔는데 이것은 대전입자와 자기장의 탐사를 목적으로 한 것이었다.)

†오늘날 망원경을 통한 화상은 전하연결장치 charge-coupled device(CCD)나 다이오드 뭉치와 같은 전자장치로 얻어져서 컴퓨터로 처리된다. 이 기술들은 1970년의 천문학자들에게는 알려지지 않았었다.

는 암모니아 냄새가 풍겼다. 우리는 많은 사진을 찍었지만 세부를 나타내는 것은 하나도 없었다. 우리는 근적외선 쪽으로 충분히 다다르지 못했거나 금성의 구름이 근적외선에 불투명하고 틈을 보이지 않았다고 결론내렸다.

그로부터 20여 년 후 갈릴레오 우주선은 금성을 근접 통과하면서 보다 높은 분해능과 감도, 그리고 우리의 조잡한 유리건판이 도달했던 근적외선보다 더 긴 파장으로 조사하였다. 갈릴레오는 거대한 산맥들을 촬영하였다. 그러나 우리는 그 존재를 이미 알았고 그 전에 레이더를 쓰는 보다 강력한 방법을 이용한 바 있었다. 전파는 금성의 구름과 짙은 대기층을 힘들이지 않고 투과하여 표면에서 반사된 후 지구로 돌아오면 모두 모아져서 화상을 만드는 데 쓰인다. 그 최초의 관측은 주로 모하비 사막에 있는 JPL의 골드스톤 추적소의 미국 지상 레이더와 코넬 대학이 운영하는 푸에르토리코의 아레시보(Arecibo) 천문대에 의해서 실시되었다.

그 후 미국의 파이어니어 12호, 소련의 베네라 15호와 16호, 미국의 마젤란 계획 등은 금성 둘레의 궤도에 전파망원경을 돌게 하여 극에서 극에 이르는 금성의 지도를 만들었다. 각 우주선은 레이더 신호를 표면으로 보낸 후 되돌아오는 것을 잡는다. 표면의 각 부분이 얼마나 반사를 잘하고, 신호가 되돌아오는 데 걸리는 시간이 얼마인지(산악지대로부터는 짧고 계곡으로부터는 길다)를 알아서 전표면의 상세한 지도가 서서히 그리고 힘들게 만들어

갈릴레오는 짙은 구름을 통해서 금성 표면의 지형을 관측하였다. 이 색채 사진은 스펙트럼 근적외부의 1.18, 1.74, 2.3미크론 파장에서의 관측으로부터 만들어졌다. 흰 곳은 높고, 푸른 곳은 낮다. 이 관측은 파이어니어 12호의 레이더 장치가 발견한 것과 비교되었다. 갈릴레오/NASA 자료. JPL/NASA의 로버트 칼슨 Robert Carlson 제공.

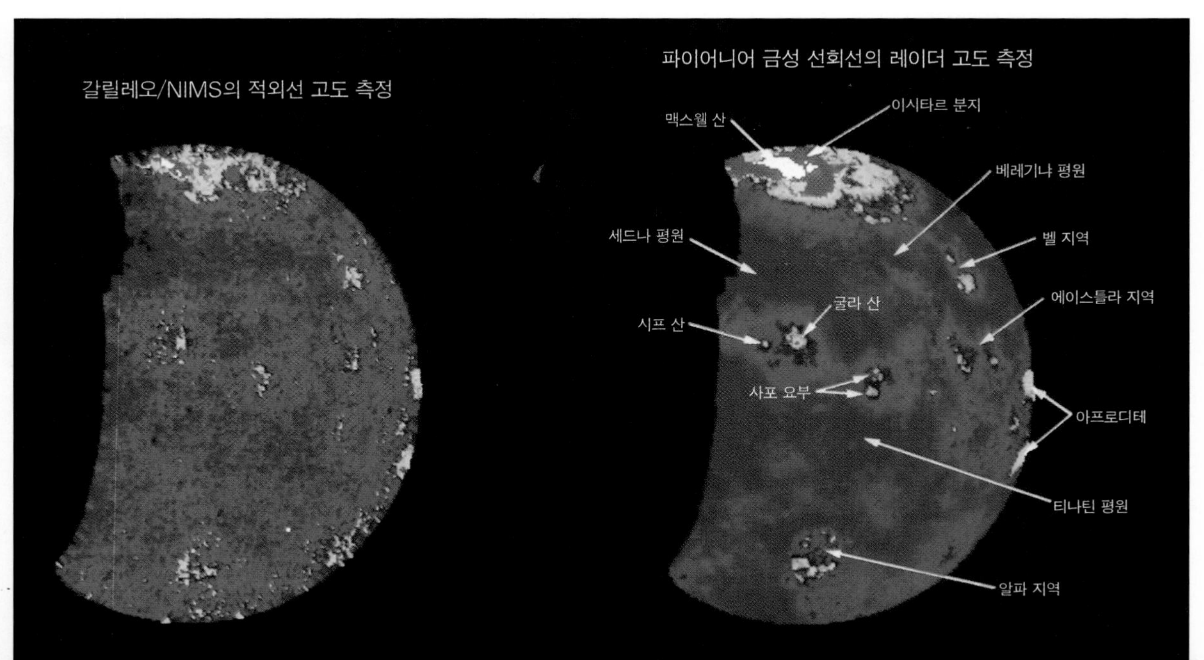

진다.

이렇게 해서 밝혀진 천체는 용암의 흐름으로(그리고 훨씬 적은 빈도의 바람으로) 독특하게 조각된 것으로 판명되었는데 다음 장에서 볼 것이다. 이제 우리에게 금성의 구름과 대기층은 투명해졌고, 또 다른 천체도 지구의 용감한 로봇 탐험대가 탐방하게 되었다. 금성에서의 우리 경험은 이제 딴 곳(특히 투과할 수 없는 구름이 수수께끼의 표면을 가리고 있는 타이탄)에 응용되고 있고 레이더는 그 아래에 무엇이 숨어 있는지 그 윤곽을 우리에게 알려주기 시작하였다.

금성은 오랫동안 우리의 자매 천체로 생각되었다. 금성은 지구와 거의 같은 질량, 크기, 밀도와 중력을 가졌으며, 지구보다 조금 더 태양에 가깝고 그 밝은 구름은 지구의 구름보다 더 많은 햇빛을 공간으로 반사한다. 먼저 이 틈이 없는 구름 밑의 금성은 지구와 비슷하리라고 짐작된다. 일찍이 과학자들은 금성이 석탄기의 지구처럼 양서류의 괴물이 기어다니는 악취 풍기는 늪지대이거나, 사막의 세계, 혹은 온통 석유의 바다이거나, 여기 저기 석회암으로 뒤덮인 섬들이 산재하는 탄산수의 바다 등 일 것이라고 추측하였다. 어느 정도 과학적 자료에 근거하기는 했지만 금성에 대한 이런 〈모델〉들은(첫번째는 20세기 초에, 두번째는 1930년대에, 마지막 두 개는 1950년대 중반에) 과학적 공상을 조금 웃도는 것이어서 당시에 얻을 수 있었던 희소한 자료로는 어쩔 수 없는 것들이었다.

그후 1956년 《천체물리학지 *Astrophysical Journal*》에 코넬 마이어Cornell H. Mayer와 그 동료들은, 부분적인 기밀 연구 때문에 워싱턴 DC의 해군 천문대 옥상에 새로 완성한 전파망원경을 금성으로 겨냥하여 지구에 도착하는 전파의 강도를 측정한 것에 대한 보고 논문을 발표하였다. 이 망원경은 레이더가 아니었으므로 전파가 금성 표면에서 반사되는 일은 없었으며, 금성 스스로 공간으로 내보내는 전파를 엿듣는 것이었다. 그런데 금성은 먼 별들이나 은하들이 내는 전파의 배경보다(전파의 세기로) 훨씬 더 밝다는 사실이 밝혀졌다.

이 자체로는 별로 놀라운 일이 못된다. 절대 0°(-273℃) 이상의 모든 물체는 전파를 포함한 전자파의 모든 파장에 걸친 복사를 방출하고 있다. 예를 들어 우리 몸은 유효 또는 〈밝기〉의 온도 약 35℃에 해당하는 전파를 방출하는데, 주위의 온도가 이보다 낮으면 예민한 전파망원경은 우리 몸에서

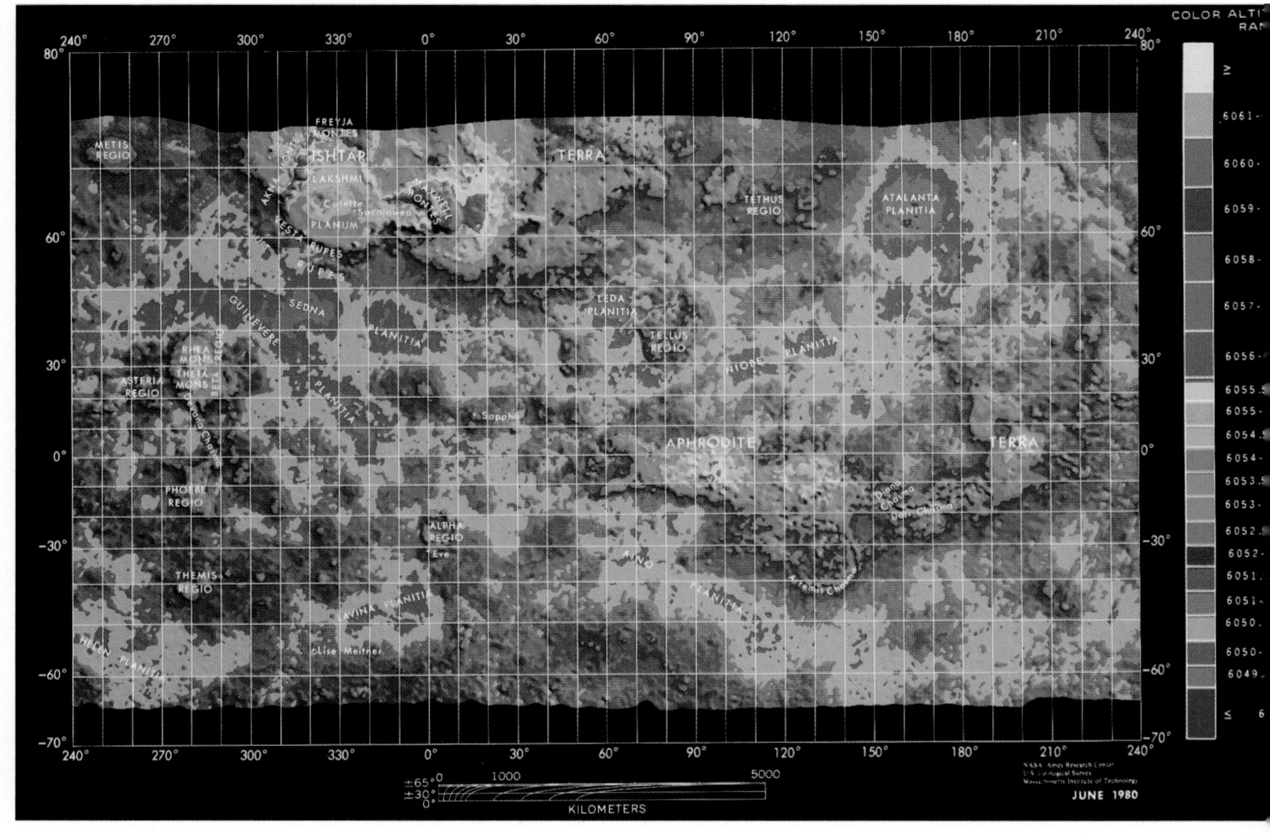

금성의 초기 레이더 지도. 구름을 통한 지상 및 파이어니어 12호에 의한 것으로 색채로 된 고도는 오른쪽에 나타냈다. 흰색, 분홍색, 적색은 높고 청색, 보라색은 낮다. 왼쪽 위의 락슈미 평원Lakshmi Planum(북위 65°, 경도 330°)에 특히 유의하라. USGS/NASA 제공.

사방으로 방출하는 미약한 전파를 감지할 수 있을 것이다. 우리 모두는 저온의 전파잡음의 근원인 셈이다.

마이어의 발견에서 놀라웠던 것은 금성의 〈밝기〉 온도가 300℃를 넘어 지구의 표면 온도나 금성 구름의 측정된 적외선 온도보다 훨씬 더 높다는 사실이었다. 금성의 어떤 곳은 물이 끓는 온도보다 적어도 200°나 더 높게 나타났다. 이것은 무엇을 뜻하는 것일까?

곧 많은 설명들이 쏟아져 나왔다. 나는 전파의 높은 밝기 온도는 고온의 표면을 직접 가리키는 것이며 이 고온은 방대한 이산화탄소/수증기의 온실효과(햇빛의 일부가 구름을 뚫고 표면을 가열하지만 표면이 복사를 공간으로 방출하는 데는 이산화탄소와 수증기의 높은 적외선 흡수율 때문에 큰 방해를 받는 것)로 인한 것으로 주장했다.

—— 보다 좀 잠잠해졌다.

많은 우주선들이 우리가 오늘날 금성을 이해하는 데 도움을 주었다. 그러나 그 선구적 역할은 마리너 2호가 했다. 마리너 1호는 발사에 실패해서(속담의 다리부러진 경마말의 신세처럼) 파괴될 수밖에 없었다. 마리너 2호는 훌륭하게 작동해서 금성의 기후에 관한 초기 잔파자료의 주요 골자를 제공했다. 마리너 2호는 금성 구름의 특성을 적외선으로 관측하였다. 금성으로 가는 도중에는, 태양으로부터 불어나오는 대전 입자들로 그 길목에 있는 행성의 자기권을 메우고 혜성의 꼬리를 뒤로 나부끼게 하며 저 먼 곳에서 태양풍 한계권을 형성하는, 태양풍을 탐지하고 측정했다. 마리너 2호는 최초의 성공한 행성 탐사선이고 행성 탐사 시대를 끌어들이는 역할을 한 셈이다.

마리너 2호는 아직도 태양 둘레를 돌고 있으며 수백 일에 한 번씩 접선 방향에서 금성의 궤도 근처로 접근하지만 그럴 때마다 금성은 거기에 없다. 그러나 오랜 세월이 지나면 어느 날 금성이 가까이 와서 마리너 2호를 그 중력으로 아주 딴 궤도로 가속시킬 것이며, 마침내는 오래된 미행성처럼 딴 행성에 휩쓸려 태양으로 떨어지거나 태양계 밖으로 내던져지게 될 것이다.

그때까지는 행성 탐사 시대의 선구자인 이 조그만 인공행성이 소리 없이 태양 둘레를 돌고 있을 것이다. 그것은 마치 콜럼버스의 기함 산타마리아 호가 그 무시무시한 승무원을 태운 채 카디스와 히스파뇰라 사이의 대서양을 정기적으로 계속해서 왕복 항행하고 있는 것과 같다. 마리너 2호는 진

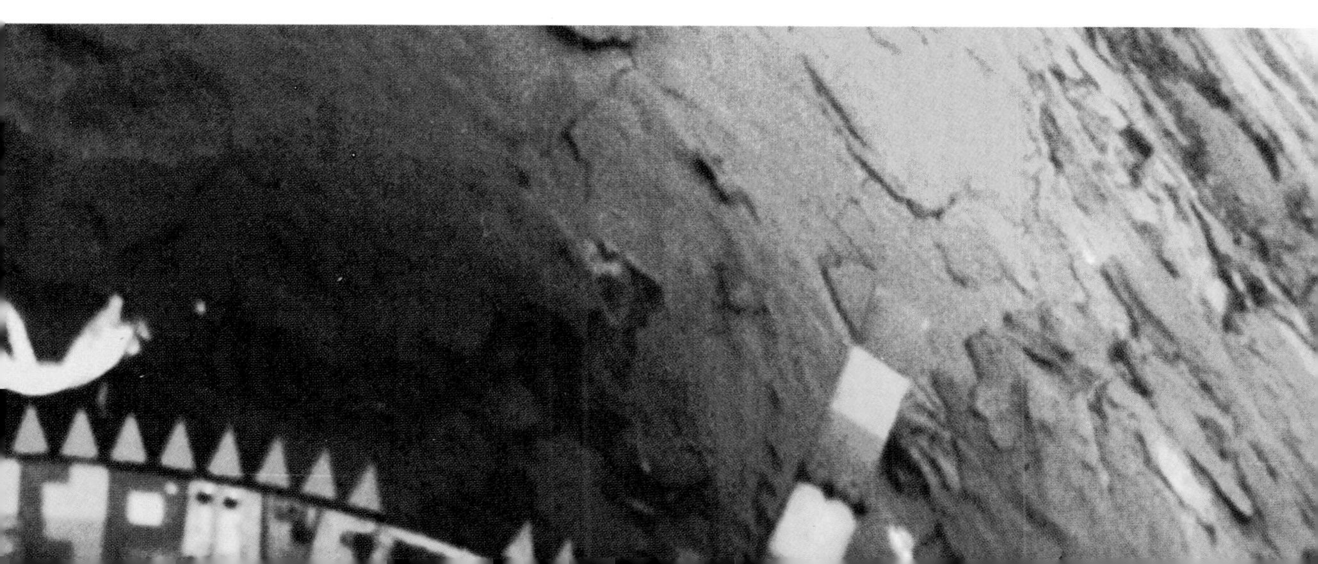

마젤란 우주선의 금성 표면 자료. 가운데 사진의 색채는 고도를, 위와 아래 사진의 색채는 표면의 레이더 반사율을 나타낸다. 검은 직선들은 자료가 수집되지 않았던 구역을 나타낸다. USGS 제공.

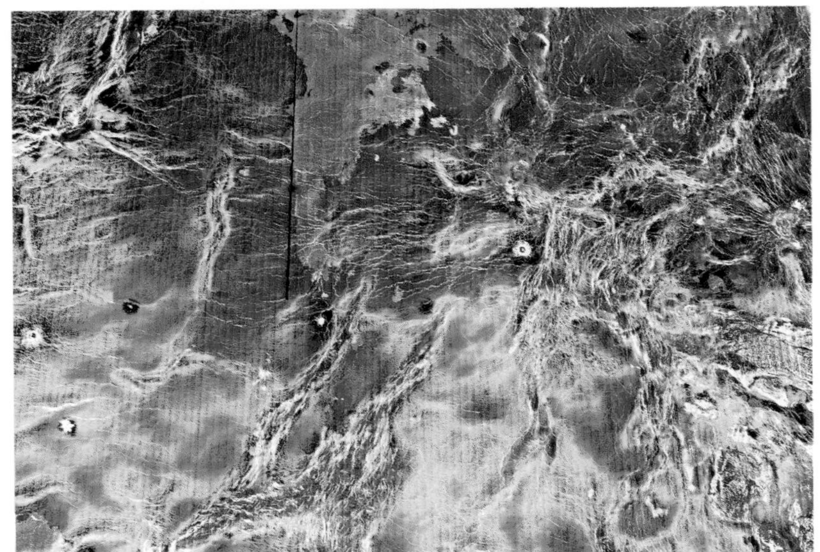

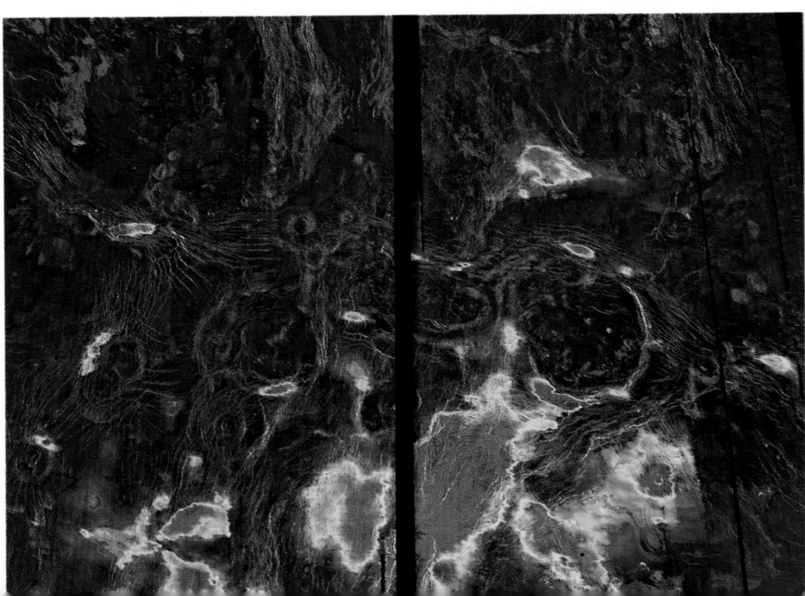

공 상태인 행성간 공간에서 앞으로도 여러 수십 년 동안을 멀쩡한 상태로 항행할 것이다.

태백성과 샛별에 비는 나의 소원은 이렇다. 21세기 말에 어느 거대한 우주선이 규칙적인 중력 이용을 통해 태양계 밖으로 가는 도중에 이 고대의 유물을 발견한 후 이를 회수하여 초기 우주 과학기술 박물관(화성이나 에우로파 혹은 이아페투스 위에 세워질)에 전시하게 되는 날이 오는 것이다.

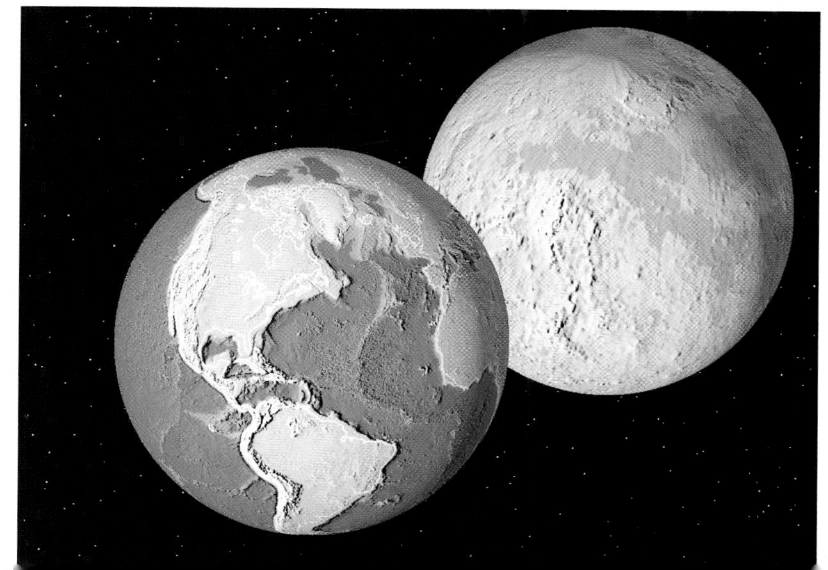

자매 천체들. 바다를 벗긴 지구와 짙은 대기층을 벗긴 금성. 이들은 극히 유사한 상황에서 시작했을지 모르나 아주 다른 방향으로 진화했다. JPL/NASA 제공.

HARDY

넘쳐 나오지 않게 되면, 서서히 빗물과 바람에 날려온 조각들에 의해 침식되고 마침내 지구 표면을 따라 대륙판이 이동하는 다른 산들처럼 된다. 〈산이 바다로 씻겨가는 데 몇 년이나 걸릴까〉라고 봅 딜런의 노래 「바람을 따라 Blowing in the Wind」에서 묻고 있다. 그 답은 우리가 이야기하고 있는 행성이 무엇인가에 달렸다. 지구라면 대체로 천만 년 정도이다. 그래서 산은 화산이건 아니건 간에 같은 시간척도로 만들어진 것이 틀림없다. 그렇지 않다면 지구는 어디나 캔자스 주처럼 평활할 것이다.*

화산 폭발은 막대한 양의 물질(주로 화산의 미세한 물방울)을 성층권으로 날려 보낸다. 그곳에서 1-2년 동안 햇빛을 외계 공간으로 반사하여 지구를 식힌다. 최근에 있었던 필리핀의 피나투보 화산의 경우에도 그랬고, 1815년과 1816년 사이에 있었던 인도네시아 탐보라 Tambora 화산의 폭발 후에도 기근에 시달리게 한 〈여름 없는 해〉라는 재앙이 나타났다. 177년의 뉴질랜드 타우포 Taupo 화산 폭발은 지구를 반 바퀴 돌아 지중해의 기온을 식혔고 그린란드의 빙산에 미립자들을 떨어뜨렸다. 기원전 4803년 오레곤 주의 마자마 Mazama 화산 폭발은(그 결과 현재 화구호 Crater Lake로 불리는 칼데라를 남겼다) 북반구 전체에 기후 변동을 가져 왔다. 화산 활동이 기후에 미치는 효과에 대한 연구는 마침내 핵겨울 nuclear winter의 발견으로 이끌었던 연구 노선을 다듬었다. 이런 연구는 미래의 기후를 예언하는 컴퓨터 모델의 사용에 대한 중요한 시험기회를 마련해준다. 화산 분출 입자의 상층 대기 침입은 오존층이 얇아지는 부차적 원인이기도 하다.

이따금 있는 이름 없는 지방에서 일어나는 큰 화산 폭발도 전지구적 규모로 환경을 변화시킬 수 있다. 화산은 그 발생 과정이나 효과를 통해, 우리가 지구 내부 신진대사의 작은 트림이나 재채기에게 얼마나 영향받기 쉬운지, 또 이 지하 열기관이 어떻게 작동하는지를 이해하는 것이 얼마나 중요한지를 상기시킨다.

지구(달, 화성, 금성을 포함해서) 형성의 마지막 단계에서 작은 천체들의 충돌은 전 표면에 걸친 마그마의 바다를 만들어냈다. 녹은 암석들은 기존의 지형 위에

*우리 지구는 산맥이나 해구에도 불구하고 놀랄 만큼 평활하다. 만약 지구가 당구공만하다면 가장 높은 곳도 0.1밀리미터 이하가 되어 시각이나 촉각으로는 알아볼 수 없다.

범람했다. 작열한 액체 마그마의 대범람과 수 킬로미터 높이로 솟은 조석파가 지하로부터 행성 표면 위로 넘쳐 흘러 앞을 가린 모든 것, 즉 산맥, 지협, 화구, 그리고 보다 평온하던 훨씬 이전 시대의 마지막 흔적까지도 매몰시켰다. 지질학적 주행 기록도 사라졌다. 알아볼 수 있는 표면 지질학 기록은 마그마의 마지막 대범람 때부터 시작한다. 용암의 바다는 식어서 굳어지기 전에 수백 내지 수천 킬로미터의 두께까지 달했을 것이다. 수십억 년이 지난 오늘날 이 천체의 표면은, 현재의 화산 활동에 대한 단서도 없이 고요하고 변동이 없다. 아니면 지구에서처럼 몇 안 되는 소규모 유적만이 남아 암석 용액이 표면 전체를 덮었던 과거를 알려줄 뿐이다.

초기의 행성 지질학에서는 지상 망원경 관측의 결과만이 자료의 전부였다. 그래서 반 세기 동안이나 달의 화구가 충돌로 생긴 것인지 화산 분화로 생긴 것인지에 대한 열띤 논쟁이 계속되었다. 정상에 칼데라가 있는 몇 개의 낮은 언덕이 발견되었는데 이것은 달의 화산인 것이 거의 확실하다. 그러나 큰 화구(산정이 아니라 평지에 자리하는 사발이나 납작한 냄비형의)는 이야기가 다르다. 일부 지질학자들은 이들과 매우 오랫동안 풍화된 지구의 일부 화산의 유사성에 주목하였다. 다른 지질학자들은 그러지 않았다. 가장 좋은 반론은 달을 스쳐가는 소행성이나 혜성이 있다는 사실에 근거한다. 틀림없이 그들은 종종 달과 충돌했을 것이고 그 충돌로 인해 화구가 생길 것이다. 달의 과거 역사를 통해서 이런 화구들이 허다하게 생겼을 것이다. 그러므로 우리가 보는 화구가 충돌로 인한 것이 아니라면 충돌화구는 다 어디로 갔다는 말인가? 현재 우리는 직접 실험을 통해 달의 화구가 거의 모두 충돌에 의한 것임을 알고 있다. 그러나 오늘날 거의 죽음 상태에 있는 이 작은 천체도, 40억 년 전에는 내부의 열원(꺼져버린 지 오래된)에 유래하는 원시 화산 활동으로 들끓었던 시절이 있었던 것이다.

1971년 11월 NASA의 마리너 9호는 화성에 도착하여 전면에 걸친 모래 폭풍 때문에 행성이 완전히 가려지는 광경을 목격하였다. 볼 수 있었던 것이라고는 붉은 어둠 속에 솟아오른 네 개의 원형 지형이었다. 그런데 그것들은 좀 특이했다. 즉, 꼭대기에 구멍이 있었던 것이다. 폭풍이 가라앉은 뒤에야 우리는 모래구름을 뚫고 솟은 네 개의 커다란 화산 꼭대기에 큰 칼데라가 있는 것을 분명히 볼 수 있었다.

폭풍이 소멸된 후 이 화산들의 실제 규모가 드러났다. 가장 큰 화산은 그리스 신들이 사는 곳의 이름을 따서 올림푸스 산 Olympus Mons으로 명

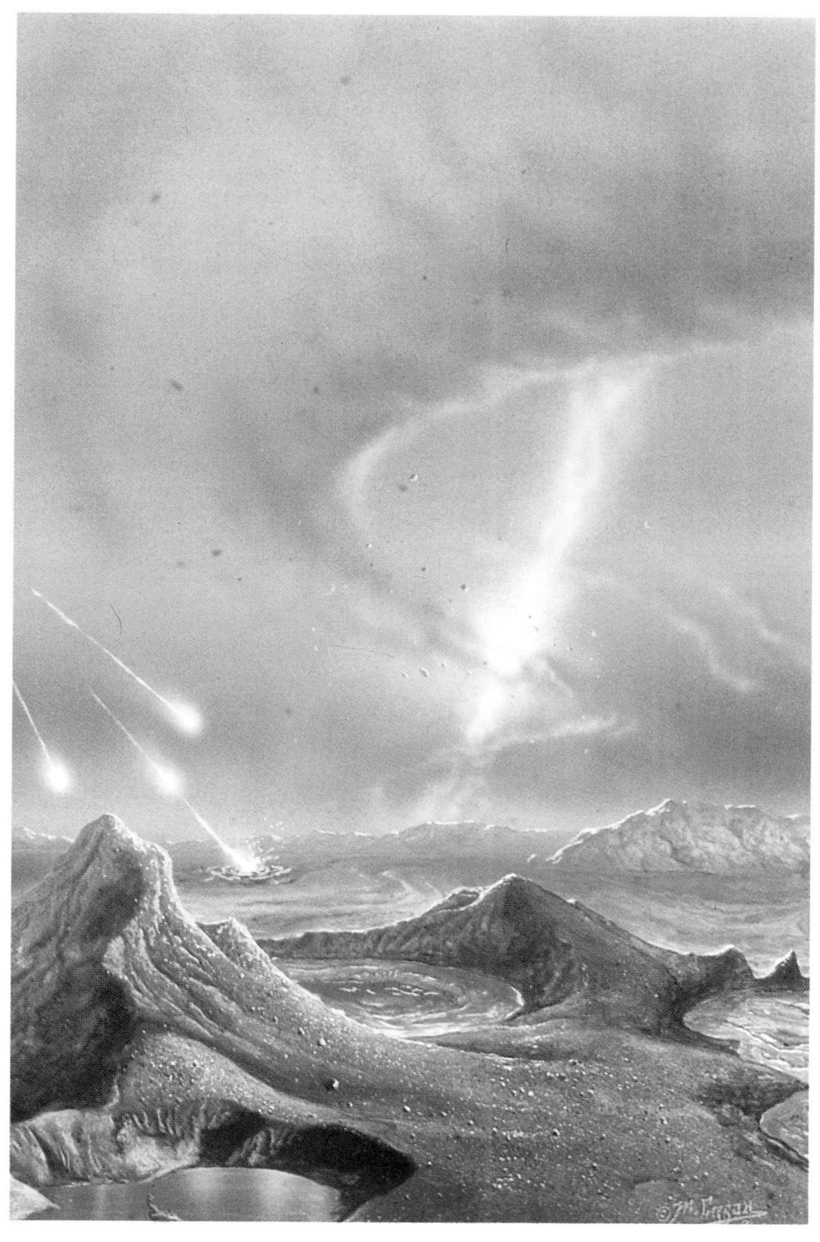

지구형 행성의 역사 초기에 용암의 바다가 그 표면에 범람하고 있다. 그림 마이클 캐롤.

명되었는데 높이가 25킬로미터(약 15마일)를 넘는다. 즉 지구의 가장 큰 화산뿐 아니라 티베트 고원에 9킬로미터 높이로 솟은 지구 최고의 에베레스트 산과도 비교할 수 없는 규모의 화산인 것이다. 화성에는 20개 가량의 큰 화

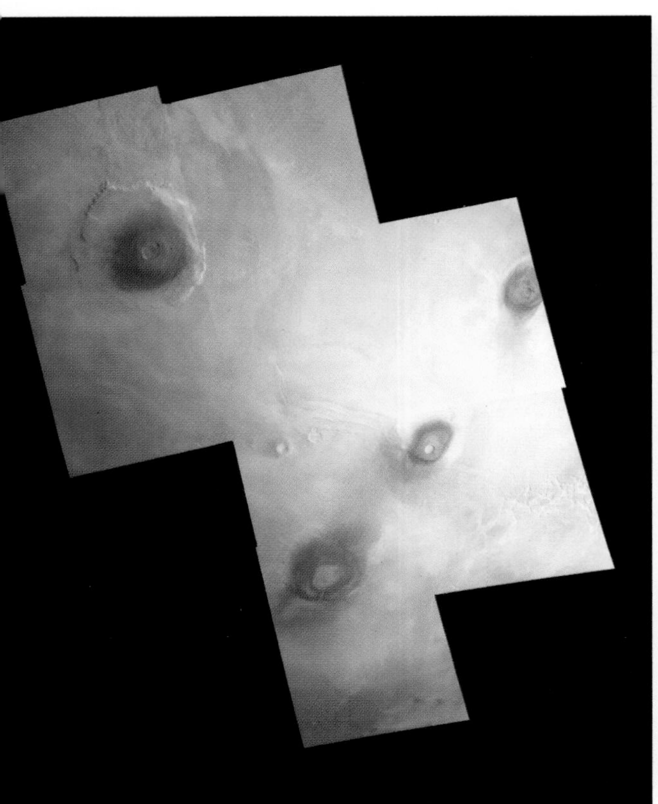

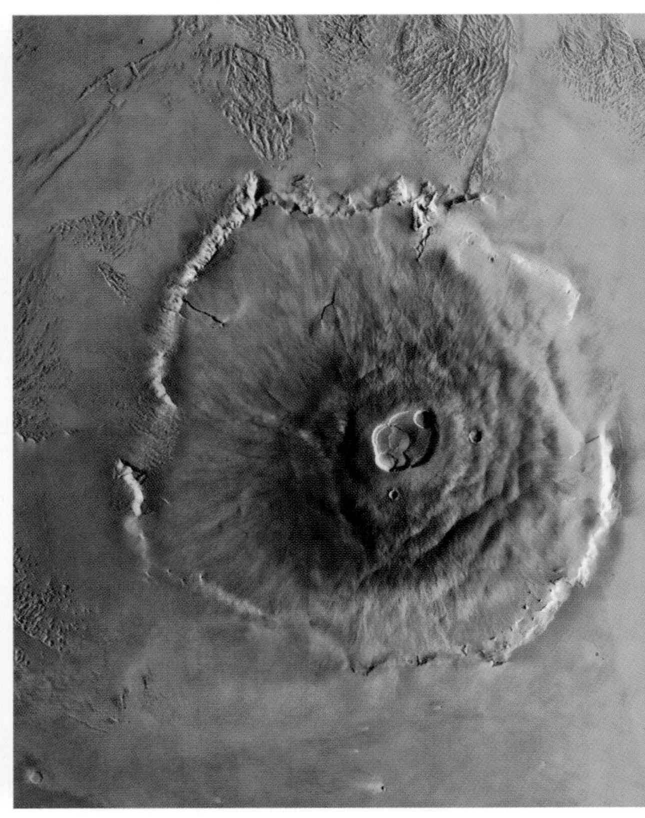

▲ 화성의 타르시스 Tharsis 고원에 있는 화산들. ▶ 태양계 최대의 화산 올림푸스 Olympus. 바이킹 자료로부터의 합성 사진. 정상에 칼데라를 가진 네 개의 화산은 1971년 마리너 9호가 모래폭풍이 한창일 때 볼 수 있었던 화성 표면의 전부였다. USGS/NASA 제공.

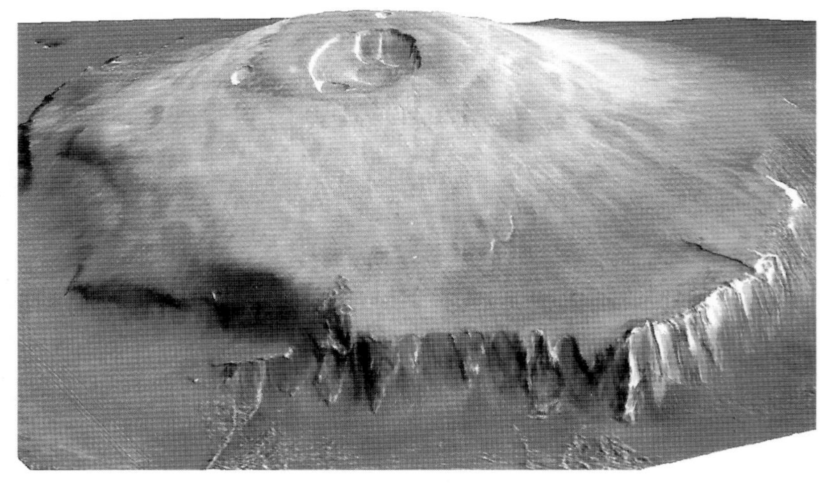

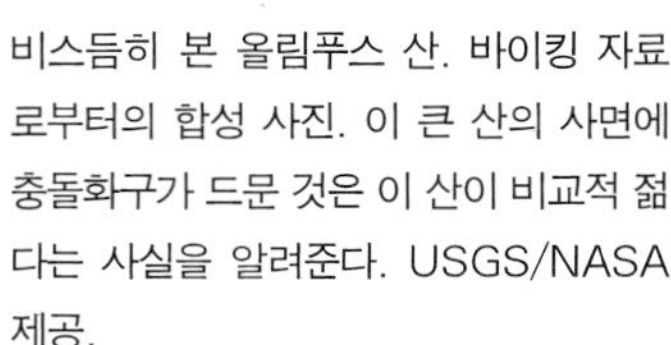

비스듬히 본 올림푸스 산. 바이킹 자료로부터의 합성 사진. 이 큰 산의 사면에 충돌화구가 드문 것은 이 산이 비교적 젊다는 사실을 알려준다. USGS/NASA 제공.

산이 있지만 올림푸스 산(지구 최대의 화산인 하와이 마우나 로아 Mauna Loa의 약 100배 부피)에 견줄 만큼 덩치가 큰 것은 없다.

화산의 주변에 축적된 충돌화구(작은 행성과의 충돌로 인해 생기는 것으로 정상의 칼데라와 구별된다)의 개수를 헤아리면 화산의 나이를 짐작할 수 있다. 어떤 화산은 몇십억 년 된 것도 있지만 화성의 나이인 약 45억 년 전까지 거슬러 올라가는 것은 하나도 없다. 올림푸스 화산을 포함한 몇 개는 비교적 젊어서 불과 몇억 년 정도의 나이를 가졌다. 화성 역사 초기에 엄청난 화산 폭발이 있었음이 분명하다. 아마도 그때는 지금의 화성 대기보다 훨씬 짙은 대기가 만들어졌을 것이다. 만약 우리가 그 당시의 화성을 방문했다면 어떤 광경을 보았을까?

화성의 어떤 용암의 흐름(예, 세르베루스)은 2억 년 전 정도로 비교적 최근에 일어났다. 내 상상으로는 우리가 태양계 안의 최대 화산으로 확신하는 올림푸스 산도 앞으로 다시 폭발할 수 있을 것 같다. 아무런 증거도 없지만

화성의 아르시아 Arsia 화산과 그 거대한 정상 칼데라. 이 지도는 적도에서 남위 15°에 걸친다. USGS 명암 부각 지도.

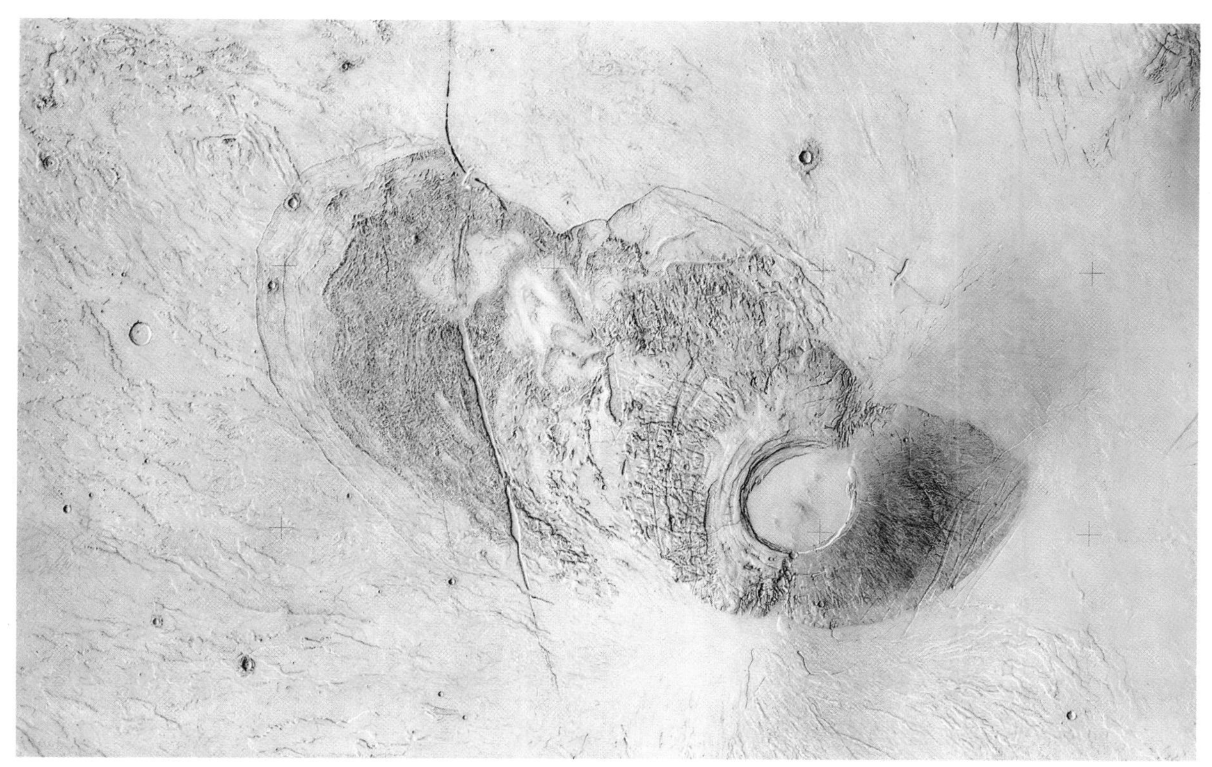

말이다. 화산학자들 가운데 인내심이 강한 사람들이 이런 사건을 환영할 것은 의심할 여지가 없다.

1990-1993년에 마젤란 우주선은 금성의 지형에 관한 놀라운 레이더 자료를 보내 왔다. 지도제작자들은 거의 금성 전체의 세밀지도, 즉 100미터(미식 축구장의 두 골 라인 사이의 거리)까지의 정밀도로 지도를 만들었다. 마젤란은 다른 행성 탐사선이 보낸 총량보다 더 많은 자료를 전송해 왔다. 다른 행성들은 바다 밑바닥의 많은 부분(미국과 소련 해군이 얻은 아직도 기밀 취급되는 부분을 제외하면)이 탐사되지 못했으므로 금성의 표면 지형은 지구를 포함한 다른 어느 행성보다도 많이 알려지게 된 셈이다. 금성의 지질학은 그 많은 부분이 지구를 포함한 여타의 곳과 다르다. 비록 행성지질학자이 이들 지형에 이름을 붙였지만 그 지형이 어떻게 형성된 것인지 우리가 완전히 이해하게 되었다는 이야기는 아니다.

금성의 표면 온도는 거의 470℃(900°F)나 되므로 거기의 암석들은 지구 표면에서보다 훨씬 용융점(녹는 온도)에 가깝다. 암석들은 지구에서보다 훨씬 더 얕은 곳에서 물러지고 흐르기 시작한다. 이것이 금성의 많은 지질학적 특징이 유연하고 변형된 이유일 가능성이 높다.

금성은 화산 평야와 고원으로 덮여 있다. 지질학적 구조는 원뿔 모양의 화산, 방패 모양의 화산, 칼데라 등이다. 용암이 홍수처럼 범람한 곳이 많다. 장난스럽게 〈진드기〉로 불리는 평야는 200킬로미터 이상의 크기를 가졌고, 어떤 것은 〈아라크노이드 arachnoid(그 뜻은 대략 거미처럼 생긴 것)〉로 불리는데 그 까닭은 동심원에 둘러싸인 원형의 오목 파인 곳을 중심으로 해서 여러 방향으로 길다란 균열이 뻗어 있기 때문이다. 이상하게 납작한 〈팬케이크 모양의 둥근 지붕〉(지구에서는 알려지지 않은 지형이지만 일종의 화산으로 짐작된다)은 걸쭉한 용암이 서서히 사방으로 고르게 흘러서 생긴 것으로 추측된다. 더 불규칙한 용암류도 많다. 〈코로나〉로 불리는 이상한 환 모양의 구조는 지름이 2,000킬로미터 정도까지 이른다. 숨막히게 뜨거운 금성의 특색 있는 용암류는 풍부한 종류의 지질학적 수수께끼를 만들어낸다.

가장 예기치 못한 기묘한 특징은 꼬불꼬불한 협곡(사행(蛇行)하고 U자형으로 구부러지는)인데 지구의 하천 계곡과 흡사하다. 가장 긴 것은 지구에서 가장 긴 하천보다도 길다. 그러나 금성은 너무나 뜨거워서 액체의 물이 없다. 또한 우리는 작은 충돌화구가 없다는 사실로부터 그 대기층이 지금만큼 두껍고 현재의 표면이 존재하는 한 오랫동안 막대한 온실효과를 유지할 것임을 예측할 수 있다.(만약 대기층이 훨씬 더 얇았다면 중간 크기의 소행성은 대기층을 뚫고 들어올 때 다 타버리지 않고 금성 표면까지 살아남아서 화구를 만들었을 것이다.) 그러므로 화산의 사면을 흘러 내리는 용암이 꼬불거리는 협곡을 만드는 것이다.(때로는 협곡의 지붕이 내려 앉아 지하에 만들어진다.) 그러나 금성의 높은 기온에서도 용암은 열을 복사함으로써 서서히 식어 응결하면서 흐름이 멎는다. 마그마는 고체로 된다. 용암의 협곡은 금성의 긴 협곡 길이의 10퍼센트도 못 가서 응결해야 한다. 그래서 일부 행성지질학자는 금성에는 특별히 엷고 물처럼 점성이 작은 용암이 생성되어야 할 것이라고 생각한다. 그러나 달리 뒷받침해주는 자료가 없는 추측이며 우리의 무지함을 드러낼 뿐이다.

두꺼운 대기층은 느리게 움직인다. 밀도가 매우 크기 때문이다. 그러나

금성 오브다 Ovda 고지의 산맥이 형성된 후에 용암으로 덮인 모습. 수직 방향의 높이는 돋보이도록 22.5배로 과장하였다. 마젤란 자료에서의 재구성도. JPL/NASA 제공.

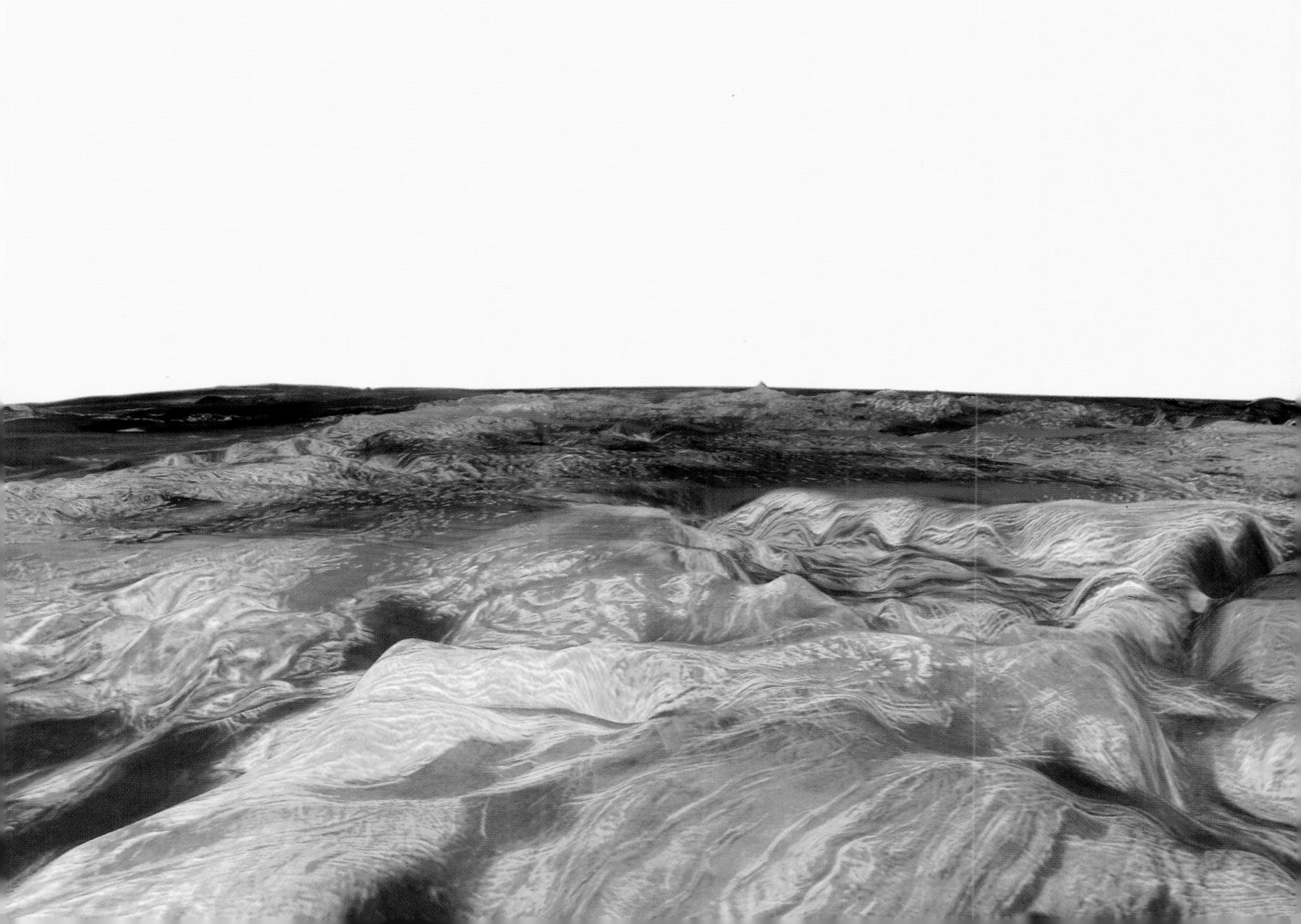

금성 표면의 세 개의 (비교적 드문) 충돌화구. 전면에 있는 하우Howe는 지름이 약 37킬로미터(23마일), 다닐로바Danilova(왼쪽 뒤)와 아글라오니케Aglaonice(오른쪽 뒤)도 보인다. JPL/NASA 제공.

▼마젤란에서 본 금성의 산. JPL/NASA 제공.

곧 쓸모없게 되며 그래서 이오의 지도 작성은 앞으로 성장사업으로 등장할 것이다.

이 모든 것은 보이저의 관측으로부터 곧바로 추정되었던 것이다. 현재 화산으로 인한 용암의 흐름으로 표면이 덮여가는 비율을 고려하면 앞으로 50-100년 안에 커다란 변화가 예측되는데 이 예측은 다행스럽게도 검증할 수 있는 것이다. 보이저가 찍은 이오의 사진은 50년 전에 지상의 망원경과 13년 후의 허블 외계망원경으로 찍은 훨씬 못한 사진과 비교해볼 수 있다. 거기서 얻은 놀라운 결론은 이오의 큰 표면무늬들은 거의 변함이 없다는 점일 것이다. 분명히 우리는 무언가를 고려에서 빠뜨리고 있는 것이다.

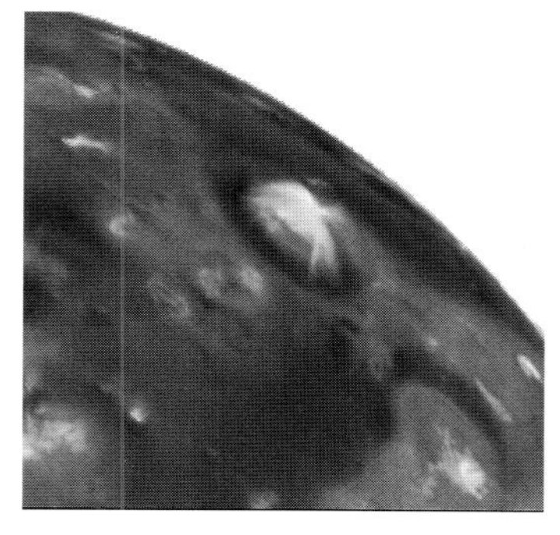

이오의 프로메테우스 화산에서 엷은 대기 속으로 분출되었다가 지상에 떨어지는 리본 모양의 줄기들. 대조를 돋보이게 하기 위해 음화로 나타냈다. 보이저 자료, USGS/NASA 제공.

화산이란 어떤 의미에서 밖으로 분출하고 있는 행성의 내부, 결국은 냉각을 통해 스스로 아무는 상처로, 다시 새로운 상처 구멍으로 대치되게 마련인 성질의 것이다. 서로 다른 천체들은 각기 서로 다른 내부를 가지고 있다. 이오에서 액체 유황에 의한 화산 활동을 발견한 것은 마치 오랜 친구의 상처에서 녹색의 피가 나오는 것을 발견하는 것과 비슷한 일이다. 겉보기에는 극히 정상으로 보였는데도 말이다.

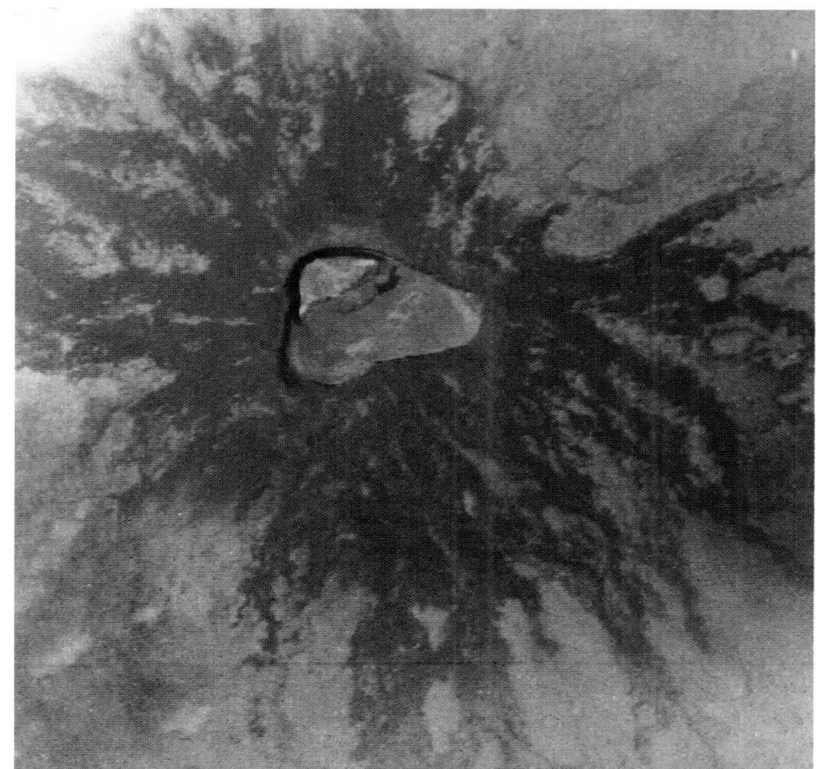

이오의 마아사우 파테라 Maasaw Patera 화산 지형. 과거에 산정의 칼데라로부터 흘러나왔던 녹은 유황으로 짐작되는 용암 흐름. 보이저 자료, USGS/NASA 제공

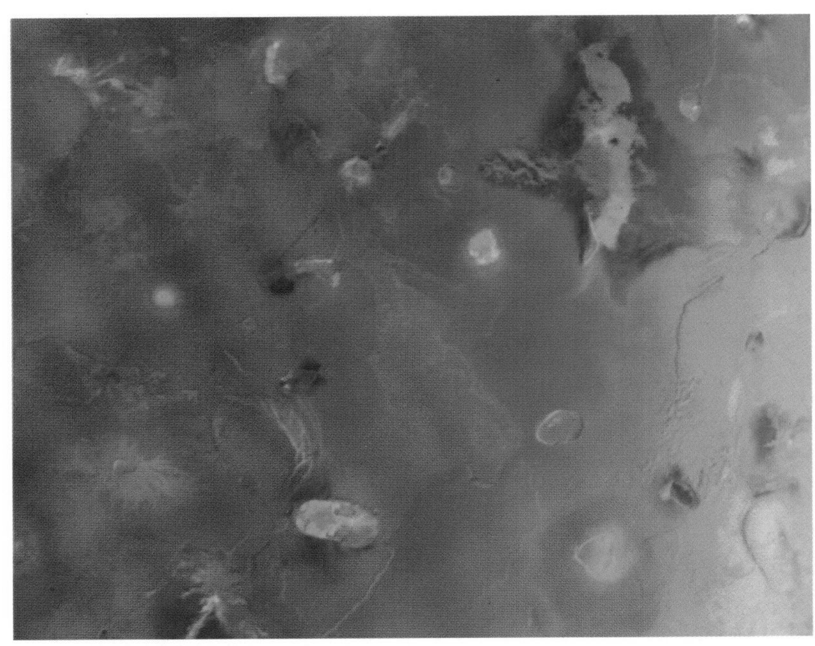

이오 남극 지방의 인공착색 사진. 보이저 자료, USGS/NASA 제공.

당연히 그래서 다른 천체들에서 화산 활동의 징후를 더 찾아보려는 생각이 간절해진다. 목성의 두번째 갈릴레이 위성이고 이오의 이웃인 에우로파에는 화산이 전혀 없지만 녹은 얼음(액체의 물)이 엄청난 수의 서로 교차하는 어두운 줄무늬로부터 얼기 이전에 표면으로 뿜어져 나왔던 것처럼 보인다. 더 멀리는 토성의 위성들 가운데 액체의 물이 내부로부터 뿜어져 나와서 충돌화구를 씻어 버린 듯한 흔적도 있다. 그러나 목성이나 토성의 둘레에서 얼음 화산이라고 할 만한 것을 본 일이 전혀 없다. 아마 트리톤에서는 우리가 질소 또는 메탄의 화산 활동을 보았을지도 모른다.

다른 천체들의 화산은 흥미를 돋우는 구경거리를 제공한다. 이들은 우주의 아름다움과 다양성에 대한 우리의 놀라움과 즐거움을 돋우어준다. 그러나 이런 색다른 화산들은 또 다른 도움을 주기도 한다. 즉 그들은 우리 세계의 화산들을 이해하는 데, 아마도 앞으로 언젠가는 그들의 폭발을 예측하는 데도 도움을 줄 것이다. 만약 우리가 물리적 변수가 다른 상황에서 일어나고 있는 일들을 이해하지 못한다면, 우리에게 가장 관심이 많은 상황을 얼마나 깊이 이해할 수 있겠는가? 화산 활동의 일반 이론은 모든 경우에 적용될 것이 틀림없다. 우리가 지질학적으로 고요한 화성 위에서 화산의 거대한 유적들을 우연히 발견했을 때, 금성의 표면이 바로 어제 같은 가까운 과거에 마그마의 범람으로 말끔히 씻겼음을 알았을 때, 또 우리가 지구처럼 방사성 물질의 붕괴 열이 아니라 이웃 천체들의 중력으로 인한 조석 작용으로 녹아 버린 천체를 발견했을 때, 그리고 규산염이 아니라 유황에 의한 화산 활동을 관측했을 때, 그래서 외곽 행성의 위성들에서 우리가 보고 있는 것은 물, 암모니아, 질소, 메탄 중 어느 것에 의한 화산 활동인지를 의심하기 시작했을 때, 그때야말로 우리는 그 밖의 어떤 것이 가능한지를 배우게 되는 것이다.

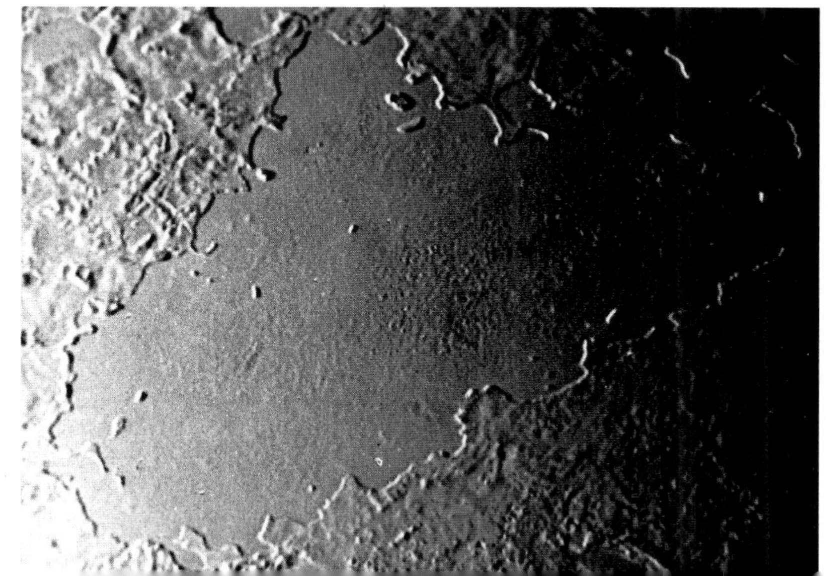

해왕성의 위성 트리톤에 있는 거대한 용암분지. 폭이 약 200킬로미터(120마일), 길이가 약 400킬로미터(240마일)에 달한다. 이 범람을 일으킨 물질은 직접 알 수는 없으나 아마 질소나 메탄(혹은 물)의 얼음이 내부에서 가열되어 틈새를 뚫고 표면으로 분출해서 흘러 동결된(모든 과정이 지구에서 용암이 일으킨 것과 매우 유사하게) 것이다. 보이저 2호 사진, JPL/NASA 제공.

13 장

아폴로 호의 선물

하늘의 문을 활짝 열어[廣開兮天門]
먹구름 잡아타고……[紛吾乘兮玄雲]
— 굴원의 『초사(楚辭)』 중
「구가(九歌)」(기원전 3세기경)

7월의 어느 무더운 밤 당신은 팔걸이 의자에 앉은 채 잠이 들었다. 갑자기 놀라서 잠을 깨니 위치 감각이 살아나지 않는다. 텔레비전은 켜져 있지만 소리는 꺼져 있다. 당신이 보고 있는 것이 무엇인지 이해하려고 애를 쓴다. 상하가 붙은 작업복에 헬멧을 쓴 두 개의 유령 같은 하얀 물체가 칠흙 같은 하늘 아래서 부드럽게 춤추고 있는 것이다. 그들은 이상한 토끼춤으로 간신히 보이는 먼지 구름 사이에 껑충 뛰어오른다. 내려오는 데 너무 시간이 걸린다. 짐을 잔뜩 지고 있어 그 동작은 마치 날아가는 것처럼 보인다. 당신은 눈을 비벼보지만 꿈 같은 광경은 그대로 계속된다.

1969년 7월 20일 달에 착륙한 아폴로 11호 주위에서 일어났던 모든 사건들 가운데 내 기억에 가장 생생하게 남는 것은 그 비현실적인 모습이었

◀ 아폴로 우주인이 월면에서 촬영을 위한 포즈를 취하고 있다. 촬영하는 사람이 그의 얼굴가리개에 비치고 있다. 월면 차는 왼쪽 충돌화구 건너편에 서 있다. 전면에 있는 아주 작은 충돌화구들에는 우주인의 장화 자국이 보인다. 사진의 인물은 아폴로 16호의 우주인 찰스 듀크Charles Duke이다. NASA 제공.

다. 닐 암스트롱 Neil Armstrong과 버즈 앨드린 Buzz Aldrin은 먼지 덮인 회색 월면을 발을 질질 끌며 다녔고, 그들의 하늘에는 지구가 둥굴고 크게 보이는 한편, 마이클 콜린스 Michael Collins는 달의 〈새로운〉 위성을 타고 그들 상공을 외로이 살피며 선회했다. 그것은 참으로 놀라운 과학기술의 성과

아폴로 11호의 발사 광경. NASA 제공.

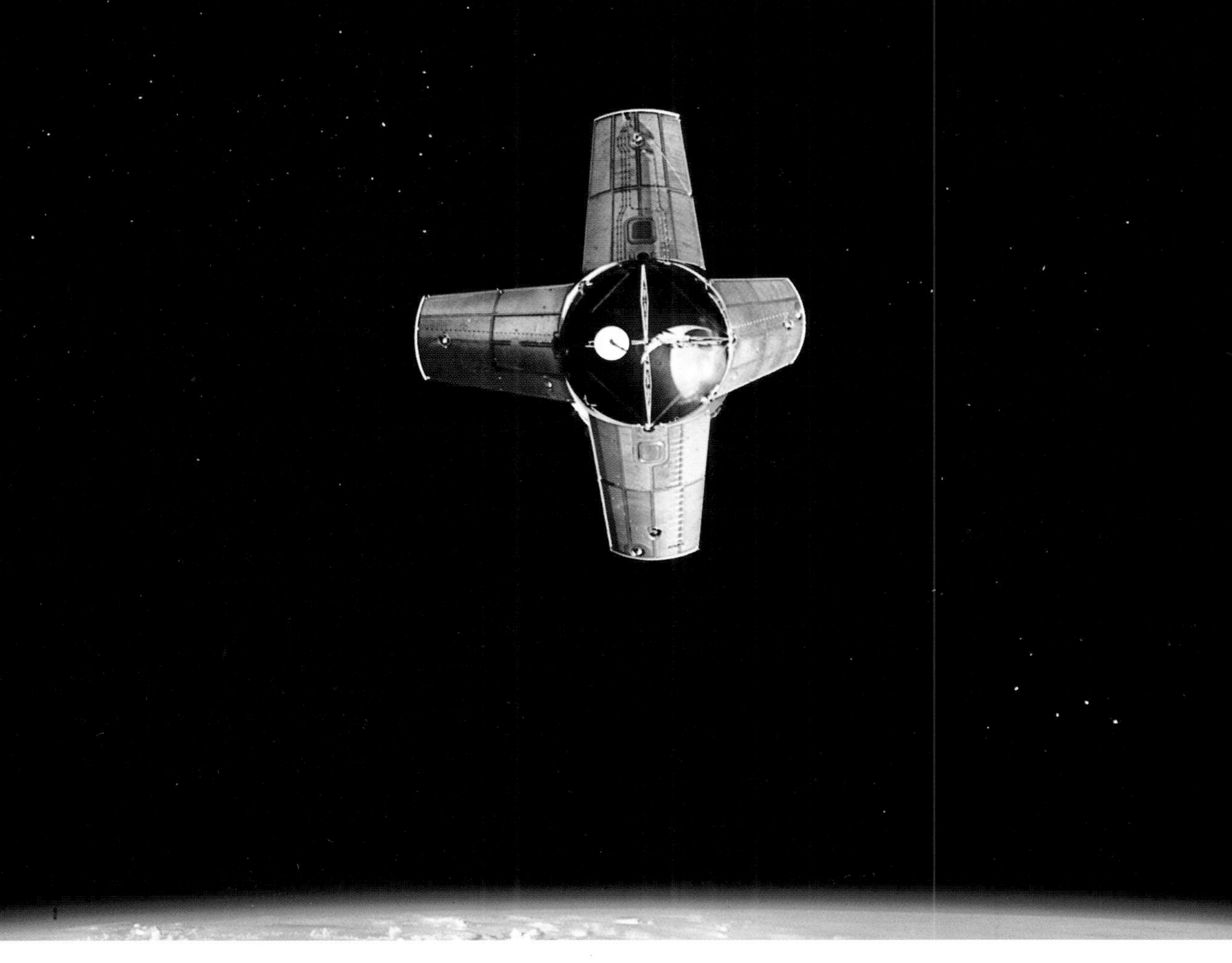

이며 미국의 승리를 나타내는 쾌거였다. 진짜로 우주인들은 죽음을 불사하는 용기를 보여주었던 것이다. 그렇다. 암스트롱이 월면에 첫 발을 내딛었을 때 한 말처럼 그것은 인류를 위한 역사적인 한 걸음이었다. 그러나 사령본부와 달의 고요의 바다 사이에 오고가는 고의적으로 세속적이며 판에 박힌 듯한 대화를 꺼버리고 흑백 텔레비전 화면을 지켜본다면 우리 인간이 신화와 전설의 세계를 침입했음을 깨달을 수 있을 것이다.

우리는 인간의 역사 초기부터 달을 알고 있었다. 우리 조상이 나무에서 초원으로 내려왔을 때, 우리가 직립보행을 익혔을 때, 우리가 돌연모를 고안하고, 불을 사용할 수 있게 되고, 농업을 발명하여 도시를 만들고, 지구를 정복하려고 나섰을 때, 언제나 달은 거기에 있었다. 전설들과 민요들은 달과 사랑의 신비로운 연결을 찬양했다. 달력의 〈달〉이란 말과 둘째 요일의 이름

1968년 아폴로 7호의 우주비행에서 우주선 추진 보조 로켓의 세번째 분리. NASA 제공.

월면의 발자국. 만약 누가 와서 건드리지 않는다면 이 아폴로의 흔적은 백만 년 이상 존속될 것이다. NASA 제공.

은 모두 달에서 유래하고 있다. 달이 초승달에서 보름달, 그리고 다시 초승달을 거쳐 음력 초하루(삭)로 차고 기우는 변화는 죽음과 부활을 상징하는 하늘의 비유로 널리 받아들여졌다. 이것은 여성의 배란 주기——달의 주기와 거의 같은 길이의 주기로 월경 menstruation이란 말(라틴어 mensis(month, 한 달이라는 뜻)는 measure(재다)로부터 유래한다)이 알려주듯이——와 관련있다. 달빛 아래서 자는 사람은 미치게 된다고 한다. 그 연관은 영어의 〈lunatic(미친)〉이란 말에 보존되어 있다. 페르시아의 옛날 이야기에, 지혜롭기로 이름난 고관에게 해와 달 가운데 어느 쪽이 더 유용한가를 물었더니 그는, 〈달이다. 왜냐하면 해는 어차피 밝은 대낮에 빛을 내기 때문이다〉라고 답했다고 한다. 특히 우리 인간이 야외에서 살던 시대에 달은 우리 생활에서, 이상하게 만져볼 수도 없지만, 매우 중요한 존재로 여겨졌다.

달은 도달할 수 없는 대상에 대한 비유로 쓰였다. 흔히들 〈차라리 달을 달라고나 할 것이지〉 혹은 〈그것은 달에 가는 것처럼 어림도 없는 일이다〉라고 말한다. 인간의 역사 대부분 동안 우리는 달이 무엇인지 모르고 지냈

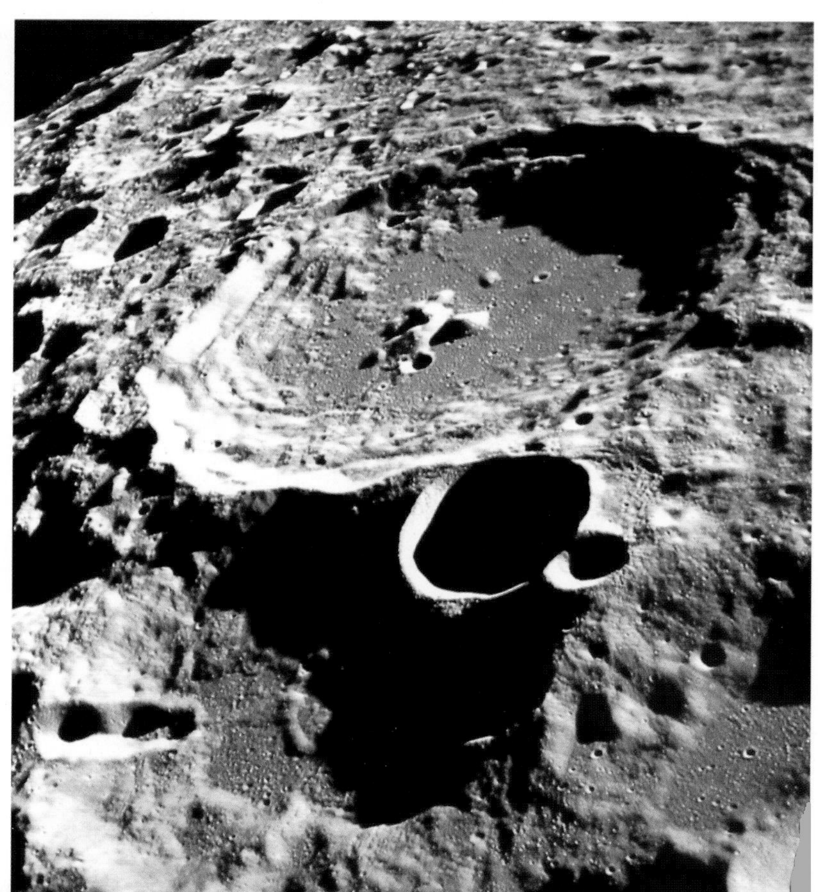

아폴로 11호가 찍은 심하게 자국진 월면의 고지대 사진. NASA 제공.

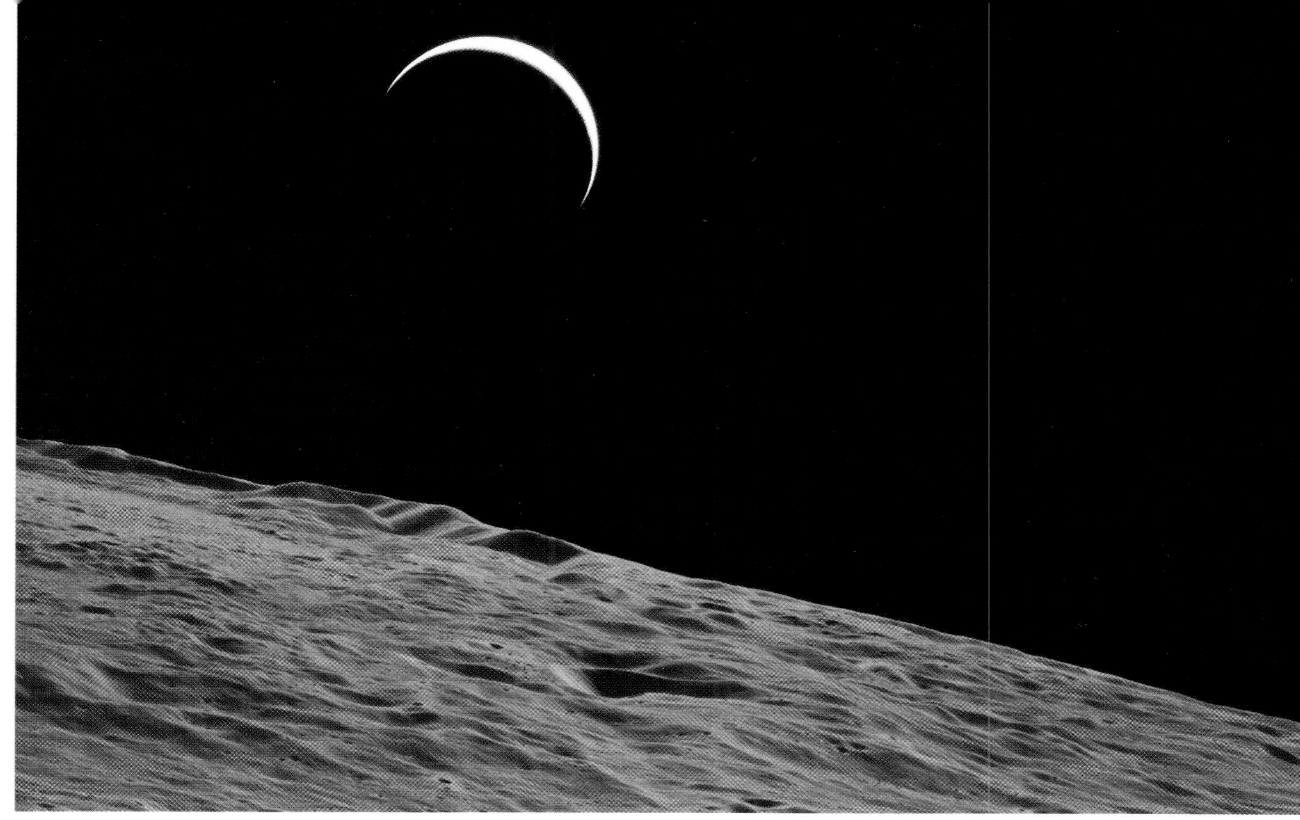

아폴로 15호에서 본 떠오르는 지구. NASA 제공.

플러드: 만일 우리가 당신이 필요하다는 돈을 얼마든지 다 준다면 당신네 공군은 크리스마스 전에 뭔가로, 무엇이든, 달을 명중시킬 수 있단 말이오?

호너: 그럴 확신이 있습니다. 이런 일에는 언제나 어느 정도의 모험이 있게 마련이지만 우리는 해낼 수 있다고 봅니다. 네, 그렇습니다.

플러드: 당신은 공군이나 국방부의 누군가에게 오늘 자정부터라도 시작해서 그 녹색 치즈 공(역주: 달)의 한 조각을 미국민에게 크리스마스 선물로 떼어주는 데 충분한 돈과 쇠붙이(우주선의 본체), 인원 등을 요청했나요? 그런 요청을 한 일이 있나요?

호너: 우리는 국방부 장관실로 이런 계획안을 제출했습니다. 그것은 지금 검토중에 있습니다.

플러드: 의장, 나는 지금 시내에 있는 누군가가 이 요청을 올리려고 결심하기를 기다릴 것 없이 우리의 보충설명을 붙여서 이 예산을 통과시키는 데 동의합니다. 만약 이 분이 말한 대로이고 그가 말한 바를 잘 알고 있다면, 나는 그렇다고 보는데, 우리 분과위원회는 오늘 5분이라도 더 이상 기다릴 필요가 없다고 생각합니다. 우리는 그에게 필요로 하는 돈, 쇠붙이, 인원을, 딴 사람이 뭐라고 하든 뭘 원하건 상관없이, 모두 주어서, 어느 언

덕이든 올라가서 아무 염려 없이 그 일을 시작하라고 해야 할 것입니다.

케네디 대통령이 아폴로 계획을 작성할 때 국방부에서는 허다한 우주 계획, 즉 군사 인원을 우주 공간으로 올리는 방법, 그들을 지구 둘레로 운반하는 방법, 타국의 위성이나 탄도유도탄을 격추하는 궤도 선회 기지의 로봇 병기 등이 개발중에 있었다. 아폴로 계획이 이 계획들을 대신하게 되어 이들은 작동단계에 이르지 못했다. 그래서 아폴로 계획은 또다른 목적, 즉 미소의 우주 경쟁을 군사 무대에서 민간인들의 무대로 옮기는 목적에 이바지한 경우가 되었다. 케네디는 아폴로 계획을 우주 공간에서의 군비 경쟁을 대치하는 것으로 의도했다고 믿는 사람들도 있는데 그럴지도 모를 일이다.

나에게 있어 그 역사적 순간의 가장 풍자적인 기념물은 아폴로 11호가 달에 가지고 갔던 리처드 닉슨 대통령의 서명이 든 액자였다. 거기에는 이렇게 씌어 있다. 〈우리는 전인류의 평화를 염원하며 왔다.〉 미국이 동남아시아의 작은 국가에 7.5메가톤의 재래식 폭탄을 떨어뜨리고 있을 때 우리는 우리의 인도주의를 축하했다. 우리는 생명이 없는 바위 위의 아무것도 해치지 않을 것이다. 그 액자는 고요의 바다의 공기 없는 황량한 벌판 위에 아폴로 11호 달 착륙선의 발판에 붙은 채 그대로 남아 있다. 만약 아무도 건드리지 않는다면 앞으로 백만 년이 지나도 그대로 읽을 수 있을 것이다.

아폴로 11호에 이어 여섯 개의 계획이 뒤따랐는데 그 중 하나만을 제외하고 모두가 월면에 안착하였다. 아폴로 17호는 최초로 과학자 한 명을 실었다. 그가 월면에 도착하자마자 계획은 취소되었다. 달에 착륙한 최초의 과학자와 최후의 인간은 동일한 사람이었던 셈이다. 아폴로 계획은 이미 1969년 7월의 그날 밤에 그 목적을 다한 것이다. 그후 여섯 차례에 걸친 발사 계획은 그저 타성으로 실시된 것이다.

월면의 경관, NASA 사진. 전개된 화면은 암스테르담의 아르티스 플라네타륨Artis Planetarium에서 디지털 방식으로 처리되었다.

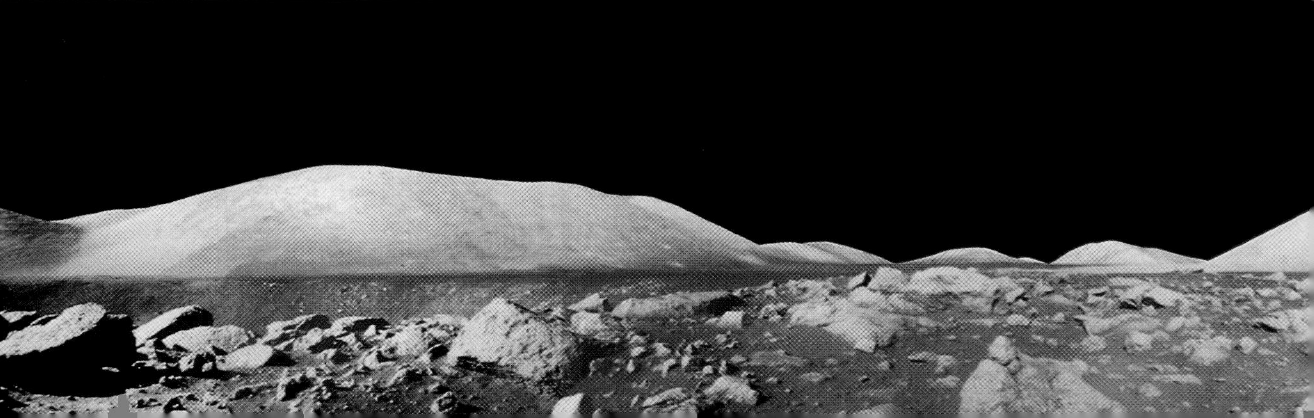

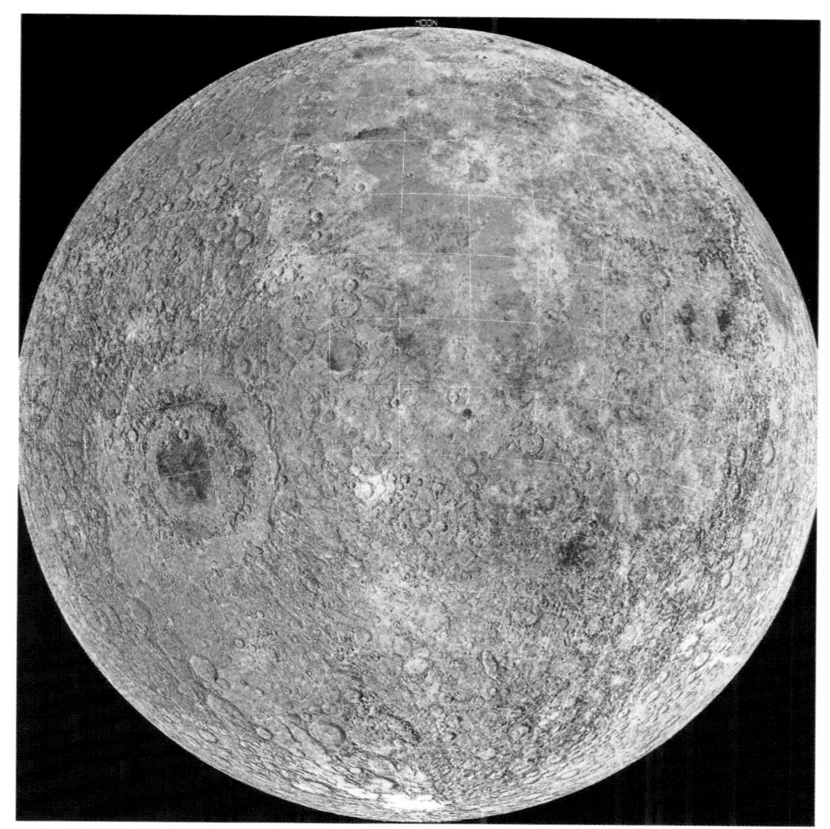

갈릴레오 우주선이 만든 달의 합성지도. 광물원을 드러내기 위해 인공착색을 썼다. 녹색과 황색은 철과 마그네슘의 함량이 많은 곳을 나타낸다. USGS/NASA 제공.

아폴로 계획은 과학에 치중한 것이 아니었다. 그것은 또 우주 공간에 치중한 것도 아니었다. 그것은 이데올로기의 대면과 핵전쟁에(흔히 세계 〈지도권〉이나 국가적 〈명성〉이라고 완곡하게 표현되지만) 관련된 것이었다. 그렇기는 하지만 우주 과학에 대한 훌륭한 업적들이 이루어졌다. 이제 우리는 달의 성분, 나이, 그 역사와 월면 지형의 기원 등에 관해서 훨씬 더 많은 것을 알게 되었고 달이 어디서 왔는지를 이해하는 데도 도움이 되었다. 어떤 과학

크기의 비율로 본 지구와 달. 지구는 달에 비해 지름은 거의 네 배, 질량은 81배나 된다. 지구는(여기에서는 뉴잉글랜드에서 파타고니아에 걸친 아메리카 대륙이 보인다) 어두운 달보다 평균 네 배나 많은 햇빛을 공간으로 반사한다. USGS 제공.

자들은 월면의 화구 분포에 대한 통계 자료를 써서 지구에 생명이 탄생하던 시절을 이해하는 데 도움을 얻고 있다. 그러나 그 어느 것보다도 중요한 것은 아폴로 계획이 하나의 방패, 즉 훌륭하게 제작된 로봇 우주선을 수십 개의 다른 천체들을 예비 탐사하기 위해서 태양계의 곳곳으로 보낼 수 있는 원호태세를 마련한 데 있다. 아폴로의 후손들은 이제 행성들의 전선에 다다르게 된 것이다.

아폴로가 아니었다면(따라서 그것의 정치적 목적이 아니었다면) 태양계 전체에 걸친 미국의 역사적인 탐험과 발견이 실현될 수 있었을까 하고 나는 의심한다. 마리너, 바이킹, 파이어니어, 보이저, 갈릴레오 등은 아폴로의 선물들이다. 마젤란과 카시니는 앞으로의 후손들이다. 이와 비슷한 사정이 태양계 탐험에서 이루어진 소련의 선구적 노력에서도 볼 수 있는데 여기에는 다른 천체에 최초로 착륙한 로봇 우주선들인 루나 9호, 마르스 3호, 베네라 8호 등이 들어간다.

아폴로는 신뢰감과 정열, 그리고 모두의 상상력을 사로잡은 넓은 전망을 전달하였다. 이것 역시 원래 목적의 일부였다. 그것은 과학기술에 관한 낙관과 미래에 대한 열정을 불러일으켰다. 많은 사람들이 물었듯이 만약 우리가 달로 날아갈 수 있다면 그 밖의 무엇을 할 수 없단 말인가? 미국의 정책과 행동에 반대하는 사람들, 우리가 가장 나쁘게 여기는 사람들까지도 아폴로 계획의 천재적이고 영웅적인 점을 인정하였다. 아폴로로 인하여 미국은 위대함에 이를 수 있었다.

긴 여행을 위해 짐을 꾸릴 때는 앞으로 무엇이 우리를 기다리고 있는지 전혀 알 길이 없다. 아폴로 우주인들은 달을 왕복하는 도중에 그들의 고향 행성의 사진을 찍었다. 그것은 매우 자연스러운 일이었지만 아무도 예상하지 못했던 결과가 기다리고 있었다. 지구 주민들은 처음으로 그들의 세계를 밖으로부터 지구 전체를, 천연색의 지구를, 광막한 암흑의 공간에 놓인 채 회전하고 있는 희고 푸르고 아름다운 공을 보게 되었다. 그 화상들은 우리의 행성 의식을 잠에서 깨어나게 했다. 그것은 우리 모두가 상처받기 쉬운 한 행성을 공유하고 있다는 움직일 수 없는 사실을 보여주었다. 그것은 무엇이 중요하고 무엇이 중요하지 않은지를 깨우쳐 주었다. 그것은 보이저의 연한 푸른 점의 예고였다.

우리는 우리의 기술문명이 우리 천체의 거주 가능성 habitability을 위협하는 바로 그 시기에 때맞춰 앞으로의 전망을 발견했는지 모른다. 아폴로 계획을 처음 시작했던 이유가 무엇이었든, 냉전을 일삼는 국가주의와 전쟁 수단에 얼마나 많이 얼룩졌든 간에, 지구가 하나밖에 없고 연약하기만 하다는 피할 수 없는 인식은 아폴로 계획이 가져다 준 분명하고도 빛나는 성과이며 기대하지 않았던 최고의 선물인 것이다. 죽음으로 치닫는 경쟁으로부터 시작된 것이 결과적으로는 전세계의 협력이 우리 인류의 존속을 위한 필수적인 전제 조건임을 깨닫게 하는 데 도움을 주었던 셈이다.

갈 길은 요원하다. 이제 다시 걸음을 재촉할 때다.

14 장

다른 천체들을 탐사하여 지구를 보호한다

여러 진화 단계에 있는 행성들은 지구에 작용하는
것과 같은 형성력의 지배를 받는다.
따라서 우리의 과거와(아마 미래와도) 같은 지질
형성이(아마 생명도) 있을 것이다.
더욱 중요한 것은, 경우에 따라서는 이 힘들이
지구와 완전히 다른 조건에서 작용할 것인데
그렇다면 우리 인간이 알고 있는 것과는
전혀 다른 형태를 만들어낼 것이라는 점이다.
비교 과학에서 이러한 자료가 가지는 가치는
말할 나위 없이 명백하다.
—로버트 고다드의 『노트 북』(1907)

생전 처음으로 수평선이 하나의 곡선으로 보였다.
그것은 어두운 푸른 빛의 얇은 솔기
(우리의 대기층)로 강조되었는데
확실히 내가 흔히 들어 왔던
공기의 〈바다〉는 아니었다.
나는 그 연약한 모습에 두려워졌다.
—울프 메르볼트(독일인 우주왕복선 비행사, 1988)

◀ 지구를 선회하는 사람은 어두운 〈푸른 빛의 얇은 솔기〉로 싸인 지구를 본다. 1984년 2월 유인기동대 Manned Maneuvering Unit(MMU)의 우주비행사 브루스 매캔들레스 Bruce McCandless. 우주왕복선 챌린저 호의 촬영. 존슨 우주기지/NASA 제공.

자외선으로 탄 화성의 흙. 왼쪽: 바이킹이 자료수집 팔로 구멍이 많은 암석을 채우며 파고 있다. 오른쪽: 채취된 후의 사진. 우주선 안에서 흙이 분석된 결과 유기물질의 흔적조차 탐지되지 않았다. 지구와는 달리 화성에는 오존 방패가 없다. 바이킹 사진, JPL/NASA 제공.

행성 초고층 대기 물리학자들은 거기서 무엇이 일어나고 있는지를 알고 싶어했기 때문이다.

오존을 고갈시키는 데 염화불화탄소가 하는 역할을 확인하는 이론적 연구는 하버드의 마이클 맥엘로이Michael McElroy가 이끄는 그룹에 의하여 실시되었다. 그들의 컴퓨터 속에 할로겐 화학 반응의 여러 갈래로 나가는 그물 조직이 모두 준비되어 있었던 까닭은 무엇일까? 그 까닭은 그들이 금성 대기의 염소와 불소의 화학을 연구하고 있었기 때문이다. 금성은 지구의 오존층이 위험에 처해 있다는 발견을 하는 데, 또 그것을 확인하는 데 도움을 주었다. 두 행성의 대기 속 광화학 사이에서 전혀 예기치 않았던 연관이 발견된 것이다. 다른 행성의 상층 대기 속에 있는 미소한 성분의 화학을 이해하려는 극히 추상적이고 비현실적인 연구로부터 지구 위의 모두에게 중요한 결과가 나왔던 셈이다.

화성과 관련된 사실도 있다. 우리는 바이킹에 의해서 화성 표면에는 생물이 없고 단순한 유기분자조차 극히 드물다는 것을 알았다. 그러나 단순한 유기분자는 거기에 존재해야 할 터이다. 왜냐하면 근방의 소행성 구역으로부터 유기물을 많이 포함하는 운석이 화성에 충돌하기 때문이다. 그러나 드문 이유는 화성에 오존층이 없다는 데 돌려지는 일이 흔하다. 바이킹의 미생물학적 실험은 지구로부터 화성으로 운반하여 화성 표면에 뿌렸던 유기물질이 급속히 산화되어 파괴된다는 사실을 발견했다. 파괴하는 먼지 속의 물질은 과산화수소(산화 작용으로 미생물을 죽이기 때문에 소독제로 쓰인다)와 유사한 것이다. 태양의 자외선은 오존층의 방해 없이 화성 표면에 내리쪼인다. 만약 거기에 유기물질이 있다면 그것은 자외선 자체와 그가 만든 산화물에 의해서 곧 파괴되고 만다. 그러므로 화성 표면의 표토에 미생물이 없는 이유 중 하나는 화성이 그 크기만한 오존 구멍을 가진 데 있다. 이 자체로도 우리에게는 유용한 경고가 되는 셈이다. 우리는 우리의 오존층을 얇게 하고 구멍을 키우는 데 여념이 없으니 말이다.

(2) 온실효과의 증가에 따라 전세계적인 경보가 발령될 것으로 예측되고 있다. 이는 주로 화석연료의 연소로 발생하는 이산화탄소로 인한 것이지만 그외에도 다른 적외선 흡수 가스(질소 산화물, 메탄, 염화불화탄소, 기타 분자들)의 증가도 한몫한다.

가령 지구 기후의 삼차원 일반 순환의 컴퓨터 모델을 갖고 있다고 하자. 그 프로그래머는 주장하기를 만약에 대기 성분이 하나 더 있거나 덜 있으면 지구가 어떻게 될지 예언할 수 있다고 한다. 그 모델은 현재 기후를 〈예측〉하는 데 아주 능하다. 그러나 여기에는 끈질긴 걱정거리가 따른다. 그 모델은 결과가 잘 나오도록 〈조절〉되어 있다는 점이다. 즉 조절할 수 있는 어떤 변수들을 물리학 원칙에 따라서가 아니라 답이 맞게 나오도록 선택했다는 것이다. 이것을 속임수라고 할 수는 없지만 만일 이 컴퓨터 모델을 좀 다른 기후 조건(예를 들어 심한 지구온난화)에 적용하면, 위의 조정이 부적당할지도 모른다. 그러므로 그 모델은 오늘날의 기후에는 유효하지만 다른 경우에는 확대 적용할 수 없을지 모른다.

이 프로그램을 시험하려면 그것을 다른 행성의 아주 다른 기후에 대해서 적용해 보면 된다. 그것은 과연 화성의 대기 구조와 거기의 기후를 알아맞힐 수 있는가? 날씨는? 금성에 대해서는 어떤가? 만약 그 모델이 이런 시험에서 실격당한다면 그것이 우리 행성에 대해서 하는 예측을 믿지 않는 것이 옳을 것이다. 사실 오늘날 쓰이고 있는 기후 모델은 금성과 화성의 기후를 물리학의 기본 원칙에 따라 잘 예측하고 있다.

지구에서 거대한 용암의 솟아오름이 알려졌는데 이는 깊은 맨틀로부터 오는 대륙의 초거대급 깃털줄기 superplume로 인한 것으로 응결한 현무암의 광대한 고원을 만들어낸다. 그 눈부신 실례는 약 1억 년 전에 발생하였는데 현재 대기 속의 이산화탄소 함량의 약 열 배에 달하는 양을 추가하여 상당한 지구온난화를 일으킨 것으로 추정된다. 이러한 거대한 깃털은 지구 역사를 통틀어 어쩌다 일어나는 것으로 생각되고 있다. 이와 비슷한 맨틀의 분출이 화성과 금성에서도 일어났던 것 같다. 지구의 표면이나 기후의 주요한 변동이 우리 발밑 수백 킬로미터에서 아무런 예고 없이 갑자기 들이닥치는 상황을 이해하려는 데는 마땅히 그럴 만한 현실적 이유가 있는 것이다.

최근에 지구온난화에 관한 중요한 연구가 뉴욕에 있는 NASA의 한 연구기관인 고다드 우주 과학연구소의 제임스 한센 James Hansen과 그 동료에 의해서 이루어졌다. 한센은 주요한 기후의 컴퓨터 모델을 하나 개발해서 앞으로도 온실효과가 계속 축적될 때 지구의 기후가 어떻게 될지를 예측하는 데 사용했다. 그는 그 모델을 지구의 고대 기후에 대해서 시험하는 데 앞장서 왔다.(재미있는 사실은 지난 번 빙하시대에 더 많은 이산화탄소와 메탄이 더 높은 온도와 두드러진 상관관계를 보였다는 사실이다.) 한센은 금세기와 지난 세기의 방대한 기상자료를 모아서 지구의 온도에 실제로 무엇이 일어났는지를 알았고 그것을 무엇이 일어나야 할 것인지 컴퓨터 모델이 예측하는 결과와 비교해 보았다. 두 결과는 각각 측정과 계산의 오차범위 내에서 일치하였다. 그는 용감하게도 백악관 관리예산국(레이건 재직 시절)의 〈불확실성을 강조하고 위험성을 최소로 평가하라〉는 정치적 명령을 무릅쓰고 국회에서 그대로 증언하였다. 필리핀의 피나투보 화산 폭발에 대한 그의 계산과 그 결과인 지구 온도의 저하(약 0.5℃)는 예산이 뒷받침되었던 것이다. 그는 전지구적 경고를 심각하게 받아들여야 한다는 것을 세계 각국의 정부에게 설득하는 데 힘을 썼다.

도대체 그는 어떻게 해서 지구의 온실효과에 관심을 갖게 되었을까? 그의 박사학위 논문(1967년 아이오와 대학)은 금성에 관한 것이었다. 그는, 금성의 큰 전파 밝기는 매우 뜨거운 표면에 의한다는 것과 온실효과를 일으키는 기체가 열을 내부에 가둔다는 점에는 동의했지만, 주된 에너지원은 햇빛이 아니라 내부로부터의 열이라고 제안했다. 1978년에 금성으로 간 파이어니

베네라 우주선이 최초로 직접 본 타오르는 금성 표면은 양이 많은 이산화탄소의 온실효과에 기인한다. 모스크바 베르나츠키 연구소.

어 12호는 진입선을 대기 속으로 떨어뜨렸는데 그것은 보통의 온실효과(표면이 태양으로 가열되고 열은 대기의 담요로 보존된다)가 지배적인 원인임을 직접 증명하였다. 그러나 한센으로 하여금 온실효과를 생각하게 만든 것은 금성이었다.

전파 천문학자들은 금성이 강력한 전파원임을 알았다는 데 유의해야 한다. 전파 복사에 대한 다른 설명들은 모두 실패하였다. 표면이 엄청나게 뜨거워야 한다는 결론이 내려지게 되었다. 이 높은 온도가 어디서 유래하는지를 이해하려면 부득이 어떤 종류의 온실효과로 이끌려 오게 되었다. 알고보니 수십 년이 지난 후 이런 연구가 예기치 못했던 지구 문명에의 위협을 이해하고 예측하는 데 도움을 주게 된 셈이다. 나는 이 밖에도 과학자가 다른 행성의 대기를 연구하다가 우리의 행성에 대한 중요하고도 매우 실용적인 발견을 하게 된 많은 실례를 알고 있다. 지구를 연구하는 사람에게 다른 행성들은 훌륭한 훈련장이 되는 셈이다. 여기에는 지식의 폭과 깊이가 요구되며 우리의 상상력이 도전받게 된다.

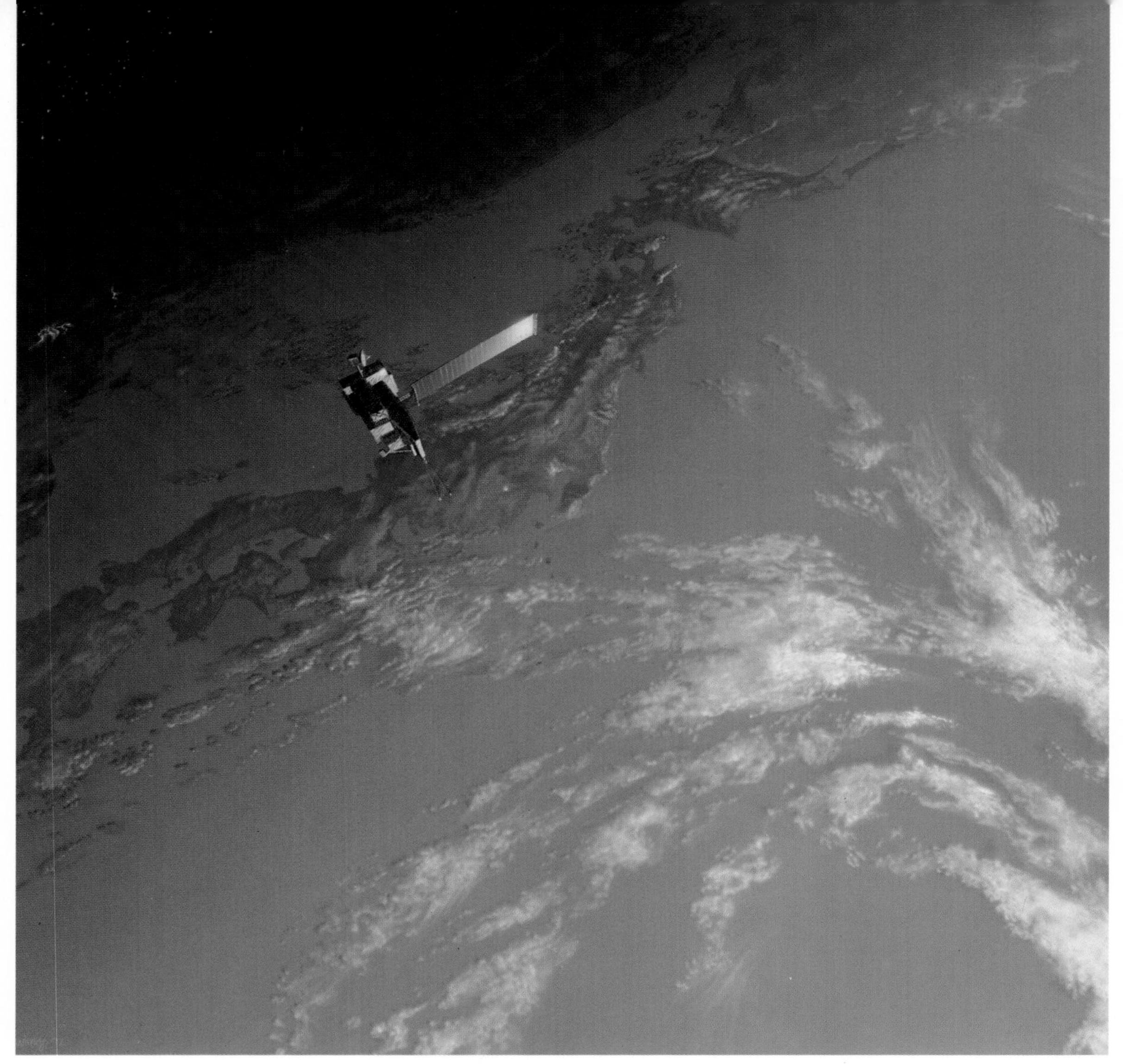

일본 상공의 미래 지구관측위성. 패트 롤링스 Pat Rowlings 그림, ⓒ 패트 롤링스, 1994.

이산화탄소에 의한 온실효과에 대해서 회의적인 사람들은 금성의 대대적인 온실효과에 유의한다면 유익할 것 같다. 금성의 온실효과가 지각 없는 금성인들이 석탄을 너무 많이 태우고, 연료 효율이 나쁜 자동차를 몰고, 또 그들의 삼림을 남벌하는 데서 유래한다고 주장하는 사람은 아무도 없을 것이다. 내 논점은 다른 데 있다. 우리 이웃(지구와 닮았지만 표면이 주석이나 납을 녹일 정도로 뜨거운 행성)의 기후 역사는 고려해 볼 만한 가치가 있다고 생각된다. 특히, 증가하는 지구의 온실효과는 스스로 조절되고 있으므로 우리가 실제로 염려할 필요가 없다거나, 온실효과 자체가 〈허풍〉에 지나지 않는다고 말하는 사람들(자칭 보수파라고 하는 사람들의 연구논문에서 볼 수 있다)의 경우에 그렇다.

(3) 핵겨울은 지구에 어둠과 기온 강하를 야기하는 것으로 예측되었는데, 지구 규모의 열핵전쟁에 뒤따라 도시와 석유관련 시설이 불타면 연기의 미세한 알갱이들이 대기 속으로 유입되는 데 주로 기인한다. 도대체 핵겨울이 얼마나 심각할까에 관해서 과학적인 논쟁이 들끓었다. 이제 다양한 견해들은 하나로 수습되었다. 삼차원 대기 순환의 컴퓨터 모델은 모두 전천체에 걸친 열핵전쟁의 결과는 갱신세 Pleistocene의 빙하시대 때보다도 지구 온도가 더 낮을 것으로 예측하고 있다. 우리 지구 문명에 대한 영향이(특히 농업의 파괴를 통해서) 매우 가공할 만한 결말을 야기할 것이라는 것을 의미하고 있다. 미, 소, 영, 불, 중국의 행정 및 군사당국들이 육만 개를 훨씬 웃도는 핵무기를 축적하기로 결정했을 때는 소홀히 여겼던 핵전쟁의 결말이 그런 것이다. 장담하기는 어렵지만, 이런 일에 대해서 핵겨울의 공포는 (물론 다른 원인도 있지만) 핵무기 보유국들(특히 소련)에게 핵전쟁의 무익함을 납득시키는 건설적인 역할을 할 수 있을 것이다.

핵겨울은 1982-1983년에 다섯 명의 과학자팀——나도 거기에 낀 것이 자랑스럽다——에 의해서 최초로 계산되고 명명되었다. 이 팀은 머리글자를 모아서 만든 이름 TTAPS(Richard P. Turco, Owen B. Toon, Thomas Ackerman, James Pollack, 그리고 나)을 갖고 있다. 이 다섯 명의 과학자들 가운데 두 명은 행성과학자이고, 나머지 세 명도 이전에 행성과학 분야의 많은 논문을 발표했다. 핵겨울의 최초의 위협은 마리너 9호의 화성 탐험에서 화성 전면에 걸친 모래폭풍 때문에 우리가 행성 표면을 보지 못했던 시기에 밝혀졌다. 우주선에 실은 적외선 분광기는 상층 대기는 고온인 반면에 표면은 정상시보다 저온인 것을 알아냈다. 짐 폴락과 나는 앉아서 어떻게 그럴 수 있을지를 계산해 보려고 했다. 그후 12년 동안에 걸쳐 이 의문을 추궁하는 일은 화성의 모래폭풍으로부터 지구의 화산 분출 알갱이로, 그리고 충돌화구에서 분출한 먼지에 의한 공룡의 절멸 가능성을 거쳐서 핵겨울의 가능성으로 우리를 끌고 갔다. 그러니 과학이 우리를 어디로 끌고 갈지는 알 재간이 없는 노릇이다.

행성 과학은 다가오는 이런 큰 환경 재해를 발견하고 미연에 방지하는 데 매우 도움이 되는 넓은 관점을 육성한다. 다른 행성에서의 일을 경험하게 되면 행성 환경의 취약함과 전혀 다른 환경의 가능성에 대한 전망을 얻게 된다.

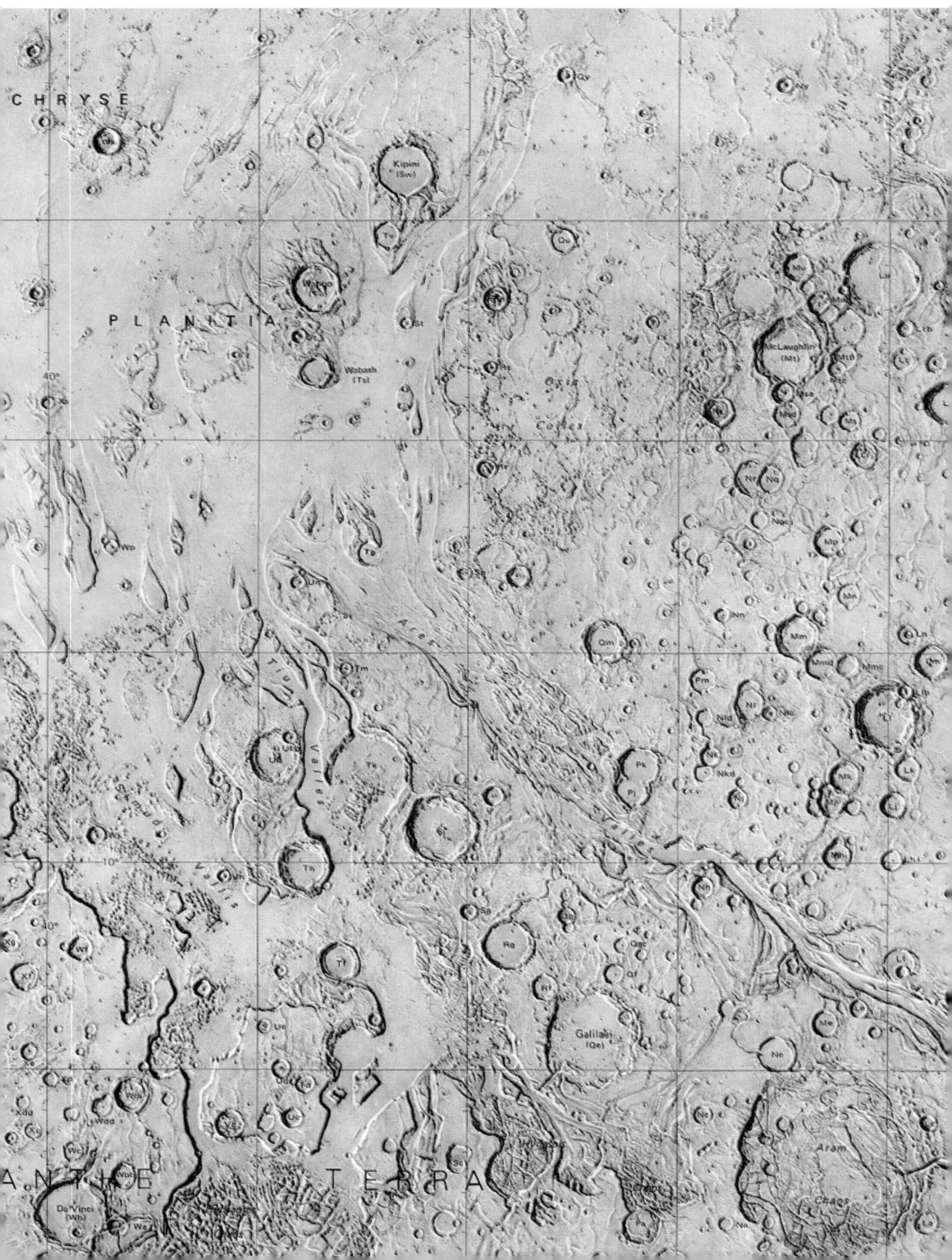
CHRYSE
PLANITIA
Kipini
(Sw)
Wabash
(Ts)
McLaughlin
(Mt)
Oxia
Colles
Ares
Valles
Tiu
Valles
Galilaei
(Qe)
Da Vinci
(Wb)
Aram
Chaos
TERRA

15 장

낯선 세계의 문이 열린다

낯선 세계의 거대한 수문이 덜컹 열렸다.
—허먼 멜빌의 『백경』(1851) 제1장

◀ 화성의 옥시아 팔루스 Oxia Palus 지역(적도와 북위 25° 사이). 바이킹 1호의 착륙 지점은 왼쪽 위의 크리제 플라니티아 Chryse Planitia에 있다. 수십억 년 전 대홍수가 이 지역을 둘로 갈라 놓았다. 하천 계곡에 지류가 드문 것은 물이 하늘에서 내린 비가 아니라 지하에서 솟아 오른 것임을 알려준다. 바이킹 1호는 원래 유출하는 줄기들의 회합점에 착륙할 예정이었으나 안전을 고려해서 중지되었다. 화성의 현재 기후가 추정된 40억 년 전에 보다 고온다습한 환경과 아주 딴판인 까닭은 알 수 없다. 오른쪽 아래에 갈릴레오의 이름을 딴 화구가 있다. USGS 명암부각지도.

아마 머지않은 장래에 어느 나라(더 가능성이 높기는 여러 나라의 연합)가 인간이 우주 공간으로 진출하는 데 있어 다음 차례의 큰 한걸음을 뗄 것이다. 아마도 그것은 관료주의를 피하고 오늘날의 공업기술을 효과적으로 이용해서 달성될 것이며, 큰 구식 나팔총 식의 화학 로켓을 능가할 새로운 공업기술을 요구할 것이다. 이런 우주선의 비행사들이 새로운 천체에 첫발을 내딛고, 최초의 어린애가 태어나고, 정착의 첫 단계가 시도된다. 이제 우리는 그 길에 오르고 미래의 후손들은 이 일을 기억하리라.

웅장하면서도 우리를 감질나게 만드는 화성은 우주비행사가 안전하게 착륙할 수 있는 가장 가까운 이웃 행성이다. 비록 뉴잉글랜드 지방(미국 동북부)의 10월 날씨처럼 따뜻할 때도 있지만, 화성은 추운 곳이며, 그 엷은 이산화탄소의 대기는 극지방에서 겨울에 드라이아이스로 동결한다.

화성은 작은 망원경으로도 표면을 볼 수 있는 가장 가까운 행성이며, 태양계를 통틀어 지구와 가장 많이 닮은 행성이다. 완전히 성공한 화성 탐사 계획은, 근접 통과를 제외하면, 1971년의 마리너 9호와 1976년의 바이킹 1, 2호 탐사가 있었을 뿐이다. 이들은 뉴욕에서 샌프란시스코까지의 거리와 거의 같은 길이의 깊은 계곡과, 화성의 평균 표면에서 최고 8만 피트까지 솟은(에베레스트 산의 거의 세 배) 거대한 화산들을 밝혀냈다. 극관의 뒤섞인 층 구조는 마치 버려진 포커 패들처럼 쌓여 있는데 아마 과거의 기후 변동을 기록하고 있을 것이다. 표면에는 바람에 날린 먼지들이 밝고 어두운 줄무늬들을 그려놓아서 과거 수십 년 내지 수백 년에 걸친 화성의 고속풍 지도를 보여준다.

수십억 년 전으로 거슬러 올라가는 수백의 꼬불꼬불한 지협이나 계곡들의 그물 조직을 주로 화구가 많은 남반구의 고지대에서 볼 수 있는데, 오늘날의 엷고 차가운 대기에 덮인 표면과는 아주 다른 보다 온화하고 지구와 유사한 조건 아래 있었던 지난 시절을 암시한다. 어느 오래된 지협은 빗물로, 어떤 것은 지하의 붕괴로, 또 어떤 것은 지하로부터 솟아나온 대홍수에 파여서 만들어진 것 같다. 그 당시 하천은 오늘날 먼지처럼 말라버린 천 킬로미터 지름의 커다란 충돌분지로 흘러들어 가득 채웠던 것이다. 오늘날 지구의 폭포와는 비교도 안 되는 거대한 폭포들이 원시 화성의 호수로 떨어졌고, 수백 미터 내지 일 킬로미터 정도의 깊이를 가진 광활한 바다가 오늘날 겨우 분간할 수 있는 해안선을 따라 잔잔하게 물결치고 있었을지도 모른다. 이곳

이야말로 우리가 탐험하려던 세계였던 것이다. 우리는 40억 년이나 늦은 셈이다.*

같은 기간에 지구에서는 최초의 미생물이 태어나 진화했다. 지구상의 생물은 가장 근본적인 화학적 이유 때문에 물과 밀접하게 관련되어 있다. 우리 인간의 약 4분의 3도 물로 이루어져 있다. 원시 지구의 대기와 바다에서 만들어져 하늘로부터 떨어졌던 것과 같은 종류의 유기분자가 원시 화성에서도 축적되었을 터이다.

원시 지구에서는 생물이 물 속에서 자라게 되었는데, 어떻게 원시 화성의 물 속에서는 억제되고 금지되었다고 생각할 수 있을까? 그렇지 않다면 화성의 바다 속에서도 생물이 가득 차서 떠돌며 알을 낳고 진화했을까? 어떤 이상한 생물이 한때 그 속에서 유영했을까?

이러한 먼 과거의 드라마가 무엇이었든 간에 그 모두는 약 38억 년 전에 잘못되기 시작했다. 그 무렵에 원시 화구들의 침식이 극적으로 느려지기 시작했다. 대기가 엷어짐에 따라, 그리고 하천의 흐름이 사라지고, 바다가 마르기 시작하고, 온도는 급강하하면서, 생물들은 몇 남지 않은 적합한 서식처에, 아마도 얼음에 덮인 호수 밑바닥에 모여 살다가 절멸하여, 이상한 유기물의 주검이나 화석들(지구의 생물과는 전혀 다른 원리에서 만들어졌을지도 모른다)은 꽁꽁 얼어서 어느 먼 훗날에 화성에 올 탐험가들을 기다리고 있을 것이다.

운석은 지구에서 수집된 다른 천체의 조각들이다. 운석의 대부분은 화성과 목성 사이에서 태양 둘레를 도는 소행성들끼리 충돌해서 생긴 것이지만 드물게는 큰 운석이 행성이나 소행성에 큰 속도로 부딪혀 화구를 형성할 때 파인 표면의 물질을 다시 공간으로 뱉어내 만들어진다. 날아간 암석들의 극히 적은 수는 수백만 년 후에 또 다른 천체와 마주치게 될지도 모른다.

남극 황무지의 얼음 벌판 여기 저기에 운석들이 박혀 있는데 저온에서

*그러나 몇 안 되는 곳, 예컨대 알바 파테라 Alba Patera로 불리는 고지대의 사면 같은 곳에는 여러 갈래로 된 계곡의 그물 조직이 있는데 다른 곳과 비교하면 극히 젊은 지형으로 알려졌다. 어쨌든 최근의 10억 년 동안만 해도 때때로 물이 화성의 사막을 통하여 여기 저기에 흘렀던 것 같다.

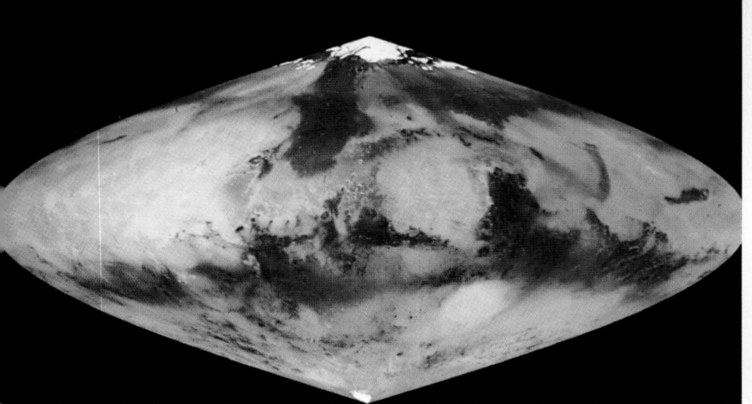

바이킹의 사진 합성에 의한 화성 전체의 등면적 투영도. 큰 북쪽 극관과 작은 남쪽 극관은 계절에 따라 커졌다 작아졌다 한다. 남반구의 연하게 노란 둥근 지형은 수십억 년 전에 호수였을지도 모를 거대한 먼지로 메워진 충돌분지 헬라스 Hellas이다. 이 사진에서의 분해능은 지구에서 최상의 망원경 관측과 비슷하다. 초기의 육안 관측자들이 〈운하〉의 인상을 받았던 까닭을 알 만하다. USGS/NASA 제공.

길이가 5,000킬로미터인 거대한 절벽 계곡으로, 오늘날에는 이 계곡을 처음 밝힌 마리너 9호 우주선을 기념하여 발리스 마리네리스 Vallis Marineris로 명명되었다. 그 서쪽에 엘리시움 Elysium 고원의 방패형 화산 중 하나가 보인다. 바이킹의 합성 사진, USGS/NASA 제공.

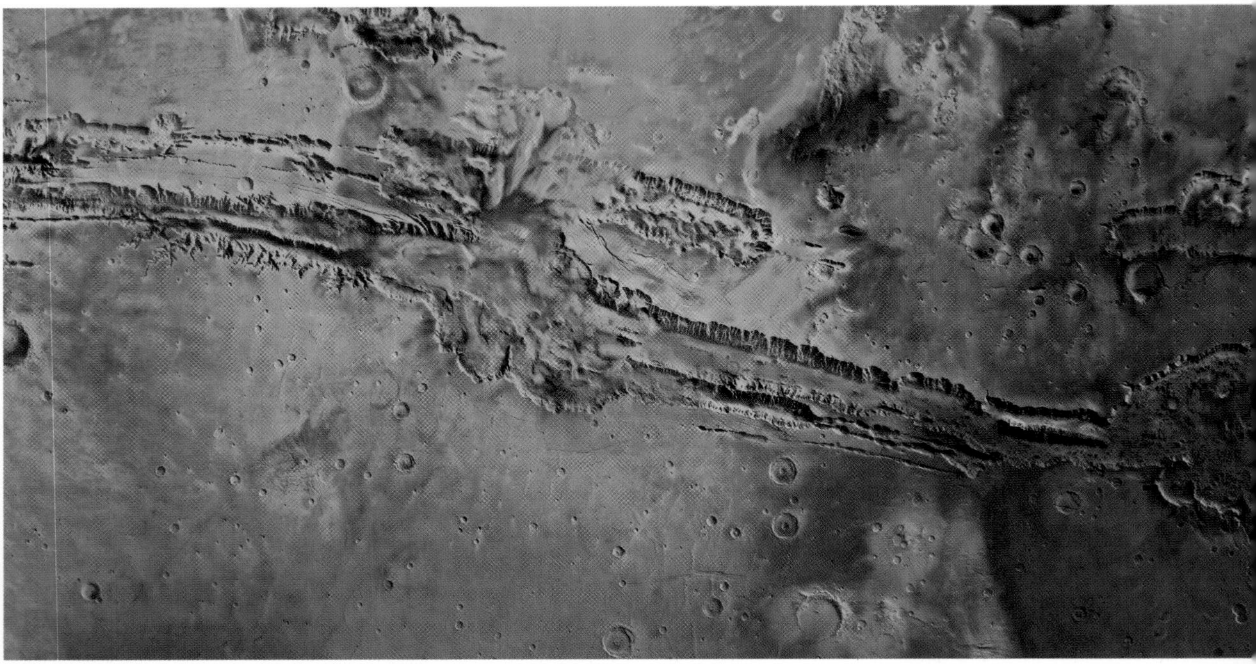

발리스 마리네리스 중심부의 고분해능 사진. 수직 높이는 수 킬로미터나 된다. 바이킹의 합성 사진, USGS/NASA 제공.

발리스 마리네리스 내부의 세부. 계곡의 바닥은 절벽 사면에서 엄청난 산사태로 무너져 내린 흙더미로 메워져 있다. 바이킹의 합성 사진, USGS/NASA 제공.

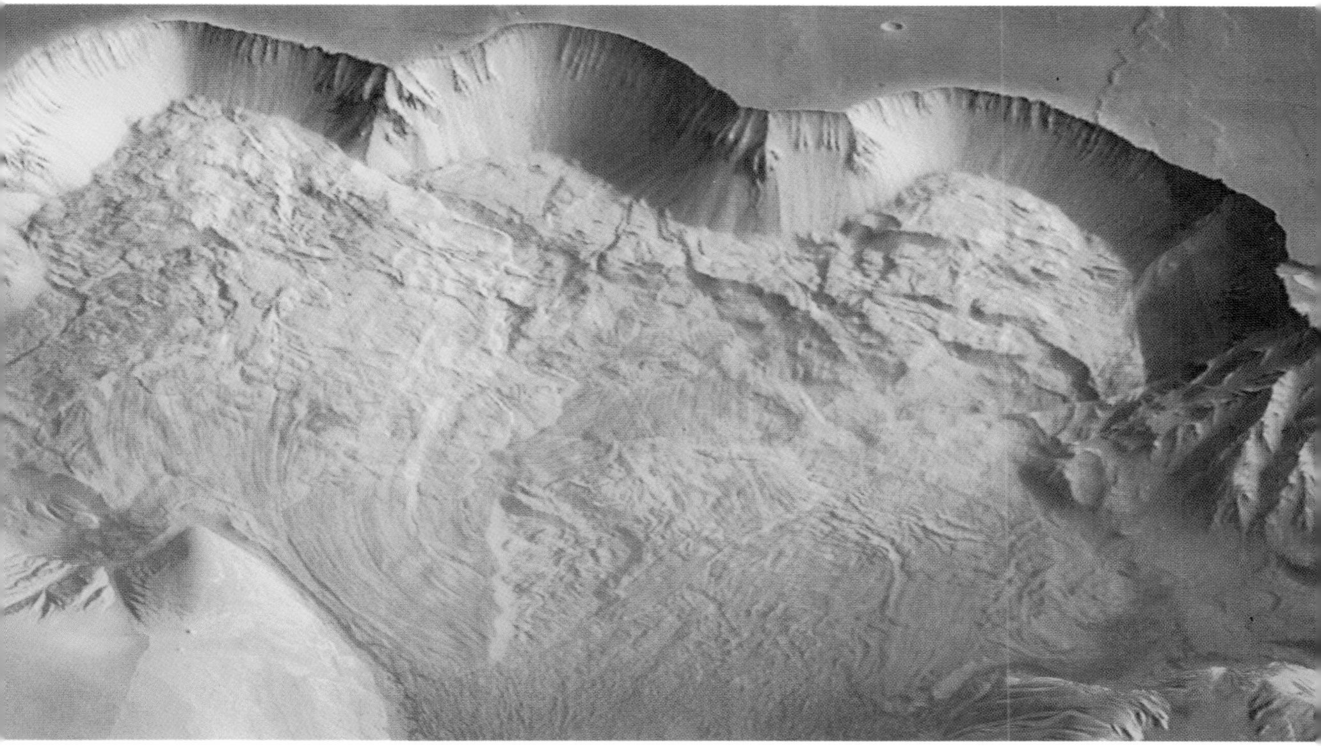

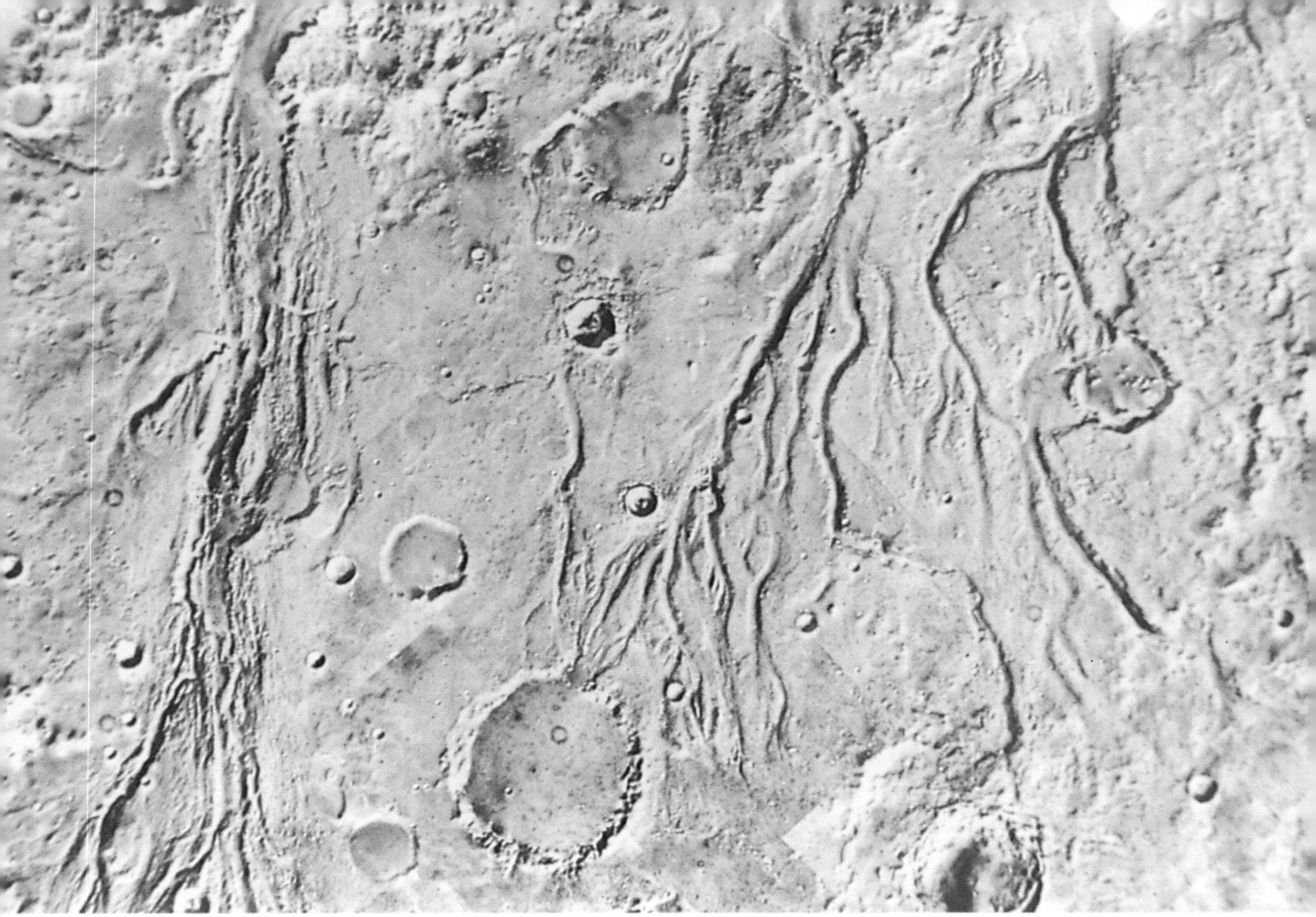

▲ 많은 하천계곡들의 그물 조직. 마리너 9호의 합성 사진, JPL/NASA 제공.

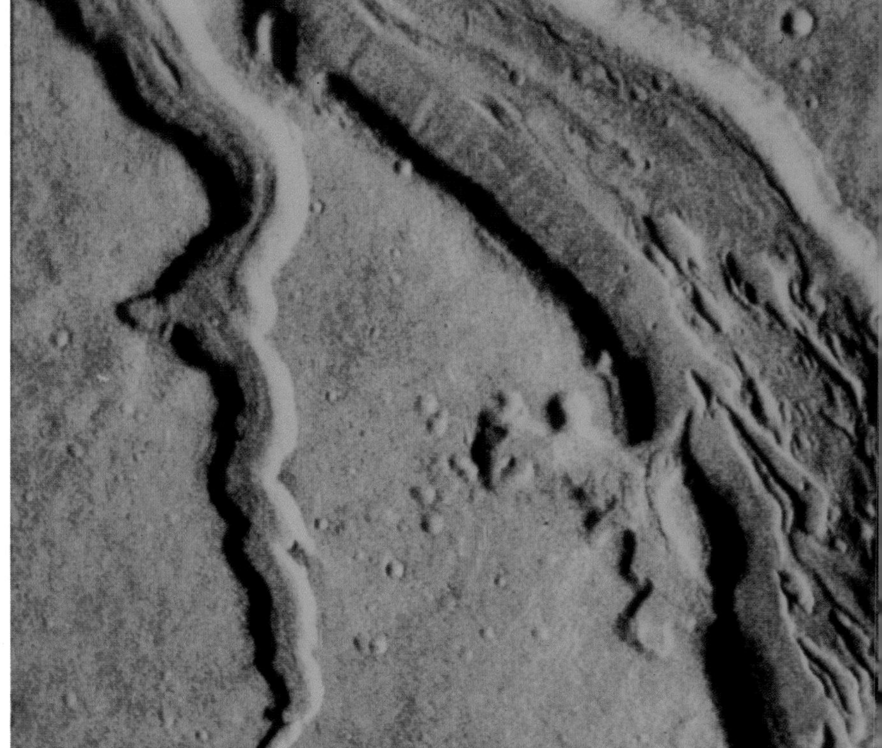

화성의 하천계곡 내부. 이런 지형들이 앞으로 표면이동차가 주로 다닐 곳이다. JPL/NASA 제공.

보존되었다가 최근에야 인간이 파낸 것이다. 이들 가운데 SNC(스닉으로 발음된다)*으로 불리는 일부는 처음 보아서는 거의 믿어지지 않는 특징을 가지고 있다. 즉 그 광물이나 유리 같은 구조 속 깊숙히 소량의 기체가 지구 대기의 오염으로부터 단절된 채 갇혀 있는 것이다. 그 기체를 분석한 결과 화성의 대기와 정확히 같은 화학 성분과 동위원소 비율을 가진다는 것이 밝혀졌다. 화성의 대기에 관한 우리의 지식은 분광학적 추정만이 아니라 바이킹 착륙선에 의한 화성 표면에서의 직접 측정으로부터도 얻어졌다. 대부분의 사람들을 놀라게 한 것은 SNC 운석이 화성으로부터 왔다는 사실이다.

이 운석은 원래 한번 녹았다가 다시 동결한 암석이었다. 모든 SNC 운석의 방사능 연대 측정 결과는 그들의 모체가 되는 암석이 1억 8천만 년 전에서 13억 년 전 사이에 용암이 응결한 것임을 밝혀냈다. 그후에 외계로부터의 충돌로 인하여 화성을 떠났던 것이다. 화성에서 지구로 오는 행성간 여행중 얼마나 오랫동안 우주선(線)에 노출되었나에 따라 그들의 나이, 즉 얼마나 오래전에 화성에서 떨어져 나왔는지를 알 수 있다. 그런 뜻으로 그들은 천만 년 내지 70만 년의 나이를 가졌다. 그들은 화성 역사의 최근 0.1%를 보여주는 표본인 셈이다.

그들 중에 함유된 어떤 광물은 한때 따뜻한 물 속에 있었다는 분명한 증거를 보이고 있다. 이런 수열광물 hydrothermal mineral은 최근까지도 화성 전체에 걸쳐 어떤 형태로든 액체의 물이 있었음을 시사하고 있다. 짐작건대 내부의 열이 지하의 얼음을 녹여 생성되었을 것이다. 어떻게 해서 물이 생겼든 생물이 완전히 절멸하지는 않았으며, 어떻게 해서든 오늘날까지 일시적인 지하 호수나 표면을 적시는 물의 얇은 막에라도 살아 남지 않았을까 의심하는 것은 당연하다.

NASA의 존슨 우주항공센터의 지구화학자 에버렛 깁슨 Everett Gibson과 핼 칼슨 Hal Karlsson은 어떤 SNC 운석으로부터 물 한 방울을 추출하였다. 함유된 산소와 수소 원자의 동위원소 비율은 문자 그대로 이 세상의 것이 아니었다. 나는 이 딴 세계로부터 온 물을 미래의 탐험가와 정착자들에게 희망을 주는 소중한 것으로 느꼈다.

*이것은 Shergotty-Nakhla-Chassigny의 약자이다. 왜 이런 약자가 쓰였는지 짐작이 갈 것이다. 역주: 〈스닉〉은 영어로 〈눈금〉의 뜻. 원명은 슬라브계의 고유명(인명, 또는 지명)인 듯하다.

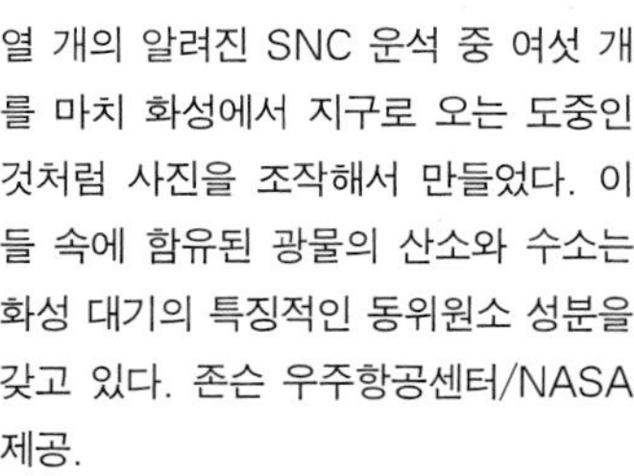

열 개의 알려진 SNC 운석 중 여섯 개를 마치 화성에서 지구로 오는 도중인 것처럼 사진을 조작해서 만들었다. 이들 속에 함유된 광물의 산소와 수소는 화성 대기의 특징적인 동위원소 성분을 갖고 있다. 존슨 우주항공센터/NASA 제공.

가령 과학적 관점에서 선택된 화성의 몇몇 지역으로부터 과거에 녹은 일이 없는 흙이나 암석을 포함한 많은 표본 자료를 지구로 가져 온다면 과연 무엇이 발견될 것인지를 상상해 보라. 현재 우리는 소형 로봇 차를 써서 이를 실현할 수 있는 단계에 거의 다다랐다.

지표 밑의 물질을 한 천체로부터 다른 천체로 옮긴다는 일은 알쏭달쏭한 의문을 자아낸다. 40억 년 전에 둘 다 따뜻하고 둘 다 물기 있는 서로 이웃한 두 행성이 있었다. 이 행성들의 성장 마지막 단계에는 외계로부터의 충돌이 오늘날보다 훨씬 빈번하게 일어났으며 각 행성으로부터 표본 자료들이 공간으로 내던져졌다. 이때 적어도 한 행성에 생물이 있었음을 우리는 확신하며, 날아간 조각들의 일부는 충돌, 방출, 그리고 다른 천체와의 만남에 이르는 동안 저온에 머물렀음을 알고 있다. 그렇다면 지구의 초기 생물 중 40억 년 전에 안전하게 화성으로 이주하여 서식한 것은 어떤 종일까? 아니면, 더욱더 공상적인 이야기지만, 지구의 생물이 화성으로부터의 이러한 이주에 기원한 것은 아닐까? 아니면, 수억 년 동안 두 행성은 정례적으로 생명 형태를 교환한 것은 아닐까? 어쩌면 이런 생각들을 검증할 수 있을지도 모른다. 만약 화성에는 생물이 있으며, 그 생물은 지구의 생물과 매우 비슷한데, 우리의 탐험 과정에서 유래한 미생물 오염이 아니라는 것이 밝혀진다면, 생물들은 오래전에 행성간 공간을 거쳐 옮겨졌다는 것을 진지하게 고려해야 할 것이다.

SNC 운석에서 추출된 화성의 물방울. 존슨 우주항공센터/NASA 제공.

한때 화성에는 생물들이 풍족하게 서식하고 있다고 생각되었다. 뿌루퉁하고 회의적인 천문학자 사이몬 뉴캄Simon Newcomb까지도 그의 저서 『모든 사람의 천문학 *Astronomy for Everybody*』(20세기 초에 여러 판을 거듭한 책으로 내 어렸을 적의 천문학 교과서였다)에서 결론내리기를, 〈화성에는 생물이 있는 것 같다. 몇 년 전까지도 일반인들에게는 이 말이 황당무계하게 여겨졌지만 이제는 널리 받아들여지고 있다〉고 하였다. 그는 곧 이어서 〈지성적인 인간 같은 생물〉이 아니라 녹색의 식물이라고 하였다. 하지만 지금의 우리는 화성에 직접 가서 식물뿐만 아니라 동물, 지성적 생물 모두를 찾아보았다. 설사 다른 형태의 생물은 없더라도 오늘날 지구의 사막에서처럼, 또 지구의 거의 모든 시대에서처럼, 다양한 미생물이 존재함을 상상할 수 있을지도 모른다.

바이킹 우주선에서 실시한 〈생물탐지〉 실험은 생각할 수 있는 모든 생물학 가운데 일부분만을 탐지하도록 설계된 데 지나지 않았다. 즉, 그것은 우리가 알고 있는 종류의 생물을 찾아내도록 한정되었다. 지구에서도 생물을 탐지하지 못할 기계를 화성으로 보낸다는 것은 어리석은 일이었을 터이니 말이다. 그것은 고도로 예민하여 지구에서는 가장 가망이 없어 보이는 불모의 사막이나 황무지에서도 미생물을 발견할 수 있는 기계였다.

한 실험은, 지구에서 가져간 유기물이 끼여들 때 화성의 흙과 대기 사이에 교환되는 기체를 측정하였다. 두번째 실험은, 방사성 추적물질로 표식된 여러 유기질 먹이를 주어서 이것을 먹고 방사성 이산화탄소로 산화시키는

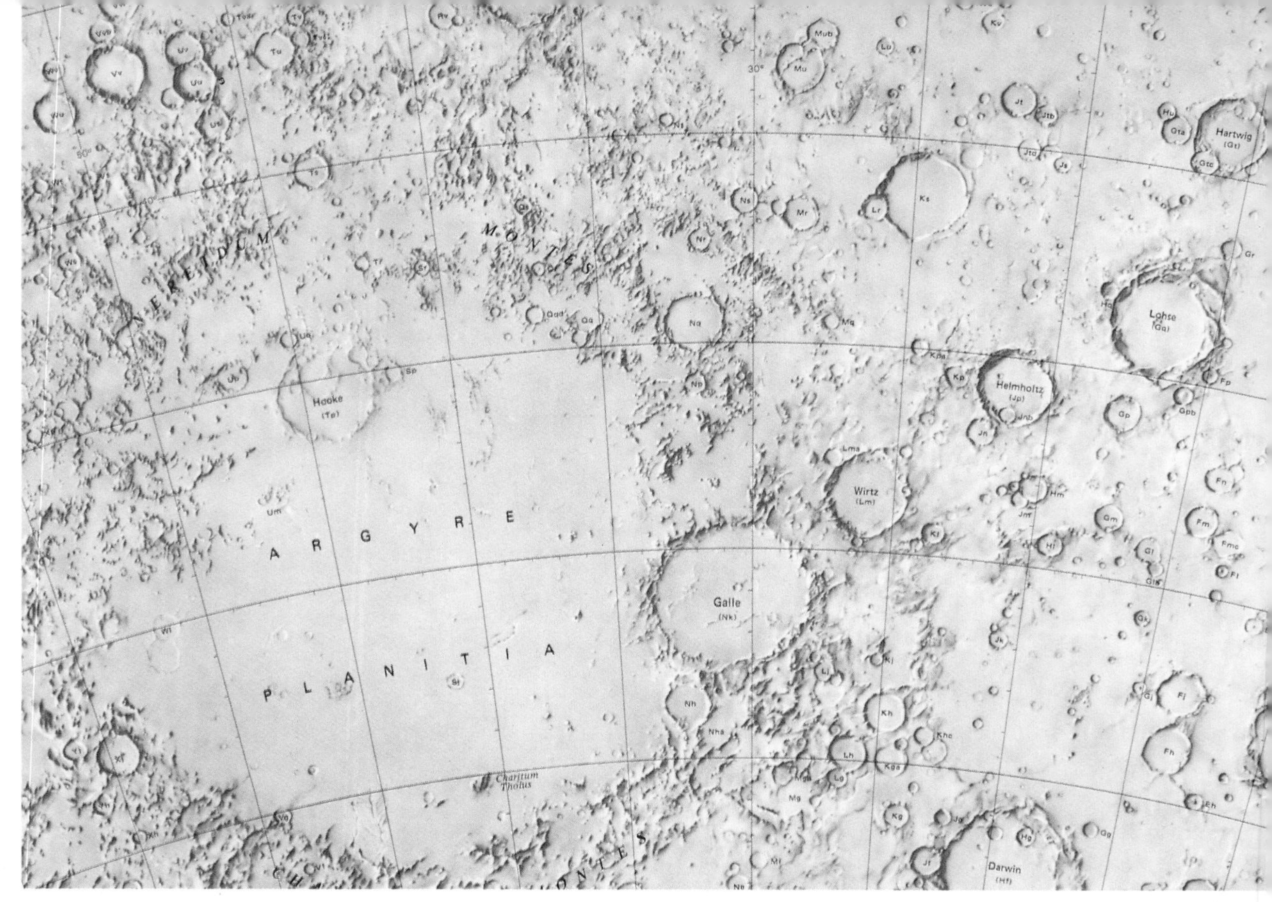

화성의 거대한 충돌분지인 남반구의 아르기레 플라니티아 Argyre Planitia. 수십억 년 전에 여기는 물이 담겨 있었다는 약간의 증거가 있다. USGS 명암부각지도.

벌레가 화성의 흙 속에 있는지를 조사하였다. 세번째 실험은, 방사성 이산화탄소(및 일산화탄소)를 화성의 흙에 뿌려 화성의 미생물들이 섭취하는지를 알아보았다. 내 생각에, 가장 먼저 관련된 과학자들 모두가 놀랐던 것은 이 세 실험이 각기 처음에는 긍정적 결과를 나타내는 것 같았다는 사실이다. 기체는 교환되었고, 유기물질이 산화되었고, 이산화탄소가 흙 속으로 흡수되었던 것이다.

그러나 여기서 조심해야 할 것이 있었다. 즉, 이 자극적인 결과는 일반적으로 화성에 생물이 존재한다는 확실한 증거가 되지 못한다는 사실이다. 화성의 미생물에 의한 것이라고 추정된 신진대사 과정은 바이킹 착륙선 내의 광범위한 조건(지구에서 가져간 물 때문에 습하거나 건조하거나, 밝거나 어둡거나, 물이 어는 점 정도로 차거나 물이 끓는 점 정도로 덥거나) 아래서 이루어졌다. 많은 미생물학자들은 화성의 미생물이 이 다양한 조건 아래서 그렇게 유능하리라고 믿지 않았다. 의심을 품게 만든 또 다른 강한 동기는 화성의 토양 속에서 유기물질을 찾는 네번째 실험이 그 예민한 감도에도 불구하고 모두 부정적 결과를 가져 왔다는 사실이다. 우리는 화성의 생물이 지구의 생물처럼 탄소를 바탕으로 한 분자 주위에 이루어져 있음을 기대하고 있었다. 그런데 이런 분자들이 전혀 없다는 것은 외계 생물학자들 중에 낙관적이었던 사람들의 기를 꺾는 일이 아닐 수 없었다.

생물탐지 실험에 있어서 처음의 긍정적 결과는, 현재는 일반적으로 흙을 산화하는 물질(햇빛 중의 자외선에서(앞의 장에서 논의한 대로) 유래한다) 탓으로 돌려지고 있다. 그래도 소수의 바이킹 과학자들은 극히 강하고 활동적인 유기물질이 화성의 토양에 엷게 아주 널리 퍼져 있어 그 유기화학적 반응이 검출되지는 않으나 그 대사작용은 검출될 수 있는 것인지도 모른다고 의심하고 있다. 이런 과학자들은 화성의 토양 속에 자외선으로 생겨난 산화체들이 있음을 부정하지는 않지만 그 산화체만으로는 바이킹의 생물탐지 결과를 완전히 설명할 수 없다고 강조하고 있다. SNC 운석 속에 유기물질이 있

화성의 적도와 남위 30o 사이에 있는 마르가리티페르 시누스 Margariti-fer Sinus 지역. 거대한 하천계곡 발리스 마리네리스의 동쪽 끝이 왼쪽 위에 보인다. 소규모의 많은 하천계곡과 지류들이 이 지역에 있다. 이들은 빗물에 의해 생긴 것일까? USGS 명암부각지도.

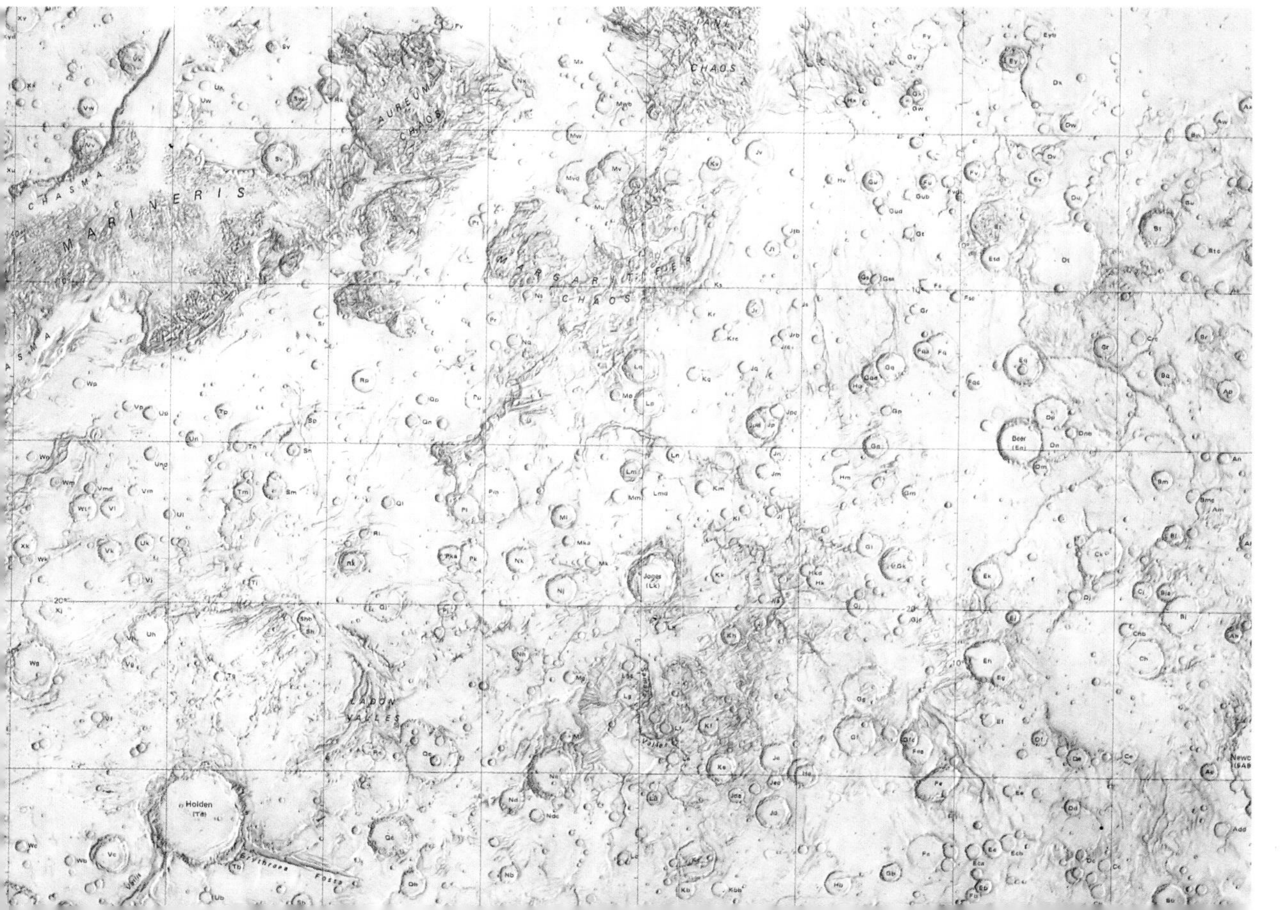

다는 잠정적인 주장이 있었지만 그것은 지구에 도착한 이후에 운석에 들어간 오염물질 탓인 것 같다. 현재까지 하늘로부터 날아든 이 암석들 속에 화성의 미생물이 있다는 주장은 없다.

NASA와 대다수의 바이킹 과학자들은 일반인의 흥미를 유발시킬 염려 때문에 이런 생물학적 가설을 추궁하는 것에 매우 조심하고 있다. 지금이라도 이전의 자료를 다시 조사해 보고, 남극에서 사용되었던 바이킹 형의 기계로 소량의 미생물이 있었던 다른 흙들을 살펴보고, 화성 토양 속에서 산화체의 역할을 실험실 속에서 재현해 보는 등, 장차 화성 착륙선을 통해 이런 문제를 밝혀내는 실험을 고안하는 데(생물 탐사를 속행하는 한편) 더 많은 일들을 할 수 있을 것이다.

만약, 미립자를 나르는 행성풍이 두드러진 이 행성 위의 5,000킬로미터 떨어진 두 장소에서 행한 다양한 정밀 실험에서 어떠한 생물의 증거도 얻지 못한다면, 이는 적어도 오늘날의 화성은 생물이 없는 행성임을 암시한다. 그러나 화성에 생물이 없다면 같은 태양계 안에서 거의 같은 나이와 초기 조건을 가지고 서로 이웃하여 진화한 두 개의 행성이 있는데 그 한쪽에서는 생물이 발생하여 번성하고 있는데 다른 쪽에서는 그렇지 못했다는 이야기가 된다. 왜?

화성 표면의 바이킹 1호. 오른쪽의 높은 장치는 지구에 자료를 보내고 지구로부터 지령을 수신하는 고감도 안테나를 받드는 받침대이다. JPL/NASA 제공.

바이킹 1호 착륙지점에 있는 모래언덕. JPL/NASA 제공.

아직도 초기 화성 생물의 화학물질이나 화석이, 표면 밑에서 오늘날 그 표면을 태우고 있는 자외선과 그 산화 과정의 산물들로부터 보호를 받아, 발견될 수 있다. 어쩌면 단층으로 노출된 암석면이나, 고대 하천계곡의 기슭, 혹은 말라버린 호수 밑바닥에서, 아니면 극지방의 층을 이룬 지형에서 화성 생물에 대한 결정적인 증거가 기다리고 있을지도 모른다.

그런데 화성 표면과는 달리 화성의 위성인 포보스Phobos와 데이모스Deimos는 태양계 역사 초기로 거슬러 오르는 복잡한 유기물질들을 풍부하게 가지고 있는 것처럼 보인다. 소련의 포보스 2호 우주선은 포보스에서 마치 내부의 얼음이 방사능 때문에 가열된 듯 수증기가 밖으로 분출하는 현상을 발견했다. 이 화성의 두 위성은 아주 오래전에 태양계 외곽의 어느 곳으로부터 포획된 것 같다. 아마 이들은 태양계 초기부터 변하지 않은 특성을 가진 가장 가까이 있는 표본일 것이다. 포보스와 데이모스는 각각 지름이 10킬로미터 정도로 아주 작고 그들의 중력은 무시할 수 있을 정도로 약하다. 그래서 그곳에 착륙해서 그곳을 조사하고 또 화성을 연구하는 전진기지로 이용한 후 다시 지구로 돌아오는 것은 비교적 쉽다.

화성은 그 자체에 대한 이해만큼이나 지구의 환경을 이해하는 데도 중요한 과학 지식의 보고이다. 되는 대로 그 일부만 들더라도, 화성 내부와 그 기원, 판 구조가 없는 천체의 화산들, 지구에서는 상상도 못할 모래폭풍이 부는 천체에서의 지형 형성, 빙하와 극지방의 지형, 행성 대기의 누출, 위성의 포획 등 해명되어야 할 수수께끼들이 우리를 기다리고 있다. 한때 화성엔 물이 풍부했고 기후도 온화했었다면 그후 무엇이 잘못된 것일까? 어떻게 해서 지구를 닮았던 천체가 매우 건조하고, 춥고, 또 대기마저 거의 없는 천체로 변하게 되었을까? 거기에는 우리 지구를 위해서 알아야 할 무슨 지식이 있을까?

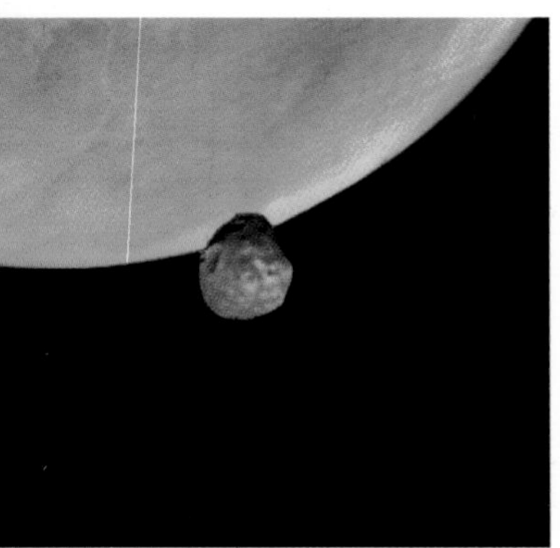

화성 상공의 안쪽 위성 포보스. USGS에서 처리된 자료.

우리 인간은 전부터 이런 식으로 생각해 왔다. 옛날 탐험가들도 화성의 유혹을 느꼈을 터이다. 그러나 순수한 과학적 탐험에 반드시 인간이 있어야 하는 것은 아니다. 우리는 언제나 기민한 로봇을 보낼 수 있다. 그것은 비용이 훨씬 적게 들 뿐만 아니라 투덜대지 않기 때문에 매우 위험한 곳에도 보낼 수 있고, 언제나 그렇듯이 작전의 실수가 있더라도 인명을 위태롭게 하는 일도 없다.

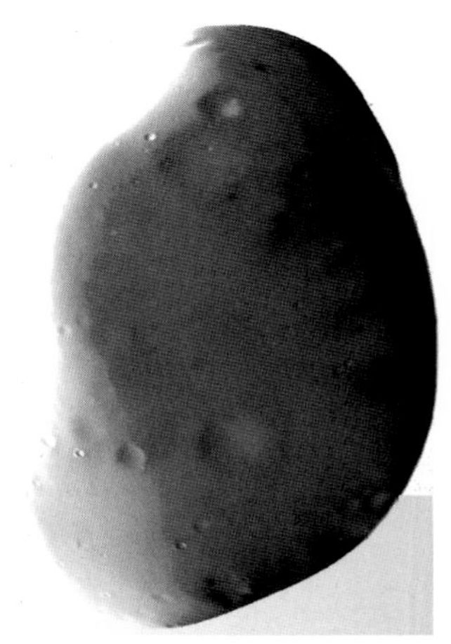

화성의 바깥쪽 위쪽 데이모스. 세부를 드러내기 위해서 음화로 나타냈다. USGS에서 처리된 바이킹 사진.

〈나를 본 적이 있나요?〉 우유통 뒷면에 이렇게 씌어 있었다. 〈화성관측자 Mars Observer(M.O.), 6'×4.5'×3', 2,500kg. 화성으로부터 627,000km 지점에서, 1993.8.21 최후 통신〉

〈M.O., 본부로 연락하라.〉 이것은 1993년 8월말 JPL의 계획작전 본부 밖에 나부끼는 깃발에 적힌 애처로운 메시지였다. 미국의 화성관측자 우주선이 화성 둘레의 궤도에 진입하기 직전에 실패한 것은 큰 실망을 안겨주었다. 그것은 미국이 달이나 행성 우주선을 발사하기 시작한 이후 26년만에 처음으로 실패한 것이었다. 10년 동안 많은 과학자와 엔지니어가 그의 직업 생활을 M.O.에 바쳤다. 그것은 미국 화성탐사 계획 중 1976년 바이킹의 두 궤도선과 두 착륙선 이후 17년만에 처음이었고, 진정한 냉전종식 후 최초의 우주선이었다. 러시아의 과학자들이 여러 조사단에 참여했으며, M.O.는 당시 계획된 러시아의 화성 '94 계획의 착륙선과 화성 '96에 계획되어 있던 과감한 표면탐사 차량과 풍선 작전에 대해서 긴요한 전파 중계 업무를 담당할 참이었다.

M.O. 우주선에 실은 과학기기는 화성의 지질화학적 지도를 작성하여 장차의 탐사 계획에서 착륙 지점을 결정하는 데 도움을 줄 것이었다. 그것은 화성 역사의 초기에 일어난 듯한 대대적인 기후 변동에 대해서 새로운 빛

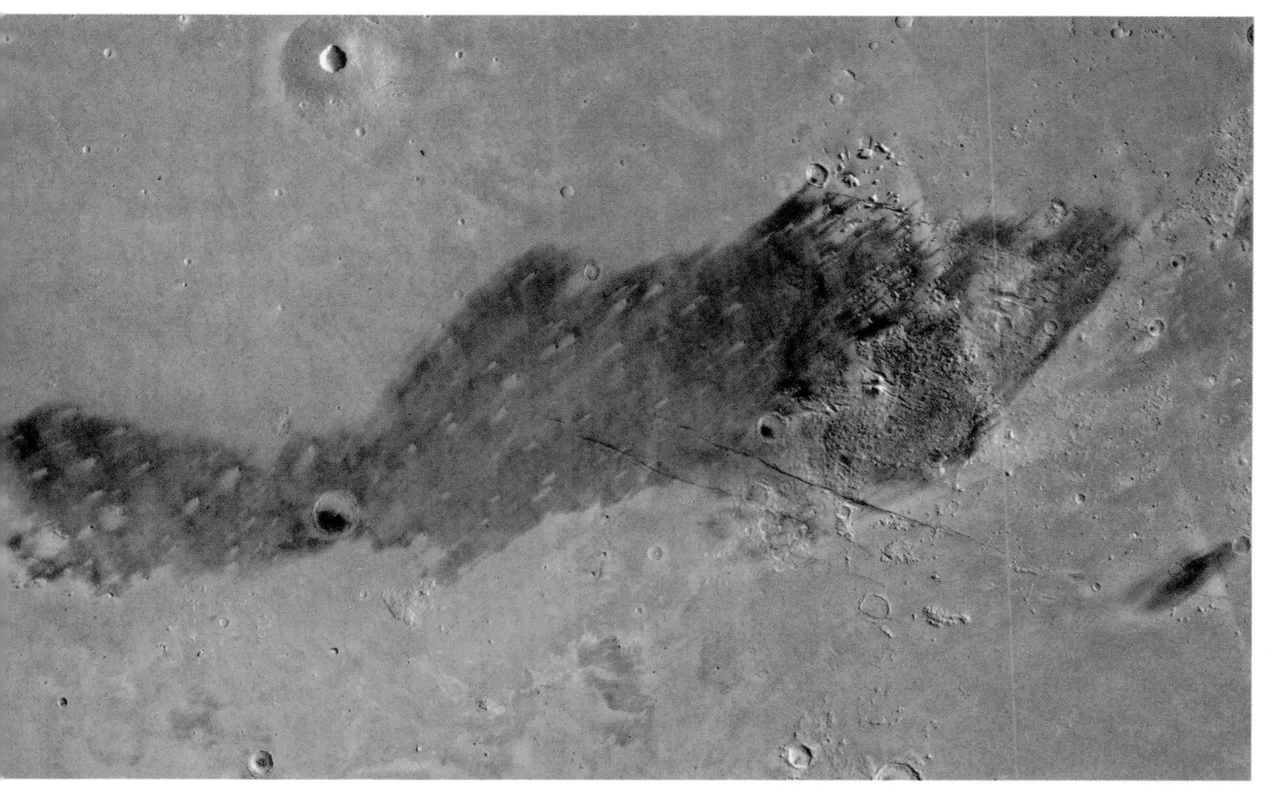

엘리시움 고원의 바이킹 합성사진. 어두운 지면을(오른쪽 아래 두드러진 어두운 줄기도) 배경으로 바람이 불어 일으키는 밝은 줄기들이 보인다. 이런 줄기들을 만드는 바람은 북동쪽으로부터 불어온다. USGS/NASA 제공.

을 던졌을지도 모른다. 또 화성 표면의 일부를 크기 2미터 이하의 세부까지 분해하는 사진을 찍었을 것이었다. 물론 우리는 M.O.가 어떤 놀라운 사실을 밝혔을 것인지 모르지만, 새로운 기계를 이용한 훨씬 개선된 세밀도로 새로운 천체를 조사할 때마다 눈부신 새로운 발견들이 나타나곤 했다. 마치 갈릴레이가 최초의 망원경을 하늘로 향했을 때 근대 천문학의 시대가 열렸던 것처럼 말이다.

조사위원회에 따르면 실패의 원인은 아마도 압축 과정에서 연료탱크의 파열로 기체와 액체가 분출한 데 있으며 상처입은 우주선은 걷잡을 수 없이 맴돌았던 것이라고 한다. 아마 그것은 피할 수 없는 불운한 사고였을 것이다. 그러나 이것은 참고로 접어 두기로 하고 여기서 미국과 그전에 소련이 시도했던 달과 행성에 대한 탐사계획의 전모를 돌이켜보기로 하자.

당초 우리의 경주 기록은 시원치 않았다. 우주선은 발사시에 폭발하거나, 표적을 빗나갔고, 혹은 도착 후에 기능이 불발되기도 했다. 세월이 지나면서 우리 인간은 행성간 비행에 보다 능숙해졌다. 그 학습곡선을 만들어보았다. 그림(p.265)의 곡선들이 그것이다.(계획 성공에 대한 NASA의 정의에 따른 NASA의 자료에 기초한 것이다.) 우리는 아주 훌륭하게 학습하였다. 비행중에도 우주선을 수선할 수 있는 현재의 능력은 앞서 말한 보이저 계획에서 잘 설명했다. 미국의 종합 계획 성공률이 50%에 이른 것은 달이나 행성으로 향하는 35번째 우주선 발사에 이르렀을 때였음을 알 수 있다. 러시아는 거기까지 약 50회의 발사가 필요했다. 불안스러웠던 처음과 개선된 최근의 작동을 평균하면 미국과 러시아의 종합 발사 성공률은 약 80%임을 알 수 있다. 그러나 종합 계획 성공률은 미국이 아직 70%, 소련/러시아는 60%를 밑돌고 있다. 달리 말해서 달과 행성 탐사계획은 평균 30 내지 40%의 시간 동안 실패한 셈이다.

다른 천체로 가는 탐사계획은 애당초부터 첨단 공업기술에 의지하였다. 오늘날에도 그렇다. 탐사계획은 여분의 부분 설비를 갖추도록 설계되고 경험이 많은 헌신적인 기술자들이 진행시킨다. 하지만 완전하지는 못하다. 놀라운 사실은 우리가 아주 형편없게 일했다는 점이 아니라 너무나 잘 해 왔다는 점이다.

우리는 M.O.의 실패가 능력 부족 때문인지 아니면 단순한 확률적 사건인지를 확실히 가리지 못하고 있다. 그러나 우리는 다른 천체를 탐험할 때마다 항상 계획의 실패가 배경처럼 뒤따름을 각오해야 한다. 로봇 우주선을 잃어버린다 해도 인명 피해는 없다. 성공률을 크게 올릴 수 있다 하더라도 그만큼 경비도 크게 증가할 것이다. 차라리 더 위험하더라도 더 많은 우주선을 보내는 것이 훨씬 낫다.

모험을 줄일 수 없다는 것을 알면서도 왜 요즘의 탐사계획들은 단 한 개의 우주선만을 보낼까? 1962년 금성으로 갈 예정이었던 마리너 1호는 대서양에 떨어졌다. 거의 동일한 마리너 2호는 인류 역사 최초로 성공적인 행성 탐사 우주선이 되었다. 마리너 3호는 실패했고, 1964년에 그 쌍둥이 마리너 4호는 화성 근접 사진을 찍은 최초의 우주선이 되었다. 혹은 1971년에 화성으로 향한 마리너 8, 9호 이중 발사 계획을 생각해 보자. 마리너 8호는 화성의 사진을 찍고, 마리너 9호는 표면 무늬의 계절 및 영년 secular 변화의 수수께끼를 연구할 참이었다. 다른 점에서는 똑같았다. 마리너 8호는 바다에 떨어졌고, 마리너 9호는 화성으로 가서 인류 역사 최초로 다른 행성 둘레를

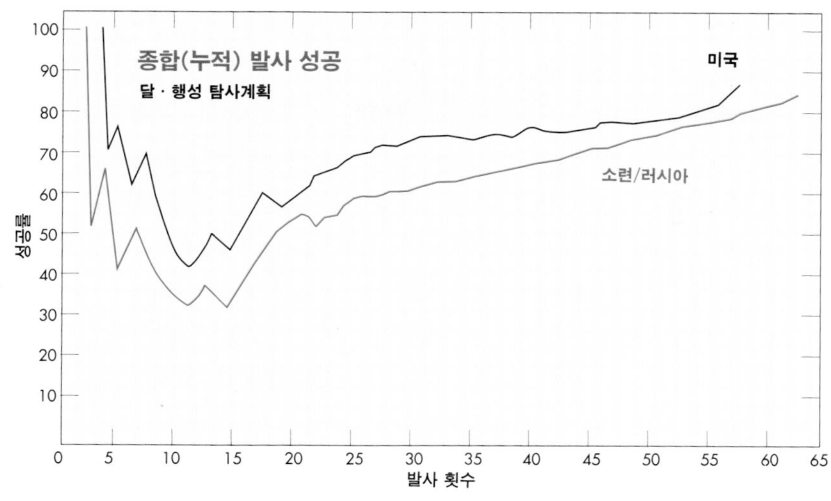

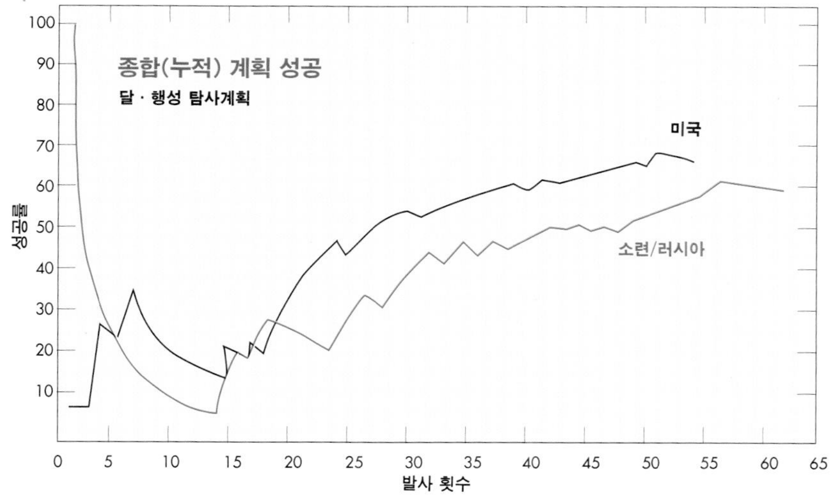

미국과 소련/러시아의 달 · 행성 탐사계획 성공률. 위는 발사의 성공, 아래는 계획의 성공을 나타낸다. 분명히 꾸준한 학습곡선을 나타내지만 계획 실패는 불가피하다.

도는 우주선이 되었다. 그것은 화산, 극관의 층을 이룬 지형, 고대의 하천계곡, 바람에 의존하는 지형 변화 등을 발견했고 〈운하〉를 부정했다. 마리너 9호는 화성의 북극에서 남극에 이르는 지도를 만들었고 오늘날 우리에게 알려진 화성의 주요 지형 모두를 밝혔다. 작은 천체의 모든 구성원들에 대한 최초의 근접 사진을 (화성의 위성 포보스와 데이모스를 겨냥함으로써) 제공했다. 만약 마리너 8호만 올렸다면 우리의 노력은 완전한 실패로 돌아갔을 것이다. 이중 발사를 했기 때문에 화려한 역사적 성공을 거둘 수 있었던 셈이다.

그 밖에 두 개의 바이킹, 두 개의 보이저, 두 개의 베가, 많은 쌍의 베네라가 있었다. 왜 화성관측자는 한 개만 발사되었을까? 평범한 답은 경비이다. 그렇게 많은 경비가 드는 이유 중 하나는 화성관측자가 우주왕복선(행성탐사선을 올리기에는 어처구니없이 비싼 보조 로켓)으로 발사될 계획이었고, 이 경우에 두 개의 화성관측자를 올리는 데는 너무 경비가 많이 들었던 것이다. 우주왕복선에 관련된 지체와 가격 상승을 여러 번 겪은 후 NASA는 생각을 바꾸어 화성관측자를 타이탄 보조로켓으로 올리기로 결정했다. 여기에는 2년의 지체와 우주선과 발사로켓을 연결하는 장치가 또 필요했다. 만약 NASA가 점차 비용이 늘어나는 우주왕복선을 쓸 생각을 안 했더라면 우리는 2년 앞당겨 아마 한 개가 아니라 두 개의 우주선을 올릴 수 있었을 것이었다.

그러나 단독 발사든 이중 발사든 간에 관련 국가들은 로봇 우주선을 화성으로 보낼 시기가 닥쳤다고 결심한 것이 분명하다. 계획이 바뀌고 새로운 국가들이 참여하고 그전의 국가들은 재원이 없어졌다. 이미 재원이 확보되었던 계획도 반드시 믿을 수만은 없게 되었다. 그러나 현재 진행되고 있는 계획들은 헌신적으로 노력하는 무언가를 보이는 것이 사실이다.

내가 이 책을 쓰고 있는 동안에도 화성의 공동 로봇 탐험에 대한 시안들이 미국, 러시아, 프랑스, 독일, 일본, 호주, 핀란드, 이탈리아, 캐나다, 유럽 외계기구 등에 의하여 제안되고 있다. 1996년에서 2003년에 걸친 7년 동안에 25개 정도의 우주선들(대다수는 소형의 값싼 것들)이 지구로부터 화성으로 날아갈 예정이다.

이들 중 빠르게 근접 통과하는 것은 없고 모두 장기간의 선회궤도선과 착륙선들이다. 미국은 화성관측자에서 잃어버렸던 과학기기를 모두 다시 실어보낼 것이다. 특히 러시아의 우주선은 약 20개 나라가 관련된 야심적인 실험을 계획하고 있다. 통신위성은 화성 위의 어느 실험기지의 자료라도 지구로 중계할 수 있다. 날카로운 소리를 내면서 선회궤도에서 낙하하는 관통장치 penetrator는 화성의 흙 속에 박혀 흙 속으로부터 자료를 발신한다. 기계장치를 실은 풍선과 이동실험실은 화성의 모래 위를 헤맨다. 일부 소형 로켓은 몇 파운드 무게밖에 되지 않는다. 착륙 지점들은 미리 계획되어 서로 협력한다. 측정기계들은 서로 눈금조정이 되어 있어 자료들을 자유롭게 교환할 수 있다. 앞으로 몇 년 안에 화성과 그 수수께끼들은 지구의 주민들에게 점점 더 친근해질 것이다.

지구의 지령본부는 특수실 안에 있는데 여기서 사람들은 헬멧과 장갑을 착용하고 있다. 머리를 왼쪽으로 젖히면 화성의 로봇차가 왼쪽으로 돈다. 이곳에서는 차의 카메라가 보는 광경을 극히 높은 해상도의 천연색으로 볼 수 있다. 우리가 한발 앞으로 내딛으면 로봇차가 전진하고 우리가 흙 속에서 반짝이는 것으로 팔을 뻗으면 로봇의 팔도 그렇게 한다. 화성의 모래가 우리 손가락 사이로 흘러 떨어진다.

이 원격 실현 기술의 유일한 난점은 이 모든 것이 지루하게 느린 동작으로 나타나야 한다는 데 있다. 지구에서 화성으로 보내는 지령과 화성에서 지구로 보내는 자료의 왕복 시간이 30분 정도 걸리기 때문이다. 우리가 이러한 상황에 익숙해져야 한다. 만약 이것이 화성 탐험에 치를 대가라면 우리는 성급한 탐험심을 억제할 수 있을 것이다. 로봇차는 일상적으로 만나는 우발적인 사건들을 처리할 수 있도록 영리하게 만들 수 있다. 더 어려운 일에 부딪히면 정지하여 안정 방위태세로 들어가서 참을성 많은 인간 조종자

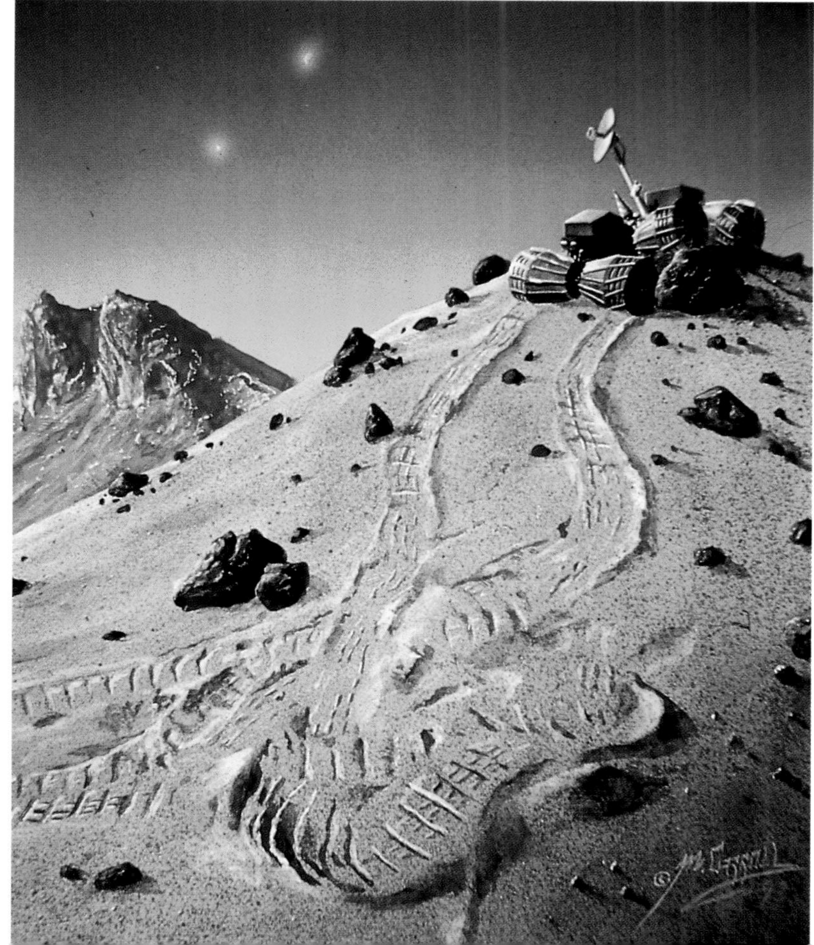

고도의 기동성을 가진(자취를 보라) 로봇 차가 화성 표면을 누비고 다닌다. 그 안테나는 지구를 향하고 있다. 그림 마이클 캐롤.

가 나서도록 전파를 보낸다.

움직여라, 영리한 로봇들. 그 각각은 작은 과학실험실, 안전하고 따분한 곳에 착륙했다가 수많은 화성의 경이로운 광경들을 가까이서 보기 위해 배회한다. 아마 로봇은 매일 자기의 지평선까지 헤맬 것이다. 아침마다 우리는 어제는 먼 언덕으로 보였던 곳의 근접 경관을 보게 된다. 화성의 풍경을 거슬러 가는 늘어난 여정을 교실 안에서 뉴스 시간에 보게 되고 사람들은 앞으로 무엇이 발견될 것인지 기대하게 될 것이다. 다른 행성으로부터 오는 야간 뉴스는 새로운 고장과 새로운 과학적 발견을 전해 주고 지구의 모든 주민을 모험 여행단의 단원으로 만들 것이다.

그러면 화성에 대한 가상 현실이 가능하게 된다. 화성에서 보내온 자료는 컴퓨터에 저장되었다가 우리의 헬멧, 장갑, 장화에 입력된다. 실제로는 지구 위를 걷고 있지만 화성에 있는 것처럼 느낀다. 분홍색 하늘, 바위투성이인 벌판, 모래언덕들은 지평선까지 흩어져 있고 그 너머에 거대한 화산이 솟아 있는 것이 보인다. 장화 밑에서 모래가 부스럭거리는 소리를 들으며, 바위를 뒤집고, 구멍을 파고, 엷은 대기를 채취하고, 모퉁이를 돌아서면 새로운 무엇과 마주치게 된다. 화성에서 우리가 무엇과 마주치건 그 모든 것은 화성에 있는 것의 정확한 복제품이며 우리는 그것들을 우리 고향 마을의 복덕방에서처럼 안전하게 경험한다. 이것이 우리가 화성을 탐험하는 이유는 아니지만, 실재하는 현실이 가상 현실로 재구성될 수 있으려면 그전에 로봇 탐험가가 그 자료를 지구로 보내주어야 한다.

특히 로봇이나 인공지능에 투자가 계속되는 현 상황에서 인간을 화성에 보낸다는 일은 과학이라는 이유만으로는 정당화될 수 없으며, 실제로도 앞으로 화성에 보낼 사람보다도 더 많은 사람들이 가상 화성을 경험할 것이다. 현재 우리는 로봇만을 이용해서도 잘 하고 있다. 만일 우리가 사람을 화성에 보내려면 거기에는 과학이나 탐험 이상의 더 나은 이유가 있어야 할 것이다.

1980년대에 나는 화성 유인 탐사계획에 대한 정당한 이유를 찾았다고 생각했다. 나는 우리 지구 문명을 위태롭게 만들고 있던 냉전의 두 당사자인 미국과 소련이 세계의 모든 사람에게 희망을 안겨주는 원대한 고도기술 계획에 협력할 것을 상상했다. 나는 아폴로 계획을 반대 방향으로 추진하는 식의 계획, 즉 경쟁이 아니라 협력이 추진력이 되어 우주 계획에서 앞장 선 두 나라가 인간 역사에 있어 큰 발전을 이루기 위한 기반을 구축함으로써,

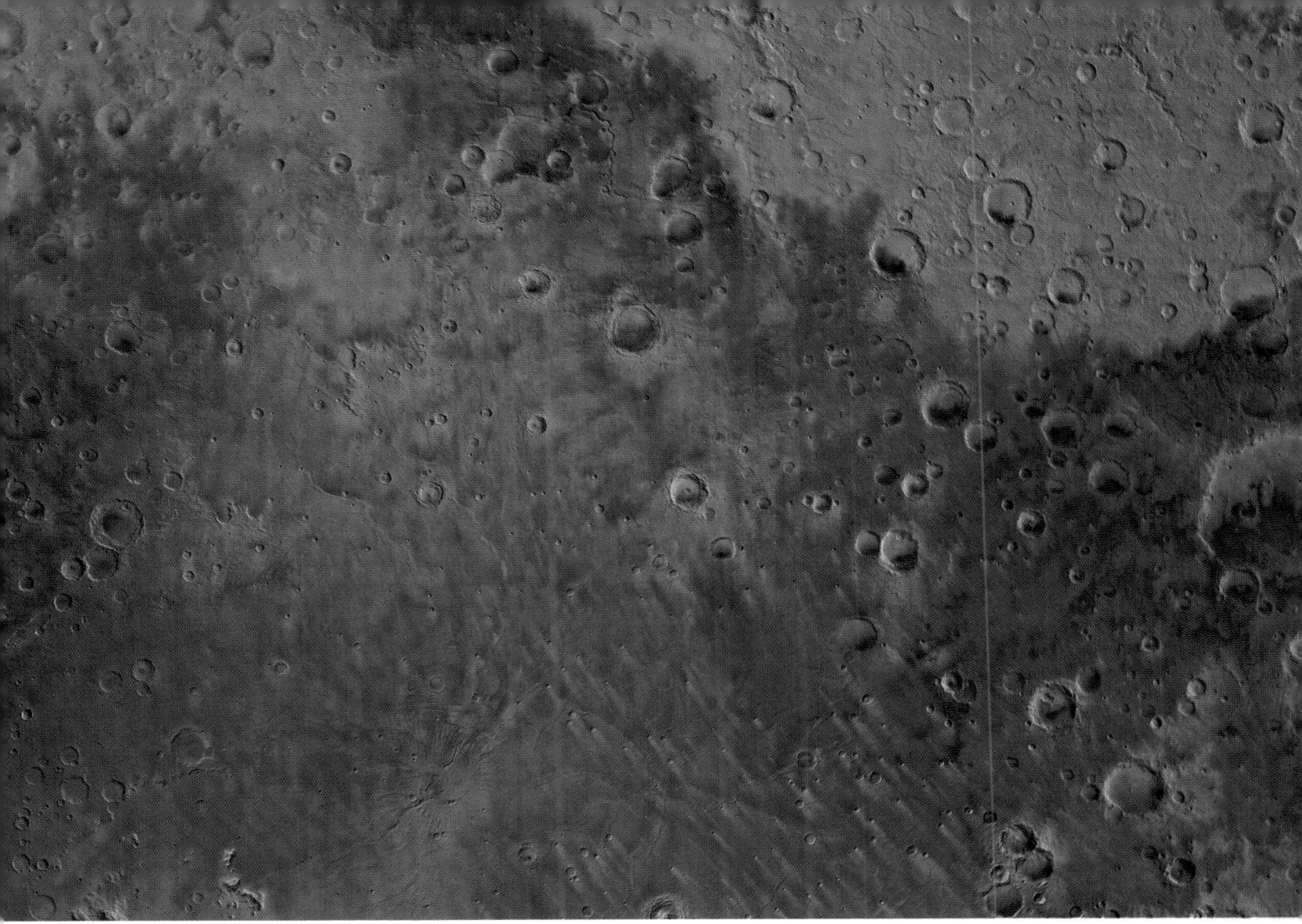

궁극적으로는 다른 행성에 인간을 정착시키는 일에 힘을 합칠 것을 머릿속에 그리고 있었다.

여기서는 상징적인 표현이 잘 어울릴 것 같다. 대륙에서 대륙으로 계시록의 예언처럼 무서운 무기를 날려보낼 수 있는 기술이 인간이 다른 행성으로 여행하는 것을 가능하게 한다. 전쟁의 신이 일으키는 광기가 아니라 그의 이름을 딴 행성을 받아들이는 것은 신화의 힘을 적절하게 선택한 셈이다.

우리는 이러한 공동 노력에 소련의 과학자와 기술자들의 관심을 끌어들이는 데 성공했다. 당시 모스크바의 소련과학원 우주연구소장이었던 로알드 사그데에프 Roald Sagdeev는 이런 생각이 세간에 떠돌기 훨씬 이전에 이미 소련의 로봇 탐사선을 금성, 화성, 핼리혜성에 보내는 계획에 관한 국제 협력 문제에 깊숙히 관계하고 있었다. 소련의 우주정거장 미르 Mir와 새턴 Saturn V급 발사로켓 에네르기야 Energiya를 병용하는 계획은 이런 우주선 부품을 만드는 소련의 기관에게 공동 협력이 바람직스러운 것으로 느끼게

이 바이킹의 합성 사진에는 몇몇 색다른 종류의 지형이 보인다. 특히 오른쪽 위에 마른 범람계곡은 한때 물이 채워졌던 것으로 짐작되는 화구로 침입하고 있다. 아래 중앙부에는 바람으로 쓸려 화구로 이어진 밝은 줄무늬들의 벌판이 있다. 많은 화구 바닥을 메우는 검은 물질의 정체는 알 수 없다. 어쩌면 화성의 이 지역을 덮고 있는 밝은 퇴적물과 성분이 같은, 잘 움직이지 않는 굵은 알갱이로 된 퇴적물에 지나지 않을 수도 있다. USGS/NASA 제공.

적으로 추진되거나 전혀 이루어지지 않을 것처럼 보인다.

사람이 화성으로 가는 데 드는 비용에 걸맞는 효과적이고 널리 지지받을 만한 이유가 있을지는 아직도 열린 의문이다. 일치된 의견이 없는 것은 확실하다. 이 문제는 다음 장에서 다루기로 한다.

나는, 만약 우리가 앞으로도 화성 정도의 거리까지 사람을 보내지 않을 것이라면 우주정거장(인간이 항구적으로 또는 거듭해서 주둔할 지구 선회궤도 위의 외계기지)이 존재할 주된 이유가 사라질 것이라고 생각한다. 우주정거장은 과학적 일을 하는 데, 즉 지구를 내려다보거나 외계를 내다보거나 또는 미약한 중력(비행사의 존재 자체가 그 중력으로 일을 망친다)을 이용하는 데 이용하기 가장 좋은 곳과는 거리가 멀다. 군사 정찰용으로도 로봇 항공기보다 훨씬 못하다. 또한 경제적 또는 제품 제작을 위한 이용 가치가 있는 것도 아니다. 로봇 항공기에 비해서 비싸게 든다. 더구나 인명을 위태롭게 할 모험이 따른다. 우주정거장의 건조나 물품 공급을 위해서 왕복선을 올릴 때마다 큰 사고가 발생할 확률이 1-2퍼센트 정도이다. 종래의 민간 및 군사용 외계 활동은 낮은 지구 선회궤도에 고속도로 운동하는 파편들을 뿌려 놓았는데 이런 것들은 조만간에 우주정거장과 충돌할 터이다.(아직까지 미르에서는 이런 충돌이 일어나지 않았다.)

우주정거장은 달의 유인탐사에도 필요없다. 아폴로 우주인들은 우주정거장이 없이도 달에 잘 착륙하였다. 새턴 V 또는 에네르기야급 발사로켓을 쓰면 우주정거장에서 행성간 우주선을 조립할 필요 없이 지구 근접 소행성이나 화성까지 도달할 수 있다.

우주정거장은 정신적 · 교육적 목적으로 쓰일 수 있는데 그것은 우주선을 가진 국가들(특히 미국과 러시아) 사이의 유대를 굳건히 하는 데 확실히 도움이 된다. 그러나 내가 보기에는 우주정거장의 유일한 실질적 기능은 장기간의 우주여행을 위한 데 있다. 인간은 미약한 중력 밑에서 어떻게 행동하는가? 중력이 0일 때 혈액 화학 작용의 점진적 변화와 1년마다 6퍼센트 정도로 추정된 뼈의 상실에 어떻게 대처할 수 있는가?(3년 내지 4년이 걸리는 화성까지 가는 여행 동안에 중력이 0인 상태로 가야 한다면 이 효과는 누적될 것이다.)

DNA나 진화 과정을 다루는 기초 생물학에서는 이런 것이 문제가 안 되지만 그 대신에 응용 인간 생물학의 문제가 될 것이다. 그 답을 아는 것은 중요하지만 우리가 외계의 어느 곳, 즉 오랜 세월이 걸릴 만큼 멀리 떨어진 곳으로 갈 예정일 때에 한한다. 우주정거장의 오직 확실하고 조리가 선 목적은 장차 지구 근접 소행성이나 화성, 그리고 그 너머로 인간이 탐험에 나서는 데 있다. 역사적으로 NASA는 이 사실을 분명히 밝히는 데 조심스러웠는데, 그것은 아마도 국회의원들이 혐오감으로 손을 내저으며 우주정거장이 매우 값비싼 쐐기의 얄팍한 날인 것처럼 비난하고 미국이 화성에 인간을 보낼 일을 도맡을 처지에 있지 못함을 선언할 것을 두려워하기 때문일 것이다. 그래서 결국 NASA는 우주정거장의 실제 목적에 관해서 침묵을 지켰던 셈이다. 그런데 우리가 이런 우주정거장을 가졌다 해도 우리에게 곧바로 화성으로 가자고 요구할 아무런 이유도 없다. 우리는 우주정거장을 관련된 지식을 축적하고 더 발전시키는 데 이용할 수 있고, 시간 제한 없이 원하는 대로 이용하다가, 그때가 오면, 즉 다른 행성으로 갈 준비가 다 되면 그 계획을 안전하게 수행할 수 있는 기본 지식과 경험을 얻을 것이다.

화성관측자의 실패와 1986년 우주왕복선 챌린저 호의 참변은 앞으로 인간이 화성이나 다른 곳으로 비행할 때 반드시 어쩔 수 없는 재난의 가능성이 있음을 깨우쳐 주고 있다. 아폴로 13호는 월면에 착륙하지 못하고 겨우 안전하게 지구로 돌아왔지만 이것은 우리가 얼마나 운이 좋았는지를 강조하고 있다. 우리는 1세기 이상이나 시도했지만 아직 완전히 안전한 자동차나 기차를 만들지 못하고 있다. 인간이 불을 길들인 지가 수십만 년이 지났지만 세계의 각 도시는 화재 발생시의 소화를 위하여 소방대원들을 대기시키고 있다. 콜럼버스는 신세계로의 네 번 항행에서 좌우에 있던 배들(1492년에 출항한 소선단의 3분의 2)을 잃었다.

만약에 우리가 사람을 멀리 보내려면 거기에는 충분한 이유가 있어야 하고 또 확실하게 인명의 손실이 있으리라는 현실적인 이해가 뒤따라야만 한다. 우주비행사들은 언제나 이것을 이해하고 있다. 그런데도 그 모험 지망자들의 대열은 여태까지 그랬고 또 앞으로도 계속 이어질 것이다.

그런데 왜 화성인가? 왜 달로 다시 가지 않는가? 달은 가깝고 또 그곳에 사람을 보낼 수 있음을 사실로 증명하지 않았던가? 내가 염려하는 점은, 달이 가깝기는 하지만 그 길은 막다른 길은 아니더라도 더딘 길이라는 데 있다. 우리는 거기에 갔었고 그곳의 일부를 갖고 돌아오기까지 했다. 사람들은 달의 암석을 보았으며, 내 생각엔, 건전한 이유로 사람들이 달에는 물린 것 같다. 달은 변화도 없고 공기도 물도 없는 검은 하늘을 가진 죽은 천체이다. 가장 흥미로운 측면이라곤 아마도 화구로 얼룩진 그 표면, 옛날의 달이

▲ 아르기레 Argyre 분지와 남반구 고지대 상공에서 지평선을 비스듬히 바라본 경관.

▶ 대기의 분리된 먼지층은 지나간 모래와 먼지 폭풍으로 상승한 것이다. 바이킹 궤도선회선의 사진. JPL/NASA 제공.

나 지구를 덮친 무서운 충돌의 기록일 것이다.

이와는 대조적으로 화성은 날씨의 변화, 먼지폭풍, 위성들, 얼음의 극관, 이상한 지형, 고대의 하천계곡, 그리고 한때 지구와 비슷했던 대규모 기후 변화의 증거 등을 가지고 있다. 화성은 과거 또는 현재에도 생물 서식 가능성을 약간 간직하고 있어 앞으로 생물——지구에서 이주해서 영주할 사람들——이 살기에 가장 알맞은 행성이다. 이런 일이 달에서는 있을 수 없다. 또한 화성은 그 나름대로 명백한 화구의 역사를 가지고 있다. 만약 달이 아니라 화성이 쉽게 도달할 거리 안에 있었다면 우리는 유인 탐사계획에서 물러서지 않았을 것이다.

달은 화성을 위해 바람직한 실험장이나 중간 정거장도 못된다. 화성과 달의 환경은 많이 다르고 화성에서는 달이 지구만큼이나 멀다. 화성 탐사에 이용되는 기계 장치는 적어도 지구 선회궤도나 지구 근접 소행성 또는 지구(예컨대 남극지방) 위에서 똑같이 시험할 수 있다.

일본은 주요한 공동 우주계획을 만들고 수행하는 데 대한 미국과 다른 나라들의 언질에 대해서 회의적인 태도를 보여왔다. 이것은 일본이 다른 우주 항행국가 이상으로 단독 행동을 의도했던 하나의 이유가 된다. 일본의 달 · 행성협회는 정부, 대학, 주요 산업체들 안의 우주애호가들을 대표하는 단체이다.

내가 이 책을 쓰고 있는 동안에 이 협회는 순전히 로봇만의 힘으로 달에 기지를 건설하고 그곳에 물품을 저장하는 계획을 제안하고 있다. 그 일에는 약 30년이 걸리고 1년에 약 10억 달러(현재 미국 민간 우주계획 예산의 7퍼센트에 해당)가 든다고 한다. 사람들은 기지가 완성되었을 때 비로소 도착하게 된다. 지구로부터의 지령에 의해 움직이는 로봇 건설원을 쓰면 경비가 10분의 1로 줄어든다고 한다. 그 보고서에 의하면, 이 계획의 유일한 문제점은 일본의 다른 과학자들이 다음과 같이 계속 질문하는 데 있다. 〈그것으로 뭘 하자는 것인가?〉 이것은 어느 나라에서나 좋은 질문이기는 하다.

현재 화성으로 가는 최초의 인간 여행을 어느 한 나라가 단독으로 해내기에는 너무 많은 경비가 들 것 같다. 이런 역사적 거사가 작은 비율에 불과한 인류의 대표들에 의해서 실행된다는 것도 타당하지 않다. 그러나 미국, 러시아, 일본, 유럽 외계기구의(그리고 중국 같은 다른 나라들도) 공동사업이라

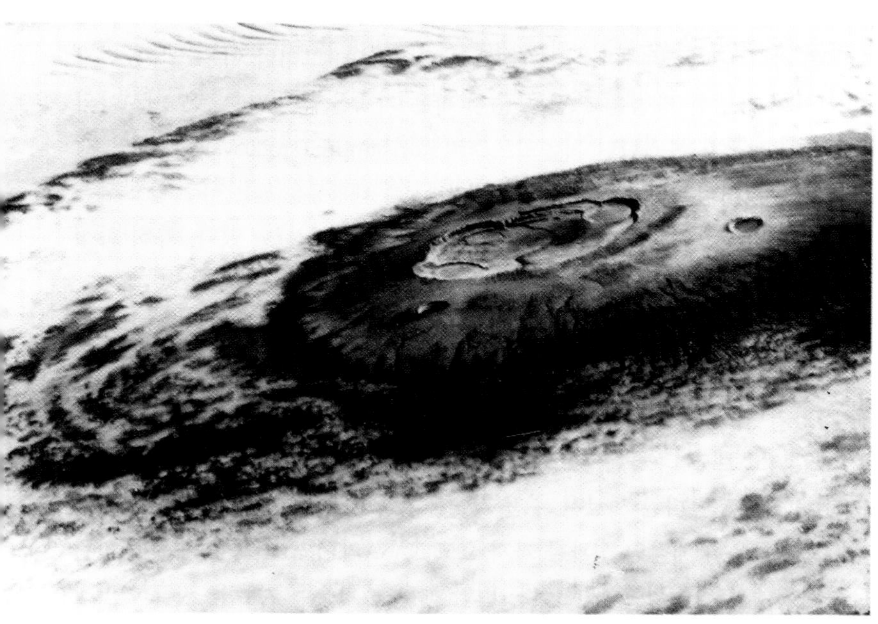

올림푸스 산이 에워싼 구름 위로 높이 솟아 있다. 바이킹 사진, JPL/NASA 제공.

16 장

하늘의 측량

이 사람아, 누가 하늘을 잴 수 있단 말인가?
—『길가메시 서사시』(수메르, 기원전 3000년)

뭐라고? 나는 가끔 놀라움과 함께 자문한다. 우리 조상들은 동부 아프리카에서 걸어서 노바야 제믈랴Novaya Zemlya, 에이어스 록Ayers Rock, 파타고니아Patagonia로 갔고, 돌로 만든 창 끝으로 코끼리를 사냥했으며, 7,000년 전에 갑판도 없는 배로 북극해를 건넜고, 바람의 힘만으로 지구를 한 바퀴 돌았으며, 또 최근에는 외계공간으로 나선 지 10년만에 달 표면을 걷기까지 했는데, 그런데도 지금 우리는 화성으로 가는 일에 주춤거리고 있단 말인가? 그러나 다른 한편으로 지구 주민들이 피할 수 있는 고통, 즉 몇 달러만 있어도 탈수증으로 죽어가는 아이들의 목숨을 구할 수 있다는데 화성 탐험에 드는 비용으로 얼마나 많은 아이들의 목숨을 건질 수 있을 것인가를 생각해 본다면, 그 순간 나는 마음이 달라진

◀ 내려다본 서부 호주. 우주왕복선 엔데버 호의 화물실이 앞에 보인다. 우주비행사 스토리 머스그레이브 Story Musgrave가 허블 우주망원경(직립한 원통)에 접근하고 있다. 5회의 우주 〈산책〉을 요한 결함 없는 수선 작전으로 근시였던 망원경에 보정 광학장치가 부착되었다. 기가 막힐 그 성과 중 몇몇은 이 책의 다른 곳에서 볼 수 있다. 존슨 우주항공센터/NASA 제공.

다. 지구에 머물 것인가, 화성으로 갈 것인가, 혹시 내가 잘못된 양자택일을 꺼낸 것일까? 지구의 모든 사람들에게 보다 나은 생활을 하게 하면서도 다른 행성이나 별로 떠날 수는 없을까?

우리는 1960년대와 1970년대에 머나먼 길을 떠났던 것이다. 그 당시 우리는, 나도 그랬지만, 20세기가 끝나기 전에 인간이 화성에 착륙하리라고 생각했다. 그러나 사실인즉 우리는 움츠러들고 말았다. 로봇을 옆에 두고도 우리는 행성과 별에서 물러섰던 것이다. 나는 혼자 되묻곤 했다. 이것은 우리 용기가 꺾인 것인가, 아니면 우리가 성숙했다는 징조인가?

아마도 그것은 우리가 합리적으로 기대할 수 있었던 최상의 것이었다. 어떻게 보면 그것이 가능했다는 것이 놀라운 일이다. 우리는 12명의 사람들을 1주일 동안 달로 소풍을 보냈던 셈이다. 그리고 우리는 어쨌든 해왕성까지 태양계 전체에 대한 일차적인 탐사 자금을 마련했다. 이 탐사는 풍부한 자료들을 가져왔으나 당장에 유용할 일상적인 실용 가치가 있는 것은 아니었다. 그러나 그것은 인간의 정신을 앙양시켰고 우주 안에서 우리가 차지하는 자리에 관해서 우리를 계몽하였다. 달로 향한 경쟁이나 행성 탐험이 없었던 역사의 줄거리를 상상하기는 쉽다.

그러나 이런 탐험에 대한 훨씬 더 진지한 열정을 상상할 수도 있다. 예를 들어 오늘날 우리가 모든 목성형 행성의 대기층과 수십 개의 위성들, 혜성, 소행성 등을 탐사할 로봇기계들을 가지게 되었을지도 모른다. 화성에 설치된 무인 과학기지들은 날마다 그들의 발견을 보고하고 여러 천체들로부터 채취된 표본 자료들은 지구의 실험실에서 조사되어 그 천체들의 지질학, 화학, 그리고 생물학까지도 밝혀낼지 모른다. 또 지구에 근접한 소행성, 달, 화성에는 유인 초소가 벌써 설치되었을지도 모른다.

역사의 가능한 진로는 많다. 우리의 특별한 인과성으로 이어진 역사의 사슬은 우리를, 비록 많은 점에서는 영웅적이지만 평범하고 초보적인 일련의 탐험들로 이끌어 왔다. 그러나 그것은 이루어졌을지도 모를, 또는 앞으로 이루어지게 될지도 모를 수준에는 훨씬 못 미치고 있다.

〈프로메테우스의 생명의 녹색 불꽃을 불모의 벌판에 가지고 가서 그곳에 생동하는 물질의 대화염을 일으키는 것은 우리 인간에게 내려진 숙명과도 같다.〉 이것은 제1차 천년기획재단 First Millenial Foundation이란 단체의 책자 속에 나와 있는 한 구절이다. 이 단체는 연회비 120달러로 〈외계식민지〉의(그때가 오면) 〈시민권〉을 줄 것을 약속하고 있다. 더 많은 금액을 기증하는 〈후원자〉는 〈항성(恒星) 문명의 종신 혜택도 받게 되고 그의 이름이 달에 세워질 비석에 새겨질 것〉이라고 한다. 이것은 인간의 외계 진출을 갈망하는 일반적인 경향의 극단적인 예가 된다. 다른 쪽의 극단은——국회에서 잘 나타나는데——도대체 왜 우리, 즉 로봇이 아닌 인간이 하필이면 외계공간에 나서야 하는지를 묻는다. 사회비평가 아미타이 에트치오니 Amitai Etzioni는 아폴로 계획을 〈달 보고 짖어대는 개〉라고 부른 적이 있다. 이제 냉전도 끝났으니 유인 우주계획을 내세울 아무런 정당성도 없어졌다는 것이다. 우리는 여기서 어떤 정책에 가담할 것인가?

미국이 달로 가는 경쟁에서 소련을 앞지르고 나서부터는 인간의 외계 진출에 대해 널리 이해되었던 조리 있는 이유가 없어져 버렸다. 대통령이나 국회의 위원회들은 유인 우주계획을 어떻게 처리해야 할지 당황했다. 무슨 목적으로? 우리에게 무슨 소용이 있는가? 우주비행사의 위업과 월면 착륙은 전 세계의 찬사를, 마땅한 이유로 얻어냈던 것이다. 정치 지도층에서는 스스로 말하기를 유인 우주계획에서 물러서는 것은 그 놀라웠던 미국의 업적을 내던져버리는 일이라고 했다. 어느 대통령, 어느 국회가 미국 우주계획의 종결에 대해 책임지기를 원하겠는가? 그리고 이전의 소련에서도 이와 비슷한 이야기가 들렸다. 〈아직도 우리가 세계를 이끌어가고 있는 고도 공업기술로 유일하게 살아남은 것을 포기할 것인가? 우리는 콘스탄틴 치올코프스키, 세르게이 코롤레프 Sergei Korolev, 유리 가가린의 불량한 후계자가 되고 말 것인가?〉 그들은 이렇게 자문하였다.

관료주의의 제1법칙은 자신의 존속을 보장하는 것이다. 상부로부터의 명백한 지시 없이 방치해 두자 NASA는 점차 이익과 직분, 임시 수입 등을 유지하는 기획 쪽으로 기울어 갔다. 국회가 주도하는 여당의 인기 정책들이 우주계획과 장기적 목표를 세우고 추진하는 데 점차 강력한 힘으로 성장했다. 관료주의는 보수화하고 NASA는 갈 길을 잃었다.

1989년 7월 20일, 아폴로 11호의 월면 착륙 20주년에 즈음하여 부시 대통령은 미국 우주계획의 장기적 방향을 발표하였다. 이른바 우주개발 선수책 Space Exploration Initiative(SEI)로 미국의 우주정거장, 달의 유인 재탐사, 인간 최초의 화성 착륙 등을 포함한 일련의 목표를 제안하였다. 그 후의 성명에 의하면 부시 대통령은 화성에서 열리는 최초 축구 경기의 목표 날짜다. 이런 제안은 모두 다음과 같은 물음에 도전받았다. 만약 우주 개발 자금이 지구에서의 물품 제조에 쓰였다면 그 결과는 우주계획에 쓰였을 때의 결과와 품질 향상면에서 비교할 만한가? 로켓이나 우주선을 제조하는 회사를 제외한 일반 회사들이 이런 기술에 투자한 금액이 극히 적었다는 점으로 미루어 적어도 현재로서는 그 전망이 그다지 밝지 못한 것 같다.

귀중한 물자가 다른 고장에 있을지도 모른다는 생각은 운임이 많이 든다는 사실로 가라앉는다. 예상 밖으로 타이탄에 석유의 바다들이 있을지도 모르지만 지구로 운반하는 비용이 많이 든다. 어떤 소행성에는 백금족 귀금속이 풍부할지도 모른다. 만약 이런 소행성들이 지구 둘레 궤도를 돌게 할 수 있다면 손쉽게 귀금속을 채광할 수 있을 것이다. 그러나 이런 생각은 적어도 우리가 내다볼 수 있는 미래까지는, 뒤에서 설명하겠지만, 위험할 정도로 경솔한 생각인 것 같다.

로버트 하인라인 Robert Heinlein은 그의 과학소설 『달을 팔아먹은 사람 *The Man who Sold the Moon*』에서 우주 여행의 요건으로서 이득에 의한 동기를 상상하였다. 그는 냉전이 달을 팔아먹으리라고는 예견하지 못했다. 그러나 그는 정직한 이득이란 얻기 어렵다는 사실만은 알고 있었다. 그래서 그는 달 표면에 다이아몬드가 헤아리기 숨찰 정도로 여기 저기 흩어져 있다는 헛소문 때문에 소동이 일어나는 이야기를 만들었다. 그 후 우리는 달에서 표본 자료를 가져왔지만 거기에는 상업적 가치가 있는 다이아몬드라곤 흔적도 없었다.

그러나 도쿄 대학의 기요시 구라모도와 다가후미 마쯔이는 지구, 금성, 화성의 철로 된 중심핵이 어떻게 형성되는지를 연구하여 화성의 맨틀(지각과 중심부의 중간층)에 탄소가 많이(달, 금성, 지구보다 더 많이) 있어야 한다는 것을 밝혀냈다. 300킬로미터 이상 깊은 내부에서는 압력으로 인해 탄소가 다이아몬드로 변성된다. 과거에는 화성에서 지질 활동이 활발했다는 것을 우리는 알고 있다. 큰 화산 폭발 때 말고도 가끔 깊은 내부로부터 물질들이 표면으로 분출하였다. 그러므로 다이아몬드가 지구 밖 천체에(달이 아니라 화성에) 있을 것 같다. 얼마나 많이, 어떤 품질로, 어떤 크기로, 어떤 곳에 있을지는 아직 알 수 없다.

화려한 몇 캐럿짜리 다이아몬드를 잔뜩 실은 우주선이 지구로 돌아온다면 틀림없이 그 가격은(그리고 드 비어즈 및 제너럴 일렉트릭사의 주가도) 하락하고 말 터이다. 그러나 다이아몬드의 장식용, 공업용 이용 가치 때문에 그

가격에는 최저 한계가 있다. 아마 관련된 기업들은 화성 탐험을 서두를 좋은 구실을 갖게 될지도 모른다.

화성의 다이아몬드가 화성 탐험 비용을 대리라는 생각은 아무래도 가능성 적은 짐작이겠지만, 그것은 소중한 희귀 물질이 다른 천체에서 발견될 수 있다는 하나의 예로 볼 수 있다. 그러나 이런 요행수에 기대를 건다는 것은 어리석은 일이다. 다른 천체의 탐험을 정당화하려면 다른 이유를 찾아야 한다.

이득과 비용(설사 절약된 비용일지라도)은 논외로 하더라도 어떤 혜택이 있다면 그것 역시 설명해야 한다. 인간의 화성 탐험을 제창하는 사람들은 장기적으로 보아서 그 계획이 지구의 문젯거리들을 덜어 줄 가능성이 있는지 검토해 보아야 한다. 표준적으로 생각되는 여러 정당성에 대해서 그것이 과연 옳은지 그른지 아니면 불확실한지 알아보기로 하자.

인간의 화성 탐험은, 현재나 과거의 생물 탐색을 포함하여, 화성에 관한 우리의 지식을 크게 개선시킬 것이다. 이미 무인 계획에서 그랬듯이, 우리가 사는 지구의 환경에 대한 이해도 명확히 할 것이다. 우리 문명의 역사는 기본 지식의 탐구가 가장 중요하고 실용적인 문명의 발전이 이루어지는 바탕임을 밝혀주었다. 여론 통계는 가장 널리 받아들여진 〈우주 탐사〉의 이유가 〈지식의 증진〉에 있음을 보여주고 있다. 그러나 인간의 외계 진출이 그런 목적의 달성에 꼭 필요한 것일까? 나는, 로봇 우주선에 국가적인 우선권을 주고 개량된 인공지능을 갖춘다면 우주비행사만큼, 그것도 10%의 적은 비용으로, 우리의 모든 의문에 답할 수 있을 것이라고 생각한다.

〈부산물〉(달리 얻어지기 어려운 고도의 기술적인 혜택)이 얻어져서 우리의 국제 경쟁력과 국내 경제를 향상시킬 것이라는 주장도 있지만 이것은 낡은 논법이다. 아폴로 우주비행사를 달에 보내는 데 800억 달러를(요즘 돈으로) 지출한 뒤에 눌어붙지 않는 (테플론) 프라이 팬을 경품으로 내놓자는 이야기이다. 만약 프라이 팬이 목적이라면 그 돈을 직접 투자해서 800억 달러 중거의 전액을 절약할 수 있을 것이 분명하다.

그런 논법이 엉터리라는 또다른 이유도 있다. 그 하나는 듀퐁 사의 테플론(Teflon) 기술이 아폴로 이전에 개발되었다는 것이다. 이와 마찬가지로 심장박동조정기, 볼펜, 벨크로 Velcro(접착용의 보풀이 달린 나일론), 기타 아폴로 계획의 부산물로 일컬어지는 여러 물건들이 그렇다.(나는 언젠가 심장박동

조정기를 발명한 사람과 이야기한 적이 있었는데, 그는 NASA가 그의 발명을 제 것으로 돌린 것을 알고 그 자신이 관상동맥에 장애가 생길 뻔했다고 했다.) 만약 우리가 긴급히 필요로 하는 기술이 있다면 돈을 써서 그것을 개발할 것이지, 왜 그것 때문에 화성에 가는가?

물론 NASA가 개발하기 원하는 그 많은 새로운 기술 가운데 일반 경제에 약간의 혜택이 흘러들고 지구에서 유용할 몇몇 발명이 얻어지는 일이 없지는 않을 것이다. 예를 들어 오렌지 주스의 분말 대용품 탱 Tang은 유인 우주계획의 산물이었고, 코드 없는 기계들, 체내 박동조정기 implanted defibrillator, 액냉식 의복, 숫자화상장치 등은 많은 부산물 중 일부에 해당한다. 그러나 이들이 인간의 화성 여행이나 NASA의 존재를 정당화하지는 못한다.

우리는 저물어가는 레이건 시절에 〈별들의 전쟁〉 사무실에서 낡은 부산물 엔진이 이상한 소리를 내고 있는 것을 보았다. 지구 궤도를 도는 전투기지에서 수소폭탄으로 가동되는 X선 레이저는 레이저 수술을 완수하는 데 도움이 될 것이라고 그들은 말했다. 그러나 만일 레이저 수술이 필요하고 그것이 국가적으로 높은 우선 순위에 있다면 만사를 제쳐 놓고 그 개발에 자금을 할당하고 볼 일이다. 별들의 전쟁은 거기서 빼놓고 말이다. 부산물을 내세우는 것은 그 계획이 제 발로 서지 못하고 본래 내세웠던 목적이 먹혀들지 않는다는 사실을 스스로 인정하는 것과 다름없다.

한때 계량 경제학 모델에 의해서 NASA에 투입된 1달러마다 수 달러가 미국 경제에 흘러든다고 생각된 적이 있었다. 만약 대다수 정부기관보다 NASA에서의 증식 효과가 더 컸다면 그것은 우주계획에 대한 유력한 재정적·사회적 뒷받침이 되었을 것이다. NASA의 옹호자들이 이런 논점을 놓쳤을 리가 만무하다. 그러나 1994년도 국회 예산국의 연구조사로 그것은 하나의 환상이었음이 드러났다. NASA에 대한 지출은 미국 경제의 어느 특정 생산 분야(특히 항공산업)에는 혜택을 주지만 대단한 증식 효과는 없다는 것이다. 또 NASA에 대한 지출은 확실히 직장이나 이득을 생산 내지 유지하기는 하지만 다른 많은 정부기관에 비해서 효과가 더 많은 것도 아니었다.

다음으로 교육적인 이유가 있는데 이것은 때때로 백악관이 많은 관심을 가졌던 것으로 알려졌다. 자연과학의 박사 학위 소지자 수가 아폴로 11호 시절(아마 아폴로 계획 시작 후 얼마간의 시간차를 두고)에 피크에 달했다. 그 원인-결과의 관계는(아마 있을 법도 했지만) 밝혀지지 않았다. 하지만 그래서 어쨌다는 말인가? 만약 우리가 교육 향상에 관심이 있다면 화성으로 가는 것이 최상책이란 말인가? 우리가 천억 달러의 돈을 교사 양성, 봉급, 학교 실험실, 도서관, 불우 학생 장학금, 연구시설, 대학원 연구직 등에 쓰면 어떻게 될지 생각해 보라. 과학 교육을 향상시키는 최상책이 정말 화성으로 가는 일일까?

화성으로의 유인 계획을 내세우는 또다른 이유는 군산복합체를 그 일에 끌어들임으로써 외부의 위협을 과장하고 국방 예산을 불리려는 적지 않은 정치적 압력을 행사할 욕망을 분산시키는 데 있다. 이 동전의 뒷면은 화성 계획으로 장차 군사적 우발 사건에 대처할 중요한 기술 능력의 대기 태세를 유지하려는 것이다. 물론 우리는 이 친구들에게 민간 경제에 직접 유용한 일들을 해달라고 요청할 수도 있다. 그러나 우리가 1970년대에 그럼만 Grumman 버스와 보잉/버톨 Boeing/Vertol 통근열차에서 본 것처럼 항공산업체들은 민간 경제를 위해서 경쟁 생산하는 데 실제적인 어려움을 겪는다. 사실 탱크는 1년에 1,000마일을 달리고, 버스는 1주일에 1,000마일을 달리니 기본 설계가 달라야만 한다. 그러나 최소한 제품의 신뢰도에 대해서 국방부는 훨씬 덜 까다로운 것 같다.

우주계획에서의 협력은, 내가 이미 말했던 것처럼, 국제협력(예컨대 전략 무기가 신생 국가들로 유출되는 것을 늦추는 문제)의 한 수단이 되고 있다. 냉전의 종식으로 사용 해제가 된 로켓은 지구 선회용, 달, 행성, 소행성, 혜성 등의 탐사용으로 유용하게 쓰일 것이다. 그러나 이 모든 것은 인간의 화성 여행 없이도 이루어질 수 있다.

다른 이유들이 있다. 세계의 에너지 문제에 대한 최종 해결책은 달에서의 노천채광을 통해 태양풍이 스며든 헬륨-3(He-3)을 지구로 가져와서 융합반응 원자로에서 그것을 사용하는 것이다. 어떤 융합반응 원자로인가? 설사 이것이 가능하고 채산이 맞는다 해도 그것은 50년 내지 100년을 앞둔 기술이다. 우리의 에너지 문제는 이보다 서둘러 해결되어야 한다.

이보다 더 이상한 주장은 세계의 인구 위기를 해결하기 위해서 인간을 우주 공간으로 내보내자는 것이다. 그런데 오늘날은 하루 동안 죽는 사람보다 태어나는 사람이 약 25만 명 더 많다. 즉 세계 인구를 현재 수준으로 유지하려면 매일 25만 명을 우주 공간으로 발사해야 한다. 이것은 현재 우리 능력 밖으로 보인다.

여러 이유들이 열거된 표를 훑어보고 정부 예산에 대한 다른 긴급한 요구들을 고려하면서 찬부를 종합해 보자. 내 생각에 지금까지의 주장들은 다음의 물음으로 귀착되는 것 같다. 개별적으로 보면 불충분해 보이는 여러 이유들을 합치면 하나의 정당한 이유가 될 수 있을까?

나는 이 표의 어느 항목도 오천억은 커녕 천억 달러의 값어치도 없다고 생각한다.(단기투자로는 말할 것도 없다.) 하지만 대부분이 어느 정도의 값어치는 있는데, 만약 200억 달러짜리 항목이 다섯 개 있다면 합쳐서 천억 달러가 될 것이다. 우리가 현명하게 비용을 줄이고 참된 국제협력 체제를 만들 수 있다면 그 이유의 정당성은 더욱 그럴 듯해질 것이다.

이 문제에 관한 전국적인 토론이 이루어져서 인간의 화성 탐험 계획의 이론적 근거와 경비/혜택 비율에 대한 더 좋은 생각이 얻어질 때까지 우리는 무엇을 해야 할 것인가? 내 제안은 이렇다. 우리는, 그 자체 또는 다른 목적과 관련해서 정당성이 있고 장차 인간의 화성 탐험을 결정할 때도 공헌할 수 있는 연구와 개발 계획을 계속해서 추구해야 한다. 여기에는 다음 사항들이 포함된다.

- 미국 우주비행사가 러시아의 우주정거장 미르에 동승해서 점차 늘어나는 기간(1년 내지 2년, 즉 화성 여행 기간을 목표로) 동안 공동 비행을 한다.
- 국제 우주정거장의 구조는 그 주된 기능을 외계 환경이 인간에 미치는 장기적 효과를 연구하는 데 있게 한다.
- 국제 우주정거장에서 회전식 또는 속박식 〈인공 중력〉선을(처음에는 동물용 그후 인간용) 조기에 제작한다.
- 여러 개의 무인 탐지기가 태양 둘레를 돌게 하여 태양 활동을 감시하게 함으로써 태양에 대한 연구를 강화하고 유해한 〈태양 플레어 solar flare(태양 코로나에서의 전자와 양성자의 대량 방출 현상)〉에 대한 경보를 가급적 초기에 우주비행사에게 발신하도록 한다.
- 미국 및 국제 우주계획을 위하여 에네르기아와 양성자 로켓 기술을 미국, 러시아 및 여러 국가들이 공동 개발한다. 미국이 소련의 추진로켓에 많이 의존할 것 같지는 않지만 에네르기아 로켓은 아폴로 우주인들을 달로 보냈던 새턴 V와 맞먹는 추진력을 가졌다. 미국은 새턴 V의 조립 공정을 폐기했기 때문에 곧 재생시킬 수 없다. 양성자형은 현재 사용되는 가장 믿을 만한 대형 추진로켓이다. 러시아는 이 기술을 현금을 받고 팔기를 원하고 있다.

- NASDA(일본 외계기구), 도쿄 대학, 유럽 외계기구, 러시아 외계기구, 캐나다, 기타 나라들과 공동계획을 시도한다. 대부분의 경우에 미국이 단독 시도를 고집하는 일없이 동등 참여로 해야 한다. 이런 계획은 화성의 로봇 탐험에서 이미 추진중에 있다. 유인 계획의 경우 이런 활동의 초점은 국제 우주 정거장에 있다. 앞으로 낮은 지구 선회궤도에서 행성으로의 공동 탐험 여행 연습을 할지도 모른다. 이런 계획들의 주목적은 기술 협력의 훌륭한 전통을 만드는 데 있다.
- 최신의 로봇 공학과 인공지능을 이용하여 화성 탐험을 위한 표면 탐사 차량, 풍선과 항공기의 기술 개발과 최초의 국제적인 귀환 시험 비행을 실시한다. 화성으로부터 자료를 가져올 로봇 우주선은 지구 근접 소행성과 달에서 시험할 수 있다. 신중하게 선정된 달의 몇몇 지역에서 가져온 표본 자료의 연대를 측정하면 지구의 초기 역사를 이해하는 데 기본적인 도움을 얻을 수 있다.
- 화성 물질로부터 연료와 산화제를 제조할 기술을 개발한다. 마틴 마리에타 Martin Marietta 사의 로버트 주브린 Robert Zubrin 등이 설계한 모형 기계를 써서 화성의 흙 수 킬로그램을 신뢰성 있는 소형의 델타 추진로켓을 이용하여 비교적 손쉽게 지구로 가져올 수 있다.
- 지구에서 화성으로 가는 장기 여행의 모의연습을 발생가능한 사회적·심리적 문제에 집중하여 실시한다.
- 새로운 기술, 예컨대 정해진 추진력으로 화성에 더 빨리 도착하는 방법 등을 강력히 추구한다. 이는 방사선이나 약한 중력으로 인한 장애가 1년(또는 그 이상)의 비행시간을 너무 위험하게 할 때 필수적인 대책이 된다.
- 지구 근접 소행성(인간 탐험의 중거리 여행 목적지로 달보다 나은 천체)을 충분히 연구한다.
- NASA와 기타 외계 기관들이 이미 얻은 자료를 철저히 분석하고, 기초 과학을 포함한 외계 탐험의 배경이 되는 과학에 더 큰 비중을 두어 연구한다.

이런 건의 사항들을 다 합치더라도 유인 화성 탐험 계획에 필요한 총 경비의 극히 일부분에 불과할 뿐이다. 만약 10년에 나누거나 다른 나라들과 분담한다면 현재 우주 예산의 일부분밖에 안 될 것이다. 반면에 이들을 실행한다면 정확한 경비를 산출하고 위험과 혜택에 대한 보다 확실한 추정을 하는 데 도움이 될 것이다. 또한 어떤 특정한 기계장비를 조급하게 규정하

국제 우주정거장 건설을 위한 미국 · 러시아(및 기타 국제협력 국가들) 공동작전의 제1단계로 우주왕복선과 미르의 회합과 연결을 시도한다. 그림 존 프라사니토 John Frassanito와 그의 동료, NASA 제공.

지 않더라도 유인 화성 탐험 계획을 향한 많은 진전을 거둘 수 있다. 이 건의 사항들 대부분은(아마 모두) 몇십 년 내에 다른 천체로 인간을 보낼 수 없다는 것이 확실하다 하더라도 달리 이용될 가치들이 있다. 그리고 유인 화성 탐험의 가능성을 높이는 성취들의 꾸준한 북소리는 많은 사람들의 가슴 속에서 미래에 대해 널리 퍼져 있는 비관론과 싸울 것이다.

그 밖에 또 있다. 나는, 덜 구체적이긴 하지만 거기에는 매력 있고 공감이 가는 점이 많다고 서슴없이 말할 수 있다. 즉 우주 여행에는 우리 모두는 아닐지라도 많은 사람들의 가슴 속 깊은 곳에 호소하는 것이 있다. 우주에 대한 새로운 전망, 우주에서 인간이 차지하는 자리에 대한 새로운 이해, 인간의 자기 인식에 영향을 줄 원대한 계획 등은 우리 지구 환경의 취약함과 세계 모든 국가와 민족에 공통된 위험과 책임을 일깨워 줄 것이다. 인간의 화성 탐험 계획은 우리들 가운데 방랑자들, 특히 젊은이들에게 모험이 가득하며 희망적인 전망을 제공할 것이다. 무인 탐험 계획조차 사회적인 유용성을 가

미래의 두 우주선이 달 상공에서 랑데부하고 있다. NASA 그림, 패트 롤링즈/SAIC.

진다.

내가 우주계획의 미래에 관해서 대학에서, 또 경제인, 군인, 직장인들에게 강연할 때 여러 차례 느꼈던 것은 청중들이 현실적인 정치 · 경제적 애로에 대해서 나보다도 더 참을성이 없어 보였다는 점이다. 그들은 이런 장애를 쓸어버리고 보스토크Vostok나 아폴로 영광의 날들을 재현하여 다시 다른 천체들로 진출하기를 열망하고 있었다. 전에도 그 일을 해냈으니 다시 할 수도 있다고 그들은 말한다. 그러나 내가 조심스러웠던 것은 그 청중들이 자칭 우주광들이란 사실이다.

1969년에는 미국민의 반수 미만이 아폴로 계획에 경비를 쓴 보람이 있다고 생각했다. 그러나 달 착륙 25주년 기념일 때에는 그 숫자가 3분의 2로 늘어났다. 많은 문제점에도 불구하고 NASA는 미국민의 63퍼센트로부터 훌륭하게 일하고 있다는 평가를 받았다. 미국민의 55퍼센트는(CBS 뉴스의 여론조사에서) 경비에 대한 언급 없이 〈미국이 화성 탐험에 우주비행사를 보내는 계획〉을 찬성했다. 젊은 성인층에서 그 숫자는 68퍼센트였다. 〈탐험〉은 효력 있는 단어라는 생각이 든다.

인간적 결함이나 유인 우주계획이 시들해지는 추세에도 불구하고(허블 우주망원경은 이것을 되돌리는 데 도움이 되었다) 여전히 우주비행사가 영웅으로 받아들여지는 것은 우연이 아니다. 최근에 한 동료 과학자가 서구 문명과 거의 접촉이 없었던 뉴기니아 고지의 석기 문명을 탐방했던 이야기를 해주었는데 그들은 손목시계, 청량음료수, 냉동식품은 몰랐지만 아폴로 11호는 알고 있었다고 한다. 그들은 인간이 달 위에서 걸어다녔고 암스트롱, 올드린, 콜린스라는 이름을 알고 있었고 요즘은 누가 달을 방문하고 있는지를 알기 원했다.

미래를 향한 계획, 정치적인 어려움에도 불구하고 어느 먼 앞날에 비로소 완성될 계획은 우리에게 미래가 있으리라는 것을 계속해서 일깨우는 계기가 된다. 다른 천체에 발판을 확보한다는 것은 우리가 픽트 Pict(스코틀랜드 북부에 살던 민족)족이나, 세르비아, 남태평양의 통가 사람들보다 나은 사람들이라고 우리 귀에 속삭인다. 우리가 인류란 사실을 말이다.

외계 탐험 여행은 일반인들로 하여금 과학적 아이디어, 과학적 사고, 과학적 어휘에 눈뜨게 해주고 일반적인 지적인 물음의 수준을 높여준다. 과거의 누구도 이해하지 못했던 사실들을 오늘날의 우리가 알게 되었다는 생각, 그 희열——관련된 과학자들에게는 특히 더 벅차겠지만 거의 모든 사람도

◀ 화성 탐험에서 가장 흥미로운, 그러나 가장 가능성이 적은 성과는 미지의 고대 문명을 발견하는 것이다. 여기 2억 5천만 년 전의 지구본이 발굴되었는데 거기에는 알지 못할 상형 문자가 새겨져 있다. 그림 패트 롤링즈(ⓒ1991, 패트 롤링즈).

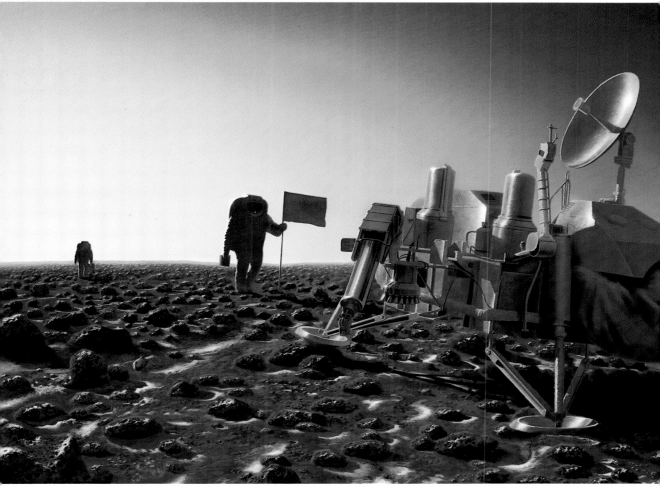

있는 사회, 경제, 정치에서의 여러 문제들에서 이루어질 작은 진전일지라도 그것은 다른 목표를 위해서 물질적, 인간적으로 큰 도움이 될 것이다.

지금 여기 지구에는 해야 할 많은 일들이 있으며 그것을 해낼 의지 또한 확고해야 한다. 하지만 우리는 근본적인 생물학적 이유 때문에 미지의 영역을 필요로 하는 족속이다. 인간성은, 스스로를 확장하여 새로운 모퉁이를 돌 때마다 수세기 동안 움직일 풍부한 생명력을 충전받는 것이다.

새로운 천체는 바로 문 앞에 기다리고 있다. 그리고 거기에 도달할 방법을 우리는 알고 있다.

17 장

행성간 공간의 혼돈

지구를 비롯한 모든 천체는 제자리에 머물러 있어야 하며
오직 폭력에 의해서만 그 자리로부터 움직인다는
것이 자연의 법칙이다.
—아리스토텔레스의 『물리학』

토성에는 무엇인가 이상한 점이 있었다. 1610년에 갈릴레이가 세계 최초의 천체 망원경을 써서 당시 가장 멀리 떨어진 세계였던 그 행성을 보았을 때 그는 양쪽에 하나씩 달린 돋아난 부분을 발견했다. 그는 그것을 〈손잡이〉 같은 것으로 보았고 다른 천문학자들은 두 〈귀〉로 불렀다. 우주에는 많은 수수께끼가 있지만 귀가 달린 행성이란 받아들이기가 거북하다. 갈릴레이는 이 수수께끼를 풀지 못한 채 세상을 떠났다.

세월이 지나면서 관측자들은 그 두 귀가 커졌다 작아졌다 한다는 것을 알게 되었다. 마침내는 갈릴레이가 발견한 것이 토성 적도 둘레를 둘러싸고는 있지만 어느 곳에서도 접촉이 없는 극히 얇은 환인 것으로 밝혀졌다. 어떤 해에는 지구와 토성의 궤도상의 위치 때문에 그 환을 단면으로 보게 되는

◀ 혜성이 목성에 충돌하다. 슈메이커-레비 9 혜성의 제일 큰 조각 G가 1994년 7월 18일에 목성을 두들겼다. 2.3미크론 파장의 적외선 사진, 사이딩 스프링Siding Spring 소재 호주 국립대학 망원경으로 피터 맥그리거Peter McGregor 촬영.

데 이때는 그 얇은 두께 때문에 환이 없어진 것처럼 보인다. 다른 해에는 많이 기울어져서 〈귀〉가 더 크게 보인다. 그런데 토성 둘레에 환이 있다니 무슨 뜻일까? 얇은 고체의 원반에 구멍이 뚫려 그 속에 토성이 들어 있단 말인가? 그 원반은 어디서 왔을까?

이런 의문을 추궁해 가다 보면 우리는 곧 천체를 파괴하는 충돌에, 인류의 운명을 좌우할 두 개의 전혀 다른 위험에, 그리고 인간이 생존하기 위해 행성의 세계로 진출해야 할 또 다른 이유에 당면하게 될 것이다.

우리는 현재 토성의 환들(복수임을 강조하겠는데)이, 토성의 중력에 잡혀 그 둘레를 제각각 궤도 운동하는, 작은 얼음으로 이루어진 천체들의 방대한 집단임을 알고 있다. 이들의 크기는 미세한 먼지로 된 알갱이부터 집채만한 크기까지 다양하다. 그 어느 것이나 근접 통과 시에도 사진에 찍히지 않을 정도로 작다. 레코드판의 홈처럼(물론 실제로는 하나의 나선이지만) 가느다란 동심원들로 갈라진 환들의 절묘한 장관이 처음으로 1980/81년의 두 보이저 우주선의 근접 통과로 밝혀졌다. 1925년 이래 유행한 장식예술 형식을 닮은 토성의 환들은 금세기에 와서 미래의 우상으로 변했다.

1960년대 말엽 어느 과학자 모임에서 나는 행성과학에 있어 주목받는 문제들을 요약해 달라는 청탁을 받았다. 나는 그러한 문제들 중 하나로 왜 모든 행성 가운데 토성만 환을 가졌나 하는 문제를 제안했다. 그 후 보이저가 이것이 문제가 안 됨을 밝혔다. 우리 태양계의 네 거대 행성(목성, 토성, 천왕성, 해왕성) 모두가 환을 가지고 있었던 것이다. 그러나 그 당시에는 그것을 아는 사람이 아무도 없었다.

각 환들의 집단은 독특한 특징을 가지고 있다. 목성의 환들은 엷으며 주로 어두운 아주 작은 알갱이들로 이루어졌다. 토성의 밝은 환들은 주로 얼음으로 이루어졌으며, 여기에는 수천 개의 환들이 있는데, 일부는 꼬여 있으며, 거무스름하고 이상한 바퀴 살 모양의 무늬가 생겼다 없어졌다 한다. 천왕성의 어두운 환들은 순수한 탄소 분자와 유기물 분자들(숯이나 검댕이 같은 것)로 이루어졌다. 천왕성에는 아홉 개의 큰 환이 있는데, 그 중 몇 개는 〈숨쉬듯이〉 늘었다 줄었다 한다. 해왕성의 환들은 모든 환 가운데 가장 엷은데, 그 두께가 크게 변하기 때문에 지구에서 보면 원호나 끊긴 원으로 보인다. 많은 환들은, 한 위성은 환보다 해왕성에 조금 더 가까이에 또 다른 위성은 조금 더 멀리에 있는, 두 개의 목자 위성 Shepherd moon의 중력 때문에 형태가 유지되는 것으로 보인다. 환 하나 하나는 그만의 고유한 천상의 아름

▲ 토성의 환은, 그 폭과 두께를 비교하면 이 책의 넓이에 대한 종이 두께보다 더 얇다. 환이 정확하게 단면으로 눈에 들어올 때 환은 거의 사라진다. 보이저의 색채강조 사진, JPL/NASA 제공.

토성을 도는 수백 개 환의 복잡한 세부. 이 세부 속에 과거 대격변의 역사가 적혀 있다. 보이저 사진, JPL/NASA 제공.

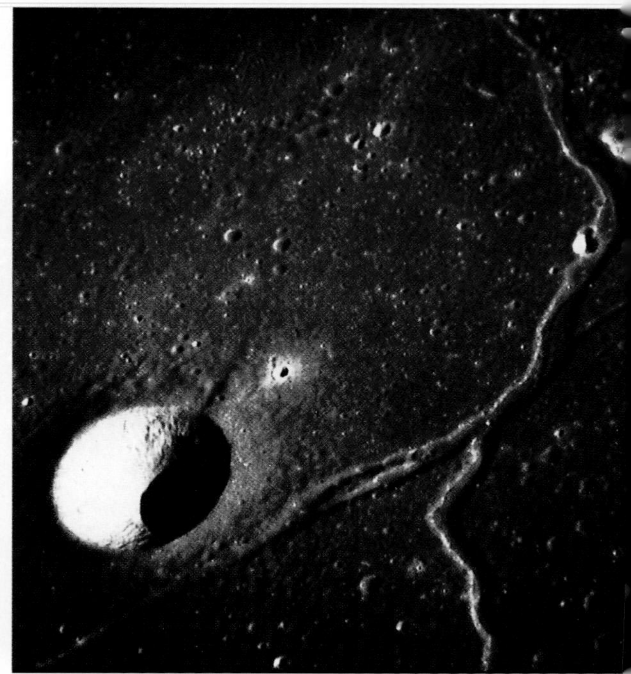

▲ 지구 표면에도 곳곳에 충돌화구가 있으나 달 표면과는 비교가 안 된다. 그것은 지구 표면에서 일어나는 효과적인 침식작용 때문이다. 이 사진은 애리조나 주에 있는 약 4만 년 전에 생겼던 운석 화구의 공중 사진이다. © 1994 윌리엄 하트만.

▶ 용암이 범람했던 달의 분지에는 이제 화구는 거의 없고 용암이 응결한 후에 충돌한 천체들의 자국만 남아 있을 뿐이다. NASA 제공.

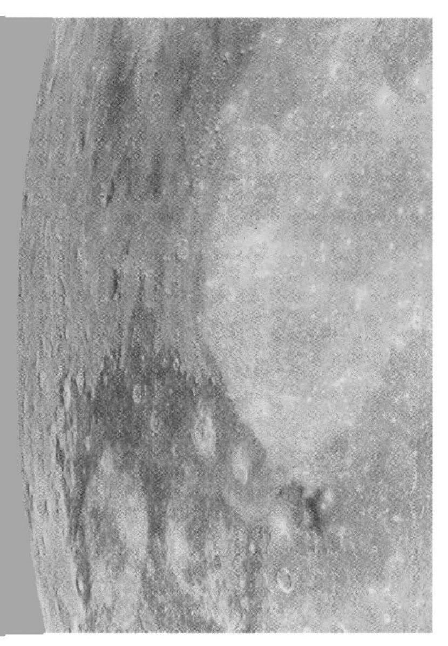

이 갈릴레오 우주선의 인공착색 사진은 월면 경관에서 화구들이 지평선에까지 흩어져 있음을 보여준다. JPL/NASA 제공.

달 표면에서의 충돌이 지금보다 수백 배나 더 빈번했고, 행성들이 완전히 형성되기 전인 45억 년 전에는 아마 오늘날보다 10억 배나 더 빈번했을 것이다.

이 혼돈 상태는 오늘날에 행성을 장식하는 것보다 훨씬 더 화려한 환들이 나타나면서 종결된다. 지구, 화성 등 작은 행성들도 이 시절에 작은 위성들을 가지고 있었다면 환들로 장식되었을 것이다.

아폴로 계획에서 수집한 월면 표본을 통해 밝혀진 화학 성분을 토대로 한, 지구의 위성인 달의 기원에 대한 가장 만족스러운 설명은, 45억 년 전쯤에 화성만한 천체가 지구에 충돌했을 때 달이 생겼다는 것이다. 그때 지구의 암석질 맨틀의 많은 부분이 먼지와 뜨거운 기체가 되어 공간으로 날아갔는데 그 파편의 일부가 지구 둘레의 궤도를 돌다가 점차로 원자와 원자, 바위와 바위가 다시 모였다. 만약 그 미지의 충돌 천체가 조금만 더 컸더라면 지구는 사라지고 말았을 것이다. 어쩌면 한때는 우리 태양계에 다른 천체들이(생물이 활동하던 천체까지도) 있었을지도 모른다. 그러다가 어느 극악무도한 소천체와 충돌하여 완전히 박살나는 바람에 오늘날에는 그 흔적조차 찾아볼 수 없는지도 모른다.

초기 태양계의 역사로, 지구 형성을 위해 계획된 사건들의 장엄한 행진이 아닌 믿어지지 않는 격동의 도가니 속에서 오직 운 좋게 우리 지구가 만들어져서 살아남는 장면이 떠오른다.* 우리 천체는 숙련된 한 장인의 손으로 다듬어진 것 같지는 않다. 여기에서도 역시 우리 인간을 위해 우주가 창조되었다는 징후를 찾을 수 없는 것이다.

오늘날, 줄어들고 있는 소천체의 공급원은 여러 가지로 즉 소행성, 혜성, 소위성 등으로 생각되고 있다. 그러나 이것은 임의적인 분류로서 실제 소천체들은 이런 인위적인 구별을 거부하고 있다. 어떤 소행성들 asteroids(이 말은 〈별과 비슷한〉이라는 뜻이지만 그렇지 않음이 확실하다)은 암석질이고, 다른 어떤 것들은 금속질이거나 유기물질을 많이 포함한다. 그 어느 것이나 크기는 1,000킬로미터를 넘지 않으며, 주로 화성 궤도와 목성 궤도 사이에서 발견된다. 천문학자들은 한때 〈주요구역 main belt〉의 소행성들을 파괴된 천체의 잔해라고 생각했으나, 내가 설명한 것처럼 이와는 다른 생각들이 널리 받아들여지고 있다. 즉 태양계는 한때 소행성과 비슷한 천체들 투성이였는데, 그 중 대부분은 행성을 만드는 데 쓰였지만 오직 목성에 가까운 주요구역의 소행성들만이 이 가장 무거운 행성의 중력조석 때문에 가까운 조각들끼리 하

*이 행운이 아니었더라면 오늘날 태양에 좀더 가깝거나 먼 곳에 자리한 다른 행성 위에서 전혀 다른 인류가 그들의 기원을 재구성하려고 애쓰고 있을는지도 모른다.

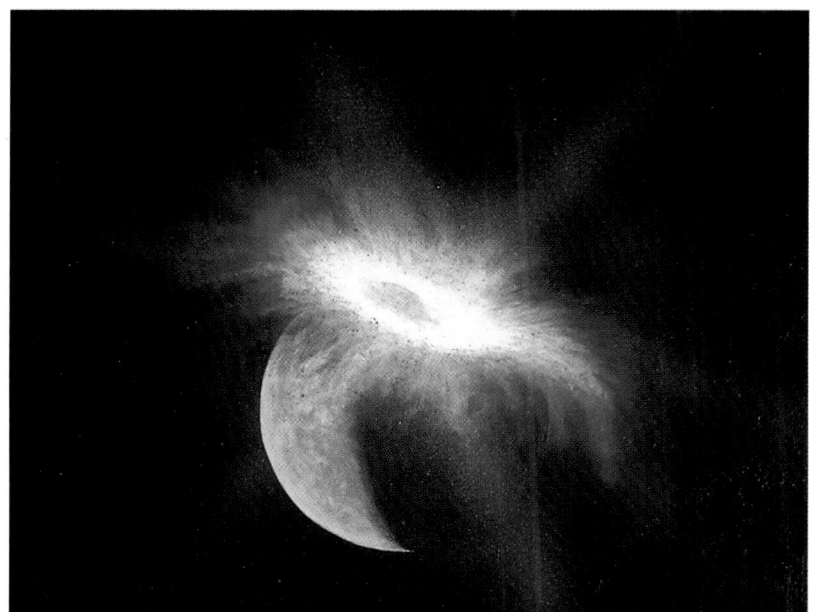

지구에서 일어났던 가장 큰 충돌은 약 44억 년 전에 달을 형성했던 충돌일 것이다. 충돌 천체는 화성만한 크기였는데 만약 좀더 컸다면 지구는 파괴되고 말았을 터이다. 그림 윌리엄 하트만.

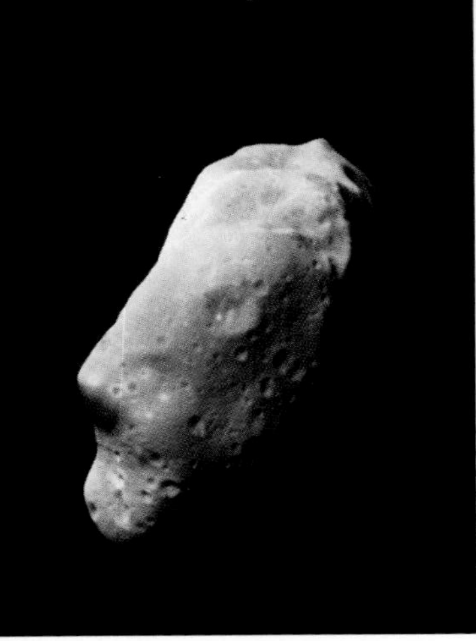

1993년 8월 28일 갈릴레오가 찍은 주요구역의 소행성 243 이다. 이다는 길이가 52킬로미터이고 4.6시간마다 한 번 자전한다. 소행성 구역의 더 작은 소행성들과의 충돌로 많은 화구가 남아 있다. 이다의 위성이 꼭대기에 보인다. JPL/NASA 제공.

나의 천체로 뭉치지 못했던 것이다. 즉 소행성이란 과거에 하나의 천체를 이루었던 전력이 없는, 즉 하나의 천체로 뭉칠 수 없는 숙명을 타고난 구성 물질들인 것이다.

킬로미터 크기 이하로 내려가면 소행성의 개수는 수백만에 달하지만 이 개수 가지고는 방대한 부피의 행성간 공간 속에서 태양계 외곽으로 향하는 우주선에게 큰 위협을 줄 수 없다. 주요구역의 소행성 가스프라와 이다는 각각 1991년과 1993년에 목성을 향해 거북이처럼 달려가는 갈릴레오 우주선에 의해 처음으로 사진에 찍혔다.

주요구역의 소행성들은 자기 고향을 지키고 있기 때문에 그들을 조사하려면 갈릴레오 우주선처럼 그곳으로 가야만 한다. 이와 달리 혜성은, 최근에도 핼리혜성이 1910년과 1986년에 그랬듯이, 가끔 우리를 방문한다. 혜성은 주성분인 얼음과 소량의 암석과 유기물질로 이루어졌다. 혜성이 가열되면 얼음이 증발하여 길고 아름다운 꼬리가 생기는데 태양풍과 햇빛의 압력으로 바깥 쪽으로 나부낀다. 태양 근처를 여러 차례 지나간 후 얼음은 모두 증발되고 암석과 유기물만의 죽은 천체를 남길 때도 있다. 때때로 그들을 뭉치게 했던 얼음이 날아가 버리고 남은 알갱이들은 혜성 궤도에 뿌려져 태양 둘레를 돈다.

모래알 크기만한 이런 혜성 물질들이 빠른 속도로 지구 대기에 진입할 때마다 타버리면서 지구의 관측자가 간헐적 유성 또는 〈별똥별〉이라고 부르는 일시적으로 빛나는 꼬리를 나타낸다. 부숴져 가는 혜성이 지구 궤도와 교차하는 궤도를 그릴 때가 있다. 그러면 매년 지구는 태양 둘레를 도는 주기적인 운동중에 혜성 알갱이들의 띠와 마주치게 된다. 이때 우리는 하늘이 혜성의 파편들에 의해 불타오르는 유성우(때로는 유성폭풍) 현상을 보게 된다. 예를 들면, 페르세우스 유성우는 해마다 8월 12일경에 보이는데 이는 죽어가는 스위프트-터틀 혜성에서 유래한다. 하지만 유성우의 아름다움에 현혹되어서는 안 된다. 이 희미하게 빛나는 밤 하늘의 방문객들은 한 천체가 멸망해 가는 과정이기 때문이다.

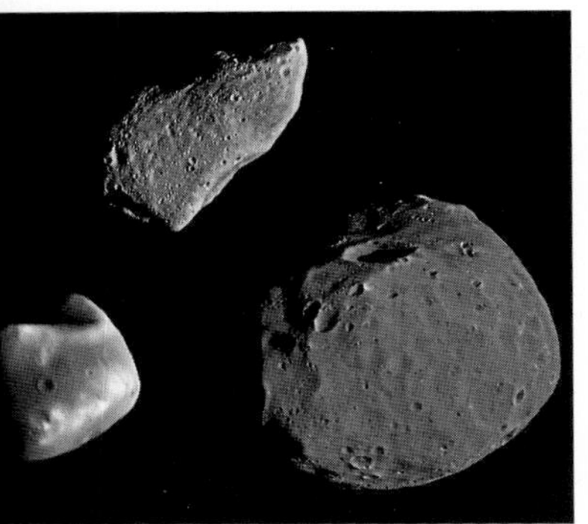

실제 크기의 비율대로 보이는 주요구역 소행성 이다(위)와 화성의 두 위성 데이모스(좌)와 포보스(우). JPL/NASA 제공.

몇몇 소행성은 이따금 가스를 조금씩 뿜어내거나 일시적인 꼬리를 뻗을 때가 있는데, 이는 혜성에서 소행성으로 탈바꿈하는 과정에 있음을 말해준다. 행성 둘레를 도는 작은 위성들 가운데 일부는 소행성이나 혜성이 포획된 것인지도 모른다. 화성의 위성이나 목성의 외곽 위성들이 그런 것 같다.

중력은 너무 두드러진 것 모두를 밋밋하게 만들지만, 매우 큰 천체라야

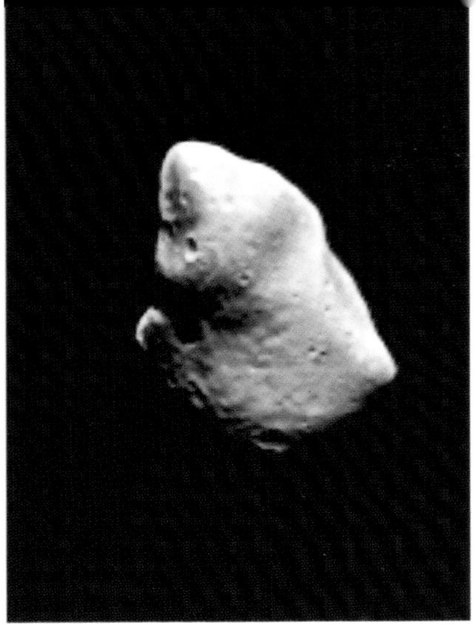

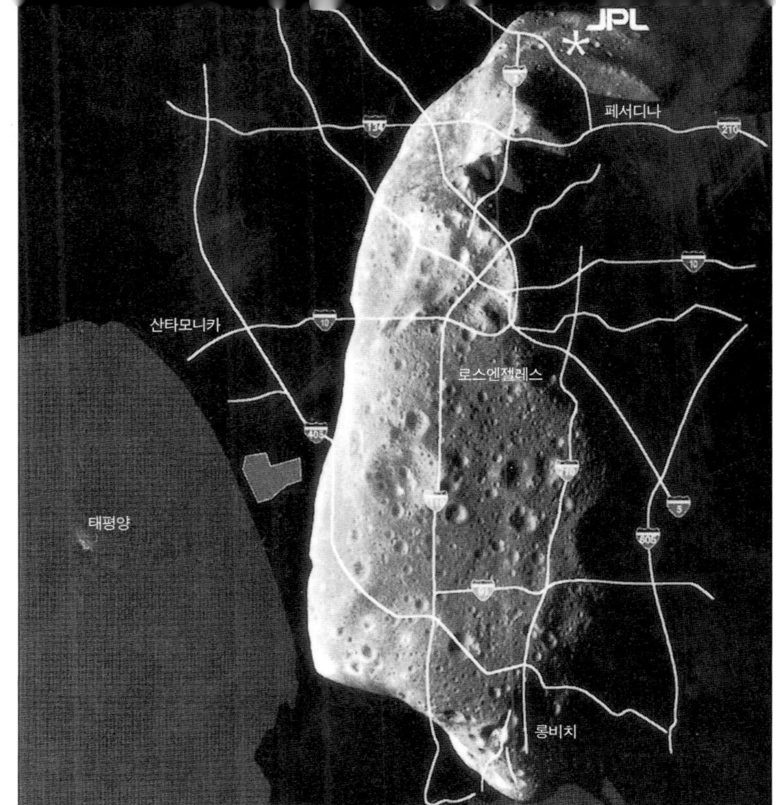

▲ 갈릴레오 우주선이 긴 우회경로를 거쳐 목성으로 가는 도중 탐방한 주요구역 소행성 951 가스프라의 사진. JPL/NASA 제공.

▶ 가스프라와 로스엔젤리스 고속도로망의 비교. JPL/NASA 제공.

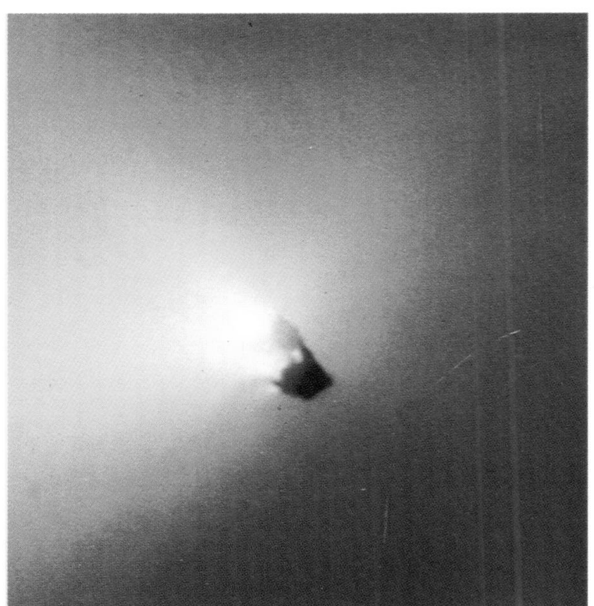

핼리혜성 중심핵의 두 사진. 중심핵은 매우 어둡고 유기물질로 덮여 있다. 수증기와 미립자들이 그 표면에서 분출하여 태양광선의 압력과 태양풍으로 빛나는 꼬리로 형성된다. 핼리혜성은 지름이 10킬로미터 정도로 백악기 제3기에 지구에 충돌한 천체의 크기에 해당한다. 유럽 외계기구의 지오토 우주선에 실은 핼리 색채 카메라로 촬영. ESA 제공.

만 중력이 커서 산이나 기타 돌출물들이 스스로 무너져 둥근 천체를 만들 수 있다. 실제로 천체의 모양을 살펴보면, 작은 소천체들은 거의 언제나 혹투성이의 불규칙한 감자 모양임을 알 수 있다.

천문학자들 중에는 달도 없는 추운 밤에 날이 샐 때까지 밤하늘(작년 또는 재작년에도 찍었던)의 사진을 찍는 것을 낙으로 삼는 사람들이 있다. 지난번에 잘 찍었다면 무엇 때문에 다시 찍을까? 이렇게 물어보는 사람들이 있으리라. 그 답은 하늘은 변한다는 것이다. 전에는 보지 못했던 미지의 소천체가 지구로 접근하고 있는 것이 이런 열성적인 관측자에게 발견되는 수가 있다.

1993년 3월 25일, 캘리포니아 주의 팔로마 산에서 간헐적으로 구름이 끼던 밤하늘을 찍은 사진을 보고 있던 소행성과 혜성 사냥꾼들의 한 모임은 사진에서 한 흐릿하고 길쭉한 얼룩을 찾아냈다. 그것은 밤하늘에서 아주 밝게 빛나는 천체인 목성 근처에 있었다. 그때 캐롤린과 유진 슈메이커와 데이비드 레비는 다른 관측자들에게 그 사진을 보기를 권했다. 그 얼룩은 아주 놀라운 것으로 밝혀졌다. 20개 정도의 빛나는 작은 물체들이 진주 목걸이처럼 한 줄기가 되어 목성 둘레를 돌고 있었는데, 이들을 합쳐서 슈메이커-레비 9 혜성으로 부르게 되었다.(이는 이 모임이 함께 발견한 9번째 주기 혜성이었다.)

그러나 이들을 한 혜성으로 부르는 것이 좀 어리둥절하다. 그곳에는 아마도 지금까지 발견되지 않았던 한 혜성이 조각나서 생긴 것으로 보이는 무더기가 있었다. 그것은 태양 둘레를 40억 년 동안 말없이 돌다가 수십 년 전에 너무 가깝게 목성을 지나가면서 태양계에서 제일 큰 이 행성의 중력에 끌려 붙들린 후 1992년 7월 7일에 목성의 중력이 일으키는 조석작용으로 산산 조각나고 말았던 것이다.

이 혜성의 안쪽 부분이 바깥쪽 부분보다 더 강하게 목성에 끌린다는 것을 짐작할 수 있다. 끌리는 힘의 차이는 매우 작다. 우리 발은 머리보다 지구 중심에 가깝지만 지구의 중력 때문에 우리 몸이 찢어지지는 않는다. 이러한 조석으로 찢어지려면 원래부터 혜성이 아주 약하게 뭉쳐 있어야 한다. 조각이 나기 전의 혜성은 느슨하게 뭉쳐진 얼음과 암석과 유기물질의 덩어리로 크기는 10킬로미터(약 6마일) 가량 되었을 것으로 짐작된다.

그 뒤 이 파괴된 혜성의 궤도가 아주 정밀하게 계산되었다. 1994년 7월 16일에서 22일 사이에는 모든 조각이 차례로 목성과 충돌했다. 큰 조각은

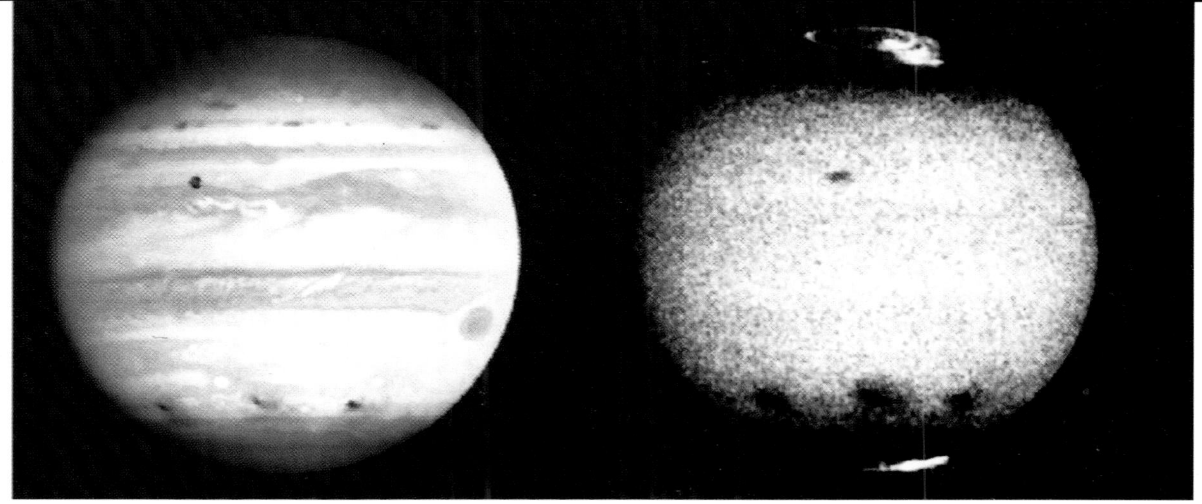

1994년 7월 17일에 찍은 목성의 두 사진. 왼쪽은 보랏빛, 오른쪽은 자외선으로 찍은 것이다. 남반구에 보이는 세 개의 검은 반점은 왼쪽부터 오른쪽으로 혜성 조각 C, A, E의 충돌지점이다. 보랏빛으로는 이 세 개의 반점이 지구만큼 큰데 자외선으로는 매우 더 크다. 반점은 혜성으로부터 목성에 반입되었거나 목성 대기 속에서 혜성의 충격파로 만들어진 복잡한 유기분자에 기인한다. 보랏빛과 자외선으로 어둡게 보이는 극관에 유의하라. 이것은 목성의 자기권으로부터 극 근방의 대기로 흘러들어온 전자들에 의해서 만들어진 복잡한 유기분자에 기인한 것 같다. 극 둘레의 밝은 무늬는 목성의 오로라이다. 허블 우주망원경의 광시야 행성 카메라 2의 영상. 미시간 대학의 존 클라크와 NASA 제공.

그 궤도가 지구 근방을 지나가는 소행성은 약 200개 정도가 알려져 있다. 그들은 적절하게도 〈지구 근접〉 소행성으로 불린다. 그들의 상세한 모습은(주요구역의 사촌들처럼) 격렬한 충돌 역사의 산물임을 곧 알아보게 한다. 그들 중 많은 것은 한때는 더 컸던 소천체가 깨진 조각이나 잔해로 추측된다.

지구 근접 소행성은 몇 개를 제외하면 크기가 불과 몇 킬로미터나 그 이하로 작고 태양 둘레를 도는 데 일 년 내지 수 년이 걸린다. 그들의 약 20퍼센트는 조만간 지구와 충돌해서 파괴될 것이다.(천문학에서 〈조만간〉은 수십억 년에 걸칠 수 있다.) 키케로는 하늘의 절대적 질서와 규칙 속에 〈우연〉이나 〈우발사고〉는 있을 수 없다고 장담하였지만 이는 매우 잘못된 생각이다. 오늘날에도 슈메이커-레비 9 혜성과 목성의 충돌이 우리를 깨우쳐주듯이 행성간 공간에서는, 태양계 초기에 일어났던 규모에는 못 미치지만 폭력 사태가 예사로 일어나고 있다.

주요구역의 소행성처럼, 많은 지구 근접 소행성들은 암석질이다. 몇몇은 주로 금속으로 이루어졌는데, 이런 소행성이 지구 둘레 궤도를 돌게 만든 다음 체계적인 채광을 한다면 엄청나게 수지맞을지도 모른다. 몇백 마일 상공에 순도 높은 광물을 지닌 광산이 생기는 셈이다. 이런 소행성 하나에서 캐내는 백금족 금속의 값어치만 해도 수조 달러에 달할 터이다. 다만 이런 물질이 흔하게 나돈다면 그 단가는 폭락할 것이다. 적당한 소행성에서 금속이나 광물을 추출하는 방법은, 예를 들면 현재 애리조나 대학의 행성과학자 존 루이스에 의하여 연구되고 있다.

일부 지구 근접 소행성은 유기물질을 많이 포함하고 있는데 태양계의 아주 초기부터 보존된 것 같다. 쌍으로 붙어 있는 것들도 JPL의 스티븐 오스트로에 의해서 발견되었다. 아마 더 큰 천체가 목성 같은 행성의 강한 중력

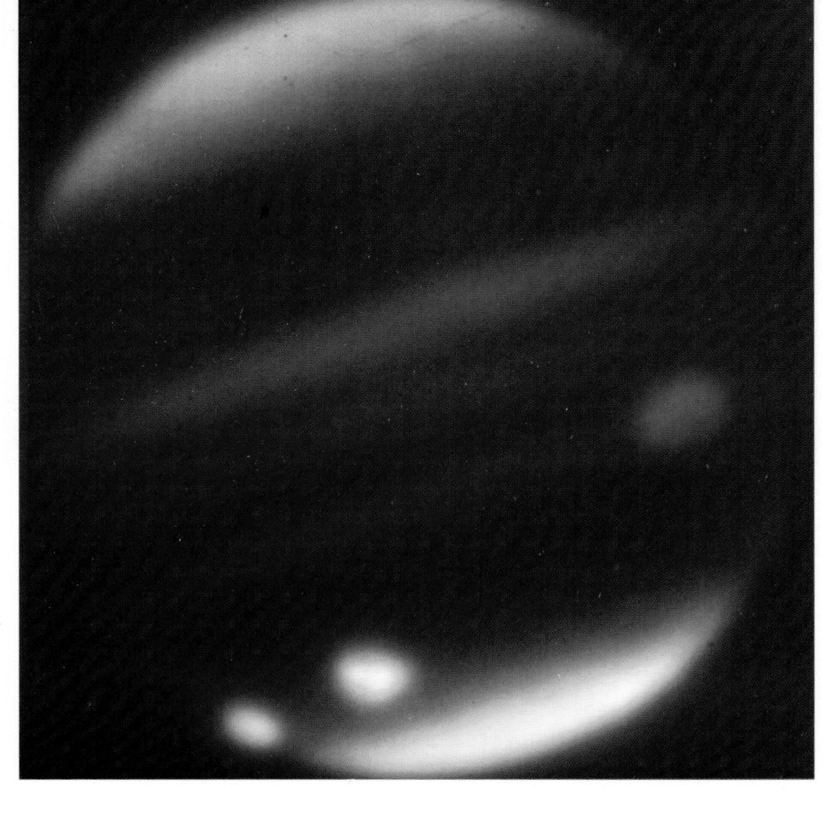

슈메이커-레비 9 혜성의 조각 A와 C의 목성 충돌(왼쪽 아래). 이 사진은 하와이에 있는 켁 천문대에 있는 세계 최대의 광학 망원경으로 찍은 것이다.

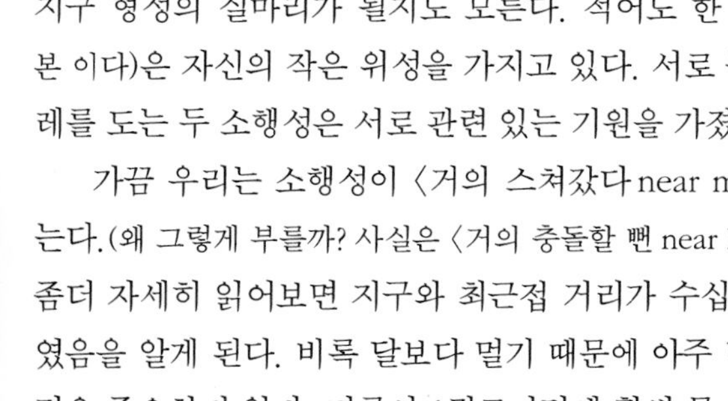

조석에 의해 두 개로 쪼개진 것 같다. 더 흥미로운 것은 두 개의 천체가 비슷한 궤도를 돌다가 살짝 지나치려다 붙어버린 경우이다. 이 과정은 행성이나 지구 형성의 실마리가 될지도 모른다. 적어도 한 소행성(갈릴레오 우주선이 본 이다)은 자신의 작은 위성을 가지고 있다. 서로 붙은 두 소행성과 서로 둘레를 도는 두 소행성은 서로 관련 있는 기원을 가졌으리라 짐작된다.

가끔 우리는 소행성이 〈거의 스쳐갔다 near miss〉고 말하는 소리를 듣는다.(왜 그렇게 부를까? 사실은 〈거의 충돌할 뻔 near hit〉했다는 뜻이다.) 그러나 좀더 자세히 읽어보면 지구와 최근접 거리가 수십만 내지 수백만 킬로미터였음을 알게 된다. 비록 달보다 멀기 때문에 아주 멀다고 할 수도 있지만 이것은 중요하지 않다. 지름이 1킬로미터에 훨씬 못 미치는 모든 지구 근접 소행성의 목록을 만든다면 먼 미래의 그들 궤도를 그려내고 잠재적으로 어느 소행성이 위험한지 예측할 수 있을 것이다. 지름이 1킬로미터를 넘는 것은 2,000개 정도로 추정되는데 실제로 관측된 것은 몇 %에 불과하다. 지름이 100미터 이상되는 것은 20만 개 정도로 추정된다.

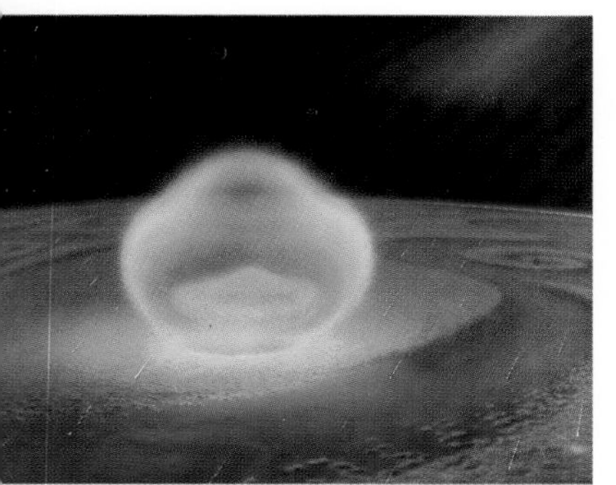

혜성 조각이 목성 대기와 충돌해서 내부로부터 화구를 만들어낸다. 그림 돈 데이비스.

지구 근접 소행성들은 공상을 불러일으키는 신화상의 이름들을 갖고 있다. 오르페우스, 하토르, 이카루스, 아도니스, 아폴로, 세르베우스, 쿠푸, 아

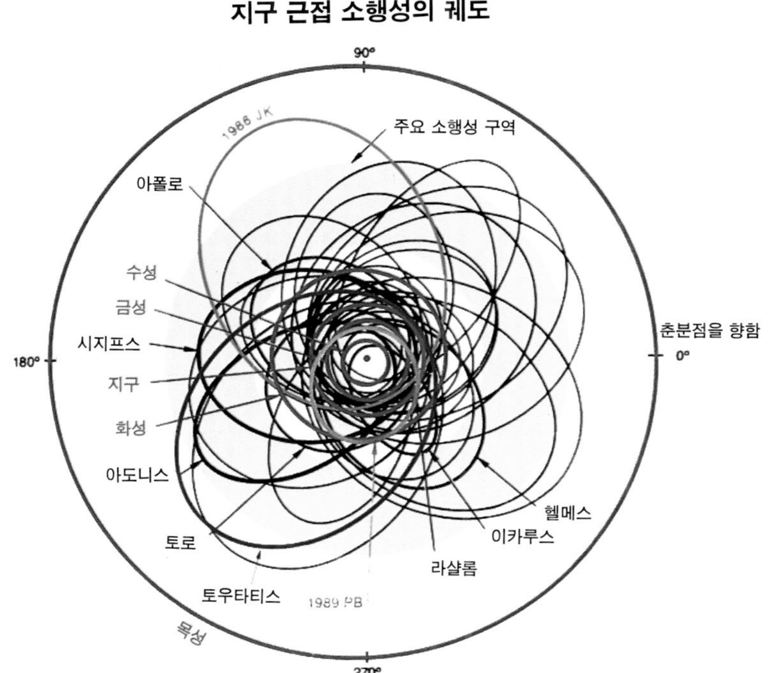

지구 궤도와 교차하는 2,000개 가량의 큼직한 소행성 중 일부를 나타냈다. 수성, 금성, 지구, 화성, 목성의 궤도를 붉은 색으로 나타냈다. 조만간에 이 작은 천체들 중 몇몇은 지구와 부딪힐 것이다. 그림 JPL/NASA 제공.

모르, 탄탈루스, 아텐, 미다스, 라샬롬, 파에톤, 토우타이스, 퀘찰코아틀. 이들 중에는 특별히 탐험 가능성이 있는 것이 몇 개 있는데 예로 네레우스를 들 수 있다. 일반적으로 지구 근접 소행성은 착륙과 이륙이 달보다 훨씬 쉽다. 네레우스는 지름 1킬로미터 가량의 꼬마 천체로 접근하기 가장 쉬운 소행성의 하나이다.* 그것은 진정한 신세계에 대한 진짜 탐험이 될 것이다.

어떤 우주비행사들은(모두 이전의 소련 출신) 네레우스까지의 왕복여행에 걸리는 시간보다도 더 오랫동안 외계공간에 머문 일이 있었다. 그곳에 도달할 로켓 기술은 이미 존재한다. 그것은 화성에 가는 것보다, 아니 달에 다시 가는 것보다도 여러 면에서 훨씬 짧은 여행이다. 그러나 무엇이 잘못

*소행성 1991 JW는 지구 궤도와 아주 비슷한 궤도를 도는데 이곳에 가기는 4660 네레우스보다도 쉽다. 그러나 그 궤도가 지구 궤도와 너무 닮았기 때문에 자연의 천체가 아닌 것 같다. 아마 새턴 V 아폴로 로켓의 잃어버린 상단 부분인지도 모른다.

될 경우 단지 2, 3일만에 안전하게 돌아올 수는 없다. 이런 점에서 화성에 가는 여행과 달에 가는 여행의 중간 정도의 어려움이 있다고 할 수 있다.

네레우스로 가는 많은 여행 계획 가운데, 가는 데는 10개월이, 머무는 데는 30일이, 그러나 돌아오는 데는 불과 3주일이 걸리는 계획이 있다. 네레우스 탐험은 로켓만으로 하거나 원한다면 사람도 갈 수 있다. 우리는 이 작은 천체의 형태, 구조, 내부 상태, 과거 역사, 유기화학, 우주적 진화, 혜성과의 관련성 등을 조사할 수 있다. 또 표본을 회수한 후 지구의 실험실에서 천천히 조사할 수도 있다. 거기에 상업적 가치가 있는 자원(즉 금속이나 광물)이 있는지도 알아볼 수 있다. 만일 화성으로 사람을 보내게 된다면, 우리는 지구 근접 소행성을 편리하고 적절한 중간 목적지로 택하여, 거의 알려진 것이 없는 이 작은 천체를 조사하는 한편 탐험 기계 장비나 탐험 종목을 시험할 수 있다. 이는 다시 우주의 대해로 출항하는 데 즈음하여 우리의 발을 풀어 주는 준비 운동 역할을 할 수 있을 것이다.

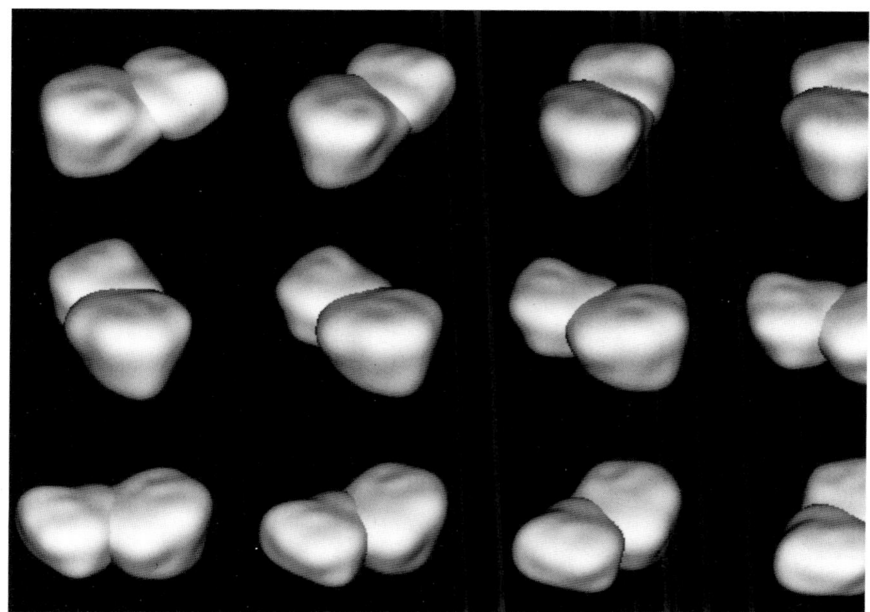

정체 불명의 비행 〈어금니〉. 지구 근접 소행성 4769 카스탈리나가 수직축 둘레에 돌고 있는 컴퓨터 모형. 이 모형은 1989년에 JPL의 스티븐 오스트로와 그 동료가 아레시보 전파천문대의 레이더 자료를 바탕으로 만든 것이다. 이때 소행성은 560만 킬로미터(약 350만 마일) 거리에 있었다. 더 높은 분해능으로 이 쌍둥이 천체를 보면 의심할 여지 없이 화구가 많이 보일 것이다. 이것은 한 소행성이 다른 소행성과 부드럽게 부딪혀서 생긴 것 같은데 이 과정은 행성의 기원에 대한 실마리를 밝혀주는 것 같다. JPL/NASA 제공.

18 장

카마리나의 늪

이제 어떤 개선이라도 너무 늦었다. 우주는 완성되었다.
갓돌은 놓여졌고, 돌 조각들은 백만 년 전에 사라졌다.
—허먼 멜빌의 『백경』 제2장(1851)

카마리나는 남부 시실리에 있는 도시로 기원전 598년에 시라쿠사에서 온 이주자들이 만들었다. 한두 세대가 지난 후, 일설에는 인접한 늪지대에 기인한, 악성 유행병의 위협을 받게 되었다.(질병의 세균원인설은 고대 사회에서는 널리 받아들여지지 않았으나 그와 비슷한 생각은 있었던 모양이다. 예를 들어 마르쿠스 바로는 기원전 1세기에 도시를 늪지대 가까이에 건설하지 말도록 권고하면서 그 이유를, 〈그곳에는 눈에 보이지 않는 어떤 작은 생물이 번식하는데 그것이 공중을 떠돌다가 입이나 코를 통해 인체로 들어와 심한 질병을 일으키기 때문〉이라고 하였다.) 카마리나의 위협은 대단하였다. 늪지대를 말려버릴 계획이 세워졌다. 그런데 신탁을 전하는 사람이 이런 역사를 금지하고 그 대신 감내하기를 권했다. 그러나 인명이 걸린 문제

◀ 지질 시대의 백악기가 끝난다. 지름 10킬로미터의 소행성 또는 혜성이 지구로, 즉 오늘날 유카탄 반도로 알려진 곳으로 돌진하였다. 이 때문에 지구상의 모든 공룡과 다른 모든 생물의 75퍼센트가 절멸한다. 그림 돈 데이비스.

행성간 천체, 아마도 혜성의 파편이 지구의 대기를 뚫고 들어오다가 지표에 닿기 전에 타버린다. 배경에 많은 별들이 보인다. 우연하게도 이 화구는 멀리 있는 나선 은하 앞을 지나가고 있다. 크기 수백 미터 이상의 충돌 천체는 지구 문명을 위태롭게 한다. 영호천문대 제공, 사진 데이비드 맬린.

였으므로 신탁은 무시되었고 늪지대의 배수 작업이 감행되었다. 악성 유행병은 곧 없어졌다. 그런데 뒤늦게 이 늪이 그 도시를 적으로부터(이제 그 중에는 그들의 사촌인 시라쿠사 사람들도 들어 있다) 지켜주고 있었음을 알게 되었다. 2,300년 후에 미국에서 있었던 일처럼 이주민들은 그들의 모국과 싸우게 되었던 것이다. 기원전 552년 시라쿠사 군은 늪이던 마른 땅을 넘어 남녀노소를 가리지 않고 살해하고 도시를 싹 쓸어버렸다. 카마리나의 늪은 그보다 더한 위험을 불러들이는 위험을 제거한다는 속담이 되었다.

백악기 제3기의 충돌(한번 이상일지도 모른다)은 소행성이나 혜성으로 인한 천재의 본보기이다. 이 충돌 때문에 잇따라 재화가 일어났다. 세계를 제물로 불사르는 큰 화재가 지구의 거의 모든 식물을 태워버렸고, 성층권을 덮은 먼지구름은 하늘을 어둠으로 감싸서 살아남은 식물의 광합성 작용을 막았다. 전세계적으로 한파가 닥쳤고, 부식성 산성비가 퍼부었고, 오존층이 대규모로 파괴되었으며, 마지막으로 지구의 상처가 아물 무렵부터 온실효과(대충돌은 탄산염 암석의 퇴적층을 기화시켜 공기 중에 막대한 양의 이산화탄소를 방출한다)에 의한 온난화가 오랫동안 지속되었다. 그것은 하나의 재화로 그치기보다는 재앙과 공포의 잇따른 내습과도 같았다. 하나의 재화로 약해진 유기체는 다음 번 재화로 끝장났다. 우리 문명이 이보다 상당히 적은 에너지의 충돌에서 살아남을 수 있을지 참으로 의심스럽다.

큰 것보다는 작은 소행성이 많기 때문에 지구와의 충돌은 보통 작은 놈들의 차지가 된다. 그러나 좀더 오래 기다려 보면 더 심한 결과를 낳는 충돌이 발생한다. 평균 수백 년에 한 번 정도로 지름이 70미터 이상되는 천체와 부딪친다. 그 결과 발생하는 에너지는 지금까지 폭발한 최대 핵폭탄의 에너지와 맞먹는다. 1만 년에 한 번은 지름이 200미터가 되는 천체와 충돌한다. 이는 국지적으로 중대한 기후 변화를 일으킬 수 있다. 100만 년에 한 번은 지름 2킬로미터의 천체와 충돌하는데, 이것은 TNT 100만 메가톤, 즉 (유례없는 사전 경고가 없다면) 대부분의 인류를 희생시키는 전지구적인 재앙을 일으킬 수 있는 폭발과 거의 맞먹는다. 100만 메가톤의 TNT란 지구 위의 모든 핵 폭탄을 동시에 터뜨렸을 때 나타날 폭발 효과의 100배에 해당한다. 앞으로 1억 년 안에 이를 훨씬 능가하는 백악기 제3기 충돌(지름 10킬로미터 또는 그 이상의 천체가 일으킨)과 비슷한 큰 사건이 예상된다. 대형의 지구 근접 소행성이 지닌 파괴 에너지는 인류가 손댔던 어떤 폭발물도 하찮은 것으로 만들어 버릴 터이다.

미국의 행성과학자 크리스토퍼 치바와 그 동료가 처음 밝혔듯이 수십 미터 크기의 작은 소행성이나 혜성은 지구 대기층에 들어오면 깨어져 타버리고 만다. 이들은 비교적 자주 오지만 큰 피해는 별로 없다. 이들이 얼마나 자주 지구 대기층에 들어오는지는 국방성의 비밀 자료(비밀 핵 폭발을 감시하는 특수 위성에서 얻어진)에서 알아볼 수 있다. 과거 20년 동안 수백 개의 소천체(및 최소한 한 개의 큰 천체)가 지구에 충돌했던 것 같다. 이들은 아무런 해도 끼치지 않았다. 하지만 작은 혜성이나 소행성의 충돌을 대기 속의 핵 폭발과 구별할 수 있어야 한다.

지구 문명을 위협하는 충돌은 지름이 수백 미터 이상인 천체를 필요로 한다.(100미터면 대략 축구장 길이만 하다.) 이들은 약 20만 년에 한 번꼴로 부딪친다. 우리 문명은 겨우 1만 년 정도의 나이므로 이런 충돌을 역사에 남긴 기록은 없다. 우리 기억에도 없다.

1994년 7월에 슈메이커-레비 9 혜성은 목성 위에서의 잇따른 폭발로 눈길을 끌었는데, 이는 실제로 이런 충돌이 오늘날에도 일어나고 있으며, 지름

지름 10킬로미터의 소행성 또는 혜성(6,500만 년 전에 대부분의 생물을 절멸시켰던 천체와 비슷한)과 충돌한 직후의 지구. 이 상상화에서 충돌은 워싱턴 D.C. 근방의 미국 동해안에서 일어났다. 충돌 화구는 체사피크 만으로 흘러드는 물로 채워지기 시작한다. 지구 곳곳에서 화재가 일어나고 있다. 그림 돈 데이비스.

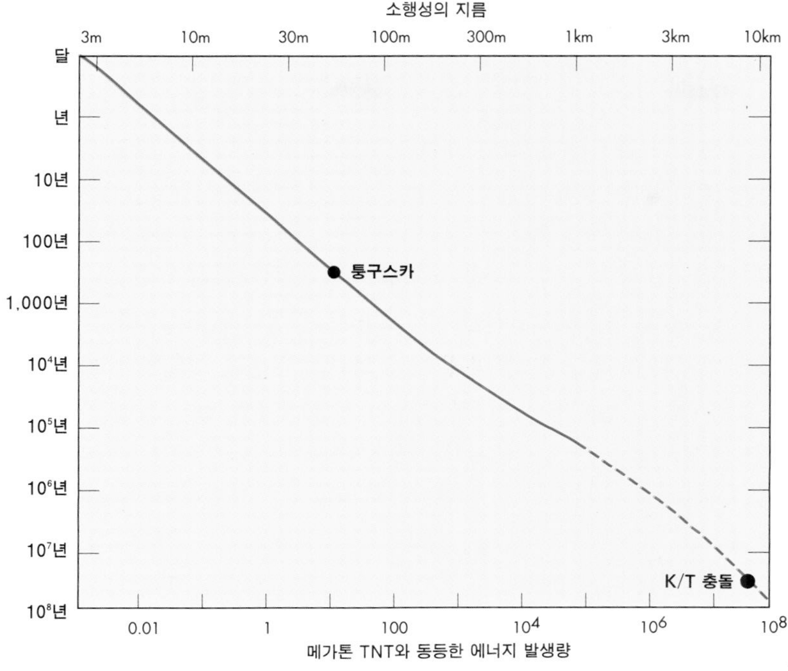

어느 만한 소행성이 어느 만큼의 피해를 주며 얼마나 자주 지구에 부딪힐까? 이 그림은 애리조나 주 투손에 있는 행성과학연구소의 클라크 채프맨과 NASA 에임스 연구센터의 데이비드 모리슨이 만들었는데 현재 지식의 최첨단을 요약하고 있다. 이것은 다음과 같이 읽는다. 1908년 시베리아 상공의 지구 대기층에 돌입한 천체 〈퉁구스카〉란 점을 생각해 보자. 그것은 지상에 화구를 만들기 전에 세력이 소모되기는 했지만 삼림을 휩쓸었으며 지구 반대쪽에서도 탐지될 정도로 강력했다. 퉁구스카와 같은 사건은 지름 50미터 정도(위의 눈금)의 소행성으로도 발생하는데, TNT 10메가톤 정도(아래 눈금)에 해당하는 에너지(강력하지만 현재 최강력 핵무기의 파괴력에는 못 미친다)를 방출한다. 수직 축의 눈금을 읽으면 이런 충돌이 몇 세기에 한 번 일어남을 알 수 있다. 곡선을 따라 오른쪽으로 갈수록 더 큰 천체, 더 위험한 충돌, 더 긴 대기시간에 해당하는 사건이 된다. 백악기-제3기(K/T) 충돌은 오른쪽 아래에 보인다.

이 수 킬로미터인 천체가 충돌하면 지구만한 넓이에 파편을 뿌려놓을 수 있음을 알려준다. 이것은 일종의 흉조로 볼 수 있다.

슈메이커-레비의 충돌이 있었던 바로 그 주에 미 하원의 과학 및 우주위원회는 NASA로 하여금 〈국방부과 다른 나라의 우주계획기구〉와 함께 지구로 접근하는 〈지름 1킬로미터를 넘는 모든 혜성과 소행성〉의 궤도 특성을 결정하도록 하는 법안의 초안을 작성하였다. 이 작업은 2005년까지 완결될 예정이다. 이런 수색 계획은 이미 많은 행성과학자들이 건의한 바 있으나 그 실시에는 한 혜성의 죽음이 필요했던 것이다.

충돌이 일어날 때까지의 긴 대기 기간을 생각하면 소행성 충돌의 위험은 그다지 대수롭지 않은 것 같다. 그러나 실제로 큰 충돌이 일어났다면 그것은 인류에게 전례 없는 큰 참변이 될 터이다. 새로 태어난 아기의 일생 동안 이런 충돌은 약 2,000분의 1 정도의 확률로 일어날 수 있다. 만약 충돌할 확률이 2,000분의 1이라면 아마 우리들 대부분은 비행기를 타지 않을 것이다.(사실 상업용 항공기의 충돌 확률은 2백만 분의 1이다. 그런데도 많은 사람들은 이런 사건이 발생할 것을 크게 걱정하여 보험에 들기까지 한다.) 원래 목숨이 걸리면 좀더 안전한 쪽을 택하는 법이다. 그러지 않는 사람은 이미 이 세상 사람이 아니기 십상이다.

필요하다면 우리는 이런 소천체에 올라타 그 궤도를 수정하는 방법을 미리 익혀둬야 할지도 모른다. 멜빌이 말한 것과는 달리 우주 창조의 돌조각들은 아직도 몇 개가 남아 있고, 개선의 손길은 분명히 필요한 것이다. 서로 평행하고 어쩌다 약하게 영향을 미치는 궤도를 따라, 행성과학계와 미국과 러시아의 핵무기 실험실들은 이러한 상황을 고려하여 다음의 문제들을 추구하고 있다. 즉, 지구에 접근하는 제법 큰 행성간 천체를 모두 감시하려면 어떻게 해야 하는가, 그들의 물리적·화학적 성질을 어떻게 규정할 것인가, 그 중 어느 것이 장차 지구와 충돌할 만한 궤도를 돌고 있는가, 그리고 마지막으로 충돌을 미연에 방지하려면 어떻게 해야 할 것인가 등이다.

러시아의 우주 비행 선구자 콘스탄틴 치올코프스키는 1세기 전에, 간혹 지구에 떨어지는 천체 중 크기가 관측된 큰 소행성과 소행성의 조각 즉 운석의 중간 크기되는 천체가 있을 것이라고 주장했다. 그는 행성간 공간에 있는 작은 소행성 위에서 생활하는 것에 대하여 썼는데 군사적 의도는 없었다. 그러나 1980년대 초에 미국의 어느 군수 전문가가 소련이 지구 근접 소행성을 일차 공격무기로 이용할지 모른다고 말했다. 그 계획은 〈이반의 망치〉로 불렸고 이에 대한 대항무기가 필요했다. 동시에 미국도 소행성을 무기로 이용하는 방법을 연구하는 것도 나쁘지 않은 생각이라고 생각되었다. 국방부의 탄도유도탄 방위기구는 1980년대 별들의 전쟁 사무실을 계승한 기관으로서 달 둘레를 돌고 지구 근접 소행성 제오그라포스 옆을 날아갈, 클레멘타인이라 불리는 신형 우주선을 쏘아올렸다.(1994년 5월에 달에 대한 정찰은 훌륭히 마쳤지만 제오그라포스에 도착하기 전에 실패하였다.)

이론상으로 소행성을 움직이는 데는 큰 로켓엔진을 쓰거나 물체를 충돌시키거나 혹은 거대한 반사판을 부착시켜 햇빛이나 지상의 강력한 레이저의 척력을 이용할 수 있다. 그러나 지금 가능한 기술로는 두 가지만이 있을 뿐이다. 첫째는 한 개 또는 그 이상의 고성능 핵무기로 혜성 또는 소행성을 폭파하고 그 조각들이 지구 대기로 들어오게 하여 원자로 해체시키는 것이다. 만약 그 천체가 약하게 뭉쳐 있다면 아마 수백 메가톤급의 폭발로 족할 것이다. 열핵반응 무기의 폭발력에는 이론적인 한계가 없으므로, 무기 실험실의 사람들 중에는, 더 큰 폭탄을 만드는 일 자체가 신날 뿐 아니라 지구를 살리는 대열 속에 핵무기도 한 자리 차지하게 됨으로써 성가신 환경보호주해서 오늘날에는 CFC의 제조를 거의 중지할 수 있게 되었다. 그러나 앞으로 백 년 정도가 지날 때까지는 실제의 위해를 피했는지 아닌지를 알지 못한다. CFC의 모든 파괴 작용이 끝나는 데 그만큼의 시일이 걸린다는 이야기이다. 옛날의 카마리나 시민들처럼 우리도 잘못을 저지른다.* 우리는 어쩌다 신탁의 경고를 무시하는 것이 아니라 특별히 신탁을 들어보려고도 하지 않는다.

소행성을 지구 궤도로 움직이게 한다는 생각은 일부 우주과학자와 장기 계획 연구가에게 매력적임이 드러났다. 그들은 소행성의 광물이나 귀금속을 채광하거나, 우주 공간에 건설할 건조물의 기초 구조를 위한 자원으로 이용하여 물자 운반을 위해서 지구 중력과 싸우는 노력을 없애는 것을 예측하고 있다.

이 목적을 달성하는 방법과 그 혜택에 관한 여러 연구 논문이 발표되었다. 현대 이론은, 처음에는 소행성이 지구 대기를 통과하게 함으로써 제동을 걸어 지구 둘레 궤도에 집어넣는 것이다. 이 작전에는 허용되는 오차 범위가 매우 작다. 가까운 장래에는 이런 계획 전체가 극히 위험하고 무모한 시도로 보아야 할 것이라고 나는 생각한다. 특히 크기 수십 미터 이상의 금속질 소행성의 경우에 그렇다. 이는 항행, 발사, 설계에서의 오차 모두가 대대적인 파멸을 야기할 위험이 있는 작전인 것이다.

위에서 말한 것은 부주의가 일으키는 사례들이지만 이와 다른 종류의 위험도 있다. 간혹 우리는 어떤 발명을 남용해서는 안 된다는 말을 듣는다. 미친 사람이 아니고서야 그리 무모할 수 있을까? 이것은 〈미친 사람만〉의 논법이다. 나는 이 말을 들을 때마다(이런 논의에서 자주 나오는 말이지만) 미친 사람이 실제로 있다는 생각이 되살아난다. 때때로 그들은 근대 산업국가에서 정치적 권력의 정상에까지 오른다. 금세기는 히틀러와 스탈린, 즉 최대의 위험을 다른 가족뿐만 아니라 자기 국민에게까지 안겨준 폭군들의 세기이다. 1945년의 겨울과 봄에 히틀러는 독일이 파괴되어야 한다고 명령하였다.(〈국민들의 기본적 생존에 필요한 것〉까지도.) 살아남은 독일인들은 그를 〈배

*물론 우리가 최근에 발명한 강력하게 파괴적인 기술 때문에 야기되는 문제들이 광범위하게 많다. 그러나 대개의 경우는 카마리나의 재화처럼 행동을 취해도 낭패이고, 안 취해도 낭패는 아니다. 그것은 예지나 시기의 선택에 있어서 궁지에 몰리는 경우, 예를 들어 가능한 대안이 많은데도 냉동제나 냉동 원리를 잘못 선택한 경우와 같다.

반〉했고 어쨌든 그들은 이미 죽은 사람들보다 〈열등〉하다는 이유 때문이었다. 만일 히틀러가 핵무기를 가졌다면, 연합군 핵무기(만약 있었다면)의 반격 위협으로도 그를 제지하기란 불가능했을 것이다. 도리어 그의 기세를 돋우었을지도 모른다.

우리 인류에게 문명을 위협할 만한 기술을 맡겨놓아도 될까? 만약 다음 세기에 소행성 충돌로 대부분의 사람들이 죽을 확률이 1,000분의 1이라면, 소행성의 방향 전환 기술이 엉뚱한 손아귀에 들어갈 가능성은 더 많은 것은 아닐까? 히틀러나 스탈린처럼 살인을 즐기는 인간혐오형의 반사회적 미치광이, 〈위대함〉과 〈영광〉을 갈망하는 과대망상증 환자, 복수심으로 불타는 인종주의 추종자, 유별나게 강한 남성호르몬 과다증에 지배되는 중독자들, 최후심판의 날을 앞당기려는 일부 광신자들, 혹은 단순한 기술자지만 경비와 안전 관리를 수행하는 데 경계심이 미흡한 경우 등등, 이런 사람들이 실제로 있는 것이다. 위험이 혜택보다 훨씬 더 크고 치료가 질병보다 더 나쁜 셈이다. 지구가 헤쳐나가야 하는 지구 근접 소행성들의 구름은 현대의 카마리나의 늪이 되고 있는 것이다.

이런 염려는 있을 것 같지 않은 상상에 불과하다고 생각하기 쉽다. 세상에는 건전한 정신을 가진 사람들이 대다수인 것만은 확실하다. 하지만 얼마나 많은 사람들이 이 계획에 관련하게 될 것인지를 생각해 보라. 핵탄두를 준비하고 발사하는 일, 우주 공간의 항행, 탄두의 발파, 핵폭발이 소행성에 어떤 궤도 변동을 주는지를 계산하는 일, 소행성을 지구와 충돌하는 경로로 이끄는 일 등등. 히틀러가 후퇴하는 나치 군대에게 독일 자체도 파괴하도록 명령했지만 그 명령이 수행되지 않았다는 것은 주목할 만한 일이 아닐까? 소행성 전향 계획을 성공시키는 데 꼭 필요한 어느 누군가는 확실히 그 위험을 알아차릴 것이다. 계획이 악의를 품은 어느 적성국가를 파괴하도록 설계되었다고 얘기하더라도 믿지 않을 것이다. 왜냐하면 충돌의 효과는 지구 전체에 미치기 때문이다.(어차피 그 소행성이 어느 특정 국가에 가서 엄청난 화구를 만든다는 보장은 없다.)

그러나 이제 어떤 전체주의 국가, 적대적인 군대에 침략당하지 않으며 부유하고 자의식이 강한 나라를 상상해 보자. 명령이 반드시 지켜지는 전통이 있고 소행성 계획에 종사하는 사람들에게는 그 계획의 전모가 알려져 있다고 상상해 보자. 소행성이 지구와 충돌하게 되었는데 이것을 빗나가게 하

갈릴레오 우주선이 주요구역 소행성 이다와 그 위성으로 접근하는 과정. 이 과정은 왼쪽 위에서 시작해서 그림 아래에서 구부러져서 오른쪽 위로 갔다가 페이지의 중앙에 이르는데 표면의 일부만 촬영되었다. 지구에 충돌하는 소행성은 (매일) 왼쪽 부분과 비슷한 접근 과정을 거칠 것이다. 첫째 상은 거의 점과 같은 것을 유의하라. 소행성에서 처음 발견된 위성의 존재는 10번째 상에서 알 수 있다. NASA 및 USGS의 알프레드 맥유안 제공.

는 것이 그들의 임무이다. 그러나 필요 이상으로 국민들이 걱정하지 않도록 이 작전은 비밀리에 진행되어야 한다. 명령 계통이 확립되고 각 분야의 지식이 서로 격리되어 있어 일반적인 비밀이 지켜지고 계획의 전모만이 주어진 군대에서 천재를 불러일으킬 명령을 거역하리라고 기대할 수 있을까? 앞으로 수십 년, 수백 년, 수천 년이 지나는 동안에 이런 일이 일어나지 않으리라고 우리는 확신할 수 있을까? 얼마나 자신 있게?

모든 기술은 선악을 가리지 않고 이용될 수 있다고 말하겠지만 소용 없는 말이다. 확실히 옳은 말이지만 그러나 〈악〉이 천지를 능히 진동시킬 지경에 달할 때는 기술 개발에 한계를 두지 않을 수 없다.(어떻게 보면 우리는 항상 그렇게 하고 있는지도 모른다. 왜냐하면 우리는 모든 기술을 다 개발할 형편이 못 되어 취사선택을 하기 때문이다.) 그렇지 않은 경우에는 국가들의 공동체가 광인이나 독재자, 광신적 행동에 대해서 제동을 걸어야 할 것이다.

소행성과 혜성을 추적 연구하는 것은 분별 있는 행동으로 훌륭한 과학이라 할 수 있으며 많은 비용이 드는 것도 아니다. 그러나 우리 인간의 약점을 안다면 왜 지금 와서 소행성을 건드려서 궤도를 수정하는 기술을 개발할

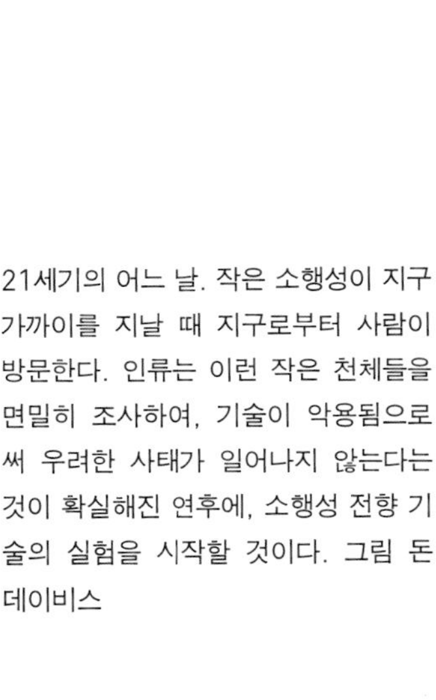

21세기의 어느 날. 작은 소행성이 지구 가까이를 지날 때 지구로부터 사람이 방문한다. 인류는 이런 작은 천체들을 면밀히 조사하여, 기술이 악용됨으로써 우려한 사태가 일어나지 않는다는 것이 확실해진 연후에, 소행성 전향 기술의 실험을 시작할 것이다. 그림 돈 데이비스

두 종류의 위험(하나는 자연적, 또 하나는 인공적)에 대한 효과적인 국제적 대책기구를 만듦으로써 인류가 단결해야 할 새로운 필요성과 유력한 구실을 마련해준다. 그것 외에는 만족스러운 대안이 있을 것 같지 않다.

어차피 우리는 인류의 단결을 향해서 통례적인 2보 전진 1보 후퇴식의 어름적거리는 걸음으로 나아가고 있다. 여기에는 교통과 통신 기술의 발달, 상호의존적인 세계 경제, 전지구적 환경 위기 등이 강한 영향을 주고 있다. 소행성 충돌의 위험은 이 걸음걸이를 재촉할 따름이다.

소행성이 지구에 큰 재해를 줄지의 여부를 철저하게 검토하고 그 위험성을 제거한 후에야 비로소 지름 100미터 이하의 작은 비금속질 소행성의 궤도를 변경하는 방법을 연구하게 되리라고 나는 상상한다. 소규모 폭발로

부터 시작하여 서서히 그 규모를 늘려 간다. 화학 성분과 결합력이 다른 여러 소행성과 혜성의 궤도 변경에 대한 경험을 얻은 후 어떤 방법을 택할 것인지를 결정한다. 아마도 22세기에는 핵폭발이 아닌 핵융합 반응이나 비슷한 방법(다음 장 참조)을 사용함으로써, 태양계 안에서 작은 천체들이 수정된 궤도를 돌게 할 수 있을 것이다. 또한 귀금속이나 공업용 금속으로 이루어진 작은 소행성을 지구 둘레 궤도에 진입시키며, 예측되는 가까운 장래에 지구와 충돌할 큰 소행성이나 혜성을 빗나가게 할 방위 기술을 단계적으로 개발하는 한편 이 기술의 악용에 대한 방위 태세를 다단계로 구축하는 데 세심한 고려를 기울일 터이다.

궤도 전향 기술을 악용할 때의 위험이 충돌시의 위험보다 훨씬 더 크기 때문에 그것에 대비하고 안전 대책을 취하고 정치적 안전 기구를 재구성하는 데는 수십 년, 아니 수 세기가 걸릴 것이다. 카드를 옳게 쓰고 운이 없지만 않다면 하늘에서의 전향 기술과 지상에서의 안전 대책을 조화시킬 수 있을 것이다. 어느 경우에도 이 둘은 깊숙이 연결되어 있다.

소행성의 위험은 우리에게 대책을 강요한다. 결국, 태양계 안쪽 여기 저기에 보통 이상의 인간 거주지를 설치해야 할 것이다. 그 중요성을 생각한다면 단순히 로봇만을 이용한 완화 수단에 만족할 수는 없다고 나는 생각한다. 이들을 안전하게 실현하려면 우리의 정치적·국제적 체제가 바뀌어야 한다. 우리 미래 대부분이 안개에 싸여 있지만 이 결론만은 확고하므로 변덕스러운 인간의 제도와 무관하리라 생각한다.

설사 우리가 전문적인 방랑자들의 후손이 아닐지라도, 또 우리가 탐험에 대한 열정에 고무되지 않더라도, 언젠가는, 우리 가운데 일부 사람들이, 우리 모두의 생존을 지속시켜야 한다는 그 이유만으로, 지구를 떠나야 한다. 일단 다른 천체로 나가면 생활할 우주 기지나 기초 구조물들이 필요하게 된다. 머지않아 곧 우리들 가운데 누군가는 이 인공 거주 구역이나 다른 천체에서 살게 될 것이다. 이것이 우리가 화성 탐험을 논할 때 언급하지 않았던 두 개의 논거 중 첫번째, 즉 외계 공간에서의 인간의 영주에 관한 것이다.

다른 행성계들도 충돌 위험에 당면한다. 왜냐하면 행성들을 만들었던 작은 원시 천체의 잔해가 소행성이나 혜성으로도 남아 있기 때문이다. 행성들이 형성된 후에도 이런 미행성 planetesimal들이 많이 남아 있다. 지구에서 문명을 파멸시킬 수 있는 충돌이 일어날 평균 시간 간격은 아마 20만 년 정도로,

우리 문명 나이의 20배 정도 된다. 만약 존재한다면, 다른 외계 문명에게는 이와 많이 다른, 즉 여러 가지 요인 예를 들어 그 행성과 생명권의 물리적·화학적 특성, 그 문명의 생물적·사회적 성격, 그리고 충돌의 빈도 등에 의존하는 시간 간격이 상관될 것이다. 대기압이 높은 행성은 어느 정도 큰 충돌 천체로부터 보호받겠지만, 그 압력이 온실 효과에 의한 온난화와 다른 결과에 의해 생물의 서식을 부적당하게 할 정도로 높아서는 안 될 것이다. 만약 지구보다 중력이 훨씬 약하다면 충돌 천체는 에너지가 보다 약한 충돌을 할 것이므로 그 피해가 줄어든다. 그러나 대기가 공간으로 도망갈 정도로 작아서는 안 된다.

다른 행성계에서의 충돌 빈도는 확실하지 않다. 우리 태양계에는 지구를 지나치는 궤도로 충돌 가능 천체를 공급하는 소천체 집단이 크게 두 개 있다. 공급 집단의 존재와 충돌 빈도를 유지하는 요인은 모두 천체들의 분포 양상에 의존한다.

예를 들어 우리 태양계의 오르트 구름 Oort Cloud은 천왕성과 해왕성 근방의 얼음으로 이루어진 작은 천체들이 두 행성의 중력에 의해 날아가 모인 집단이다. 만약 천왕성이나 해왕성의 역할을 하는 행성이 없었다면 오르트 구름은 훨씬 밀도가 엷은 집단이 되었을 터이다. 산개 성단이나 구상 성단의 별들, 이중성이나 다중성의 별들, 은하 중심에 가까운 별들, 성간 공간에 있는 거대 분자운과 자주 마주치는 별들은 그들이 거느린 지구형 행성을 향한 충돌 천체의 보다 많은 흐름을 가지고 있는지도 모른다. 만일 목성이 없었다면 지구로 향하는 혜성은 수백 내지 수천 배가 되었을 것이라는 사실이 워싱턴의 카네기 연구소 조지 웨더릴의 계산으로 밝혀졌다. 목성 같은 행성이 없는 행성계에서는 혜성에 대한 중력 차단이 약해지므로 문명을 파괴할 충돌이 훨씬 더 빈번하게 일어난다.

행성간 공간에서 천체들의 흐름이 늘어나면, 어느 정도까지는 진화의 속도가 증가할지도 모른다. 예로서 공룡을 절멸시킨 백악기-제3기의 충돌 이후 포유동물이 번성하고 다양해진 것과 같다. 그러나 다시 감소하는 전환점이 있게 마련이다. 분명히 어떤 천체 흐름은 너무 커서 문명의 지속이 불가능할 정도가 된다.

이러한 일련의 논의에서 얻어지는 결론은, 설사 우리 은하 곳곳의 여러 행성 위에서 문명이 발생하더라도 기술이 없이는 오랫동안 존속하는 문명이 거의 없을 것이라는 점이다. 소행성과 혜성의 위험은 우리 은하 안의 모든 생물서식 행성(만약 있다면)에 적용될 것이므로 도처의 지성을 가진 생물들은 그들이 사는 세계들을 정치적으로 통합하고 그들의 행성을 떠나 이웃한 작은 세계로 옮겨 갈 것이다. 그들의 궁극적인 선택은 우리와 같이 우주 비행과 절멸 중 하나일 것이다.

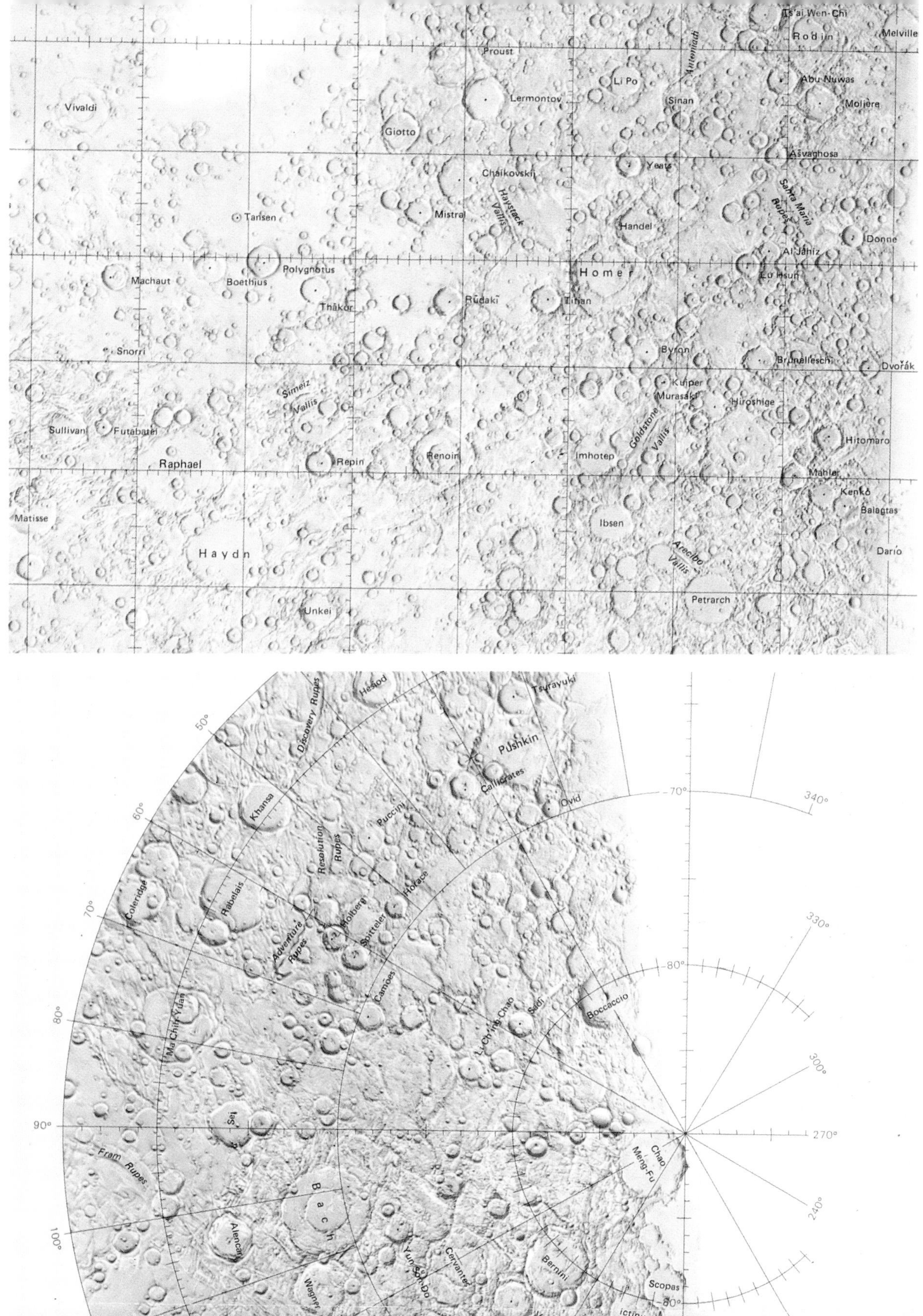

Ts'ai Wen-Chi
Rodin
Melville
Proust
Li Po
Abu Nuwas
Vivaldi
Lermontov
Sinan
Molière
Giotto
Asvaghosa
Yeats
Chaikovskij
Haystack Vallis
Santa Maria Rupes
Tansen
Mistral
Handel
Donne
Al Jahiz
Polygnotus
Lu Hsun
Machaut
Boethius
Homer
Thākur
Rūdakī
Tir̄an
Snorri
Byron
Brunelleschi
Dvořák
Simeiz Vallis
Kuiper
Murasaki
Hiroshige
Sullivan
Futabatei
Goldstone Vallis
Hitomaro
Raphael
Repin
Renoir
Imhotep
Mahler
Kenkō
Matisse
Ibsen
Balagtas
Arecibo Vallis
Haydn
Darío
Petrarch
Unkei
Hesiod
Tsurayuki
Discovery Rupes
Pushkin
50°
Callicrates
Ovid
60°
Khansa
70°
340°
Puccini
Resolution Rupes
Coleridge
Horace
Rabelais
70°
Molberg
Spitteler
Adventure Rupes
330°
Camoes
80°
Boccaccio
Sadi
Ma Chih-Yüan
Li Ch'ing-Chao
80°
300°
90°
Sei
270°
Chao Meng-Fu
Fram Rupes
Bach
240°
Alencar
100°
Yun Sön-Do
Cervantes
Bernini
Wagner
Scopas
80°
Ictinus

관련되므로 여기서 논의할 필요는 없다. 그러나 만약에 우주 초기에 물질과 반물질의 차가 입자 10억 개당 하나였다면 그것만으로 오늘날 우리가 보고 있는 우주를 설명하기에 충분할 것이다.

윌리엄슨은 22세기가 되면 인위적으로 조작된 물질과 반물질의 쌍소멸 반응으로 소행성의 궤도를 조정할 수 있을 것으로 상상했다. 이때 발생하는 감마선을 집속시키면 로켓의 방출 배기로 만들 수 있는 것이다. 반물질은 주요 소행성구역(화성 궤도와 목성 궤도 사이)에서 얻을 수 있다. 왜냐하면 반물질 때문에 소행성 구역이 존재한다고 그는 설명하기 때문이다. 그의 말에 의하면, 먼 옛날에 반물질로 된 반세계가 어느 먼 공간으로부터 침입하여 그 당시 지구와 비슷한 행성, 즉 태양에서 다섯번째 행성과 부딪쳐 서로 소멸했다는 것이다. 이 강력한 충돌로 생긴 파편들이 소행성이 되고 그 중 어떤 것은 여전히 반물질로 이루어져 있다. 이러한 반소행성을 이용한다면, 윌리엄슨은 그 일을 만만치 않게 생각했지만, 그것을 마음대로 움직일 수 있을 것이었다.

그 당시 윌리엄슨의 아이디어는 시대를 앞지른 것이었으며 결코 어리석었다고 할 수 없지만, 「충돌궤도」의 어떤 부분은 환상이었다고 여겨진다. 오늘날 우리는, 태양계 안에는 반물질이 거의 없으며, 소행성 지대는 결코 지구형 행성의 부스러기가 아니라 목성 중력의 조석작용 때문에 지구처럼 천체를 형성하지 못했던 많은 수의 작은 천체들이라고 믿을 만한 충분한 근거를 갖고 있다.

하지만 현재 우리는 원자핵가속기에서 (극히) 소량의 반물질을 만들고 있으며, 아마도 22세기까지는 훨씬 더 많은 양을 생산할 수 있을 것이다. 그때가 되면 반물질을 이용한 에너지 기술은, 물질을 $E=mc^2$에 따라 모두 에너지로(100% 효율로) 바꾸기 때문에, 실용성 있게 여겨질 것이므로 윌리엄슨의 생각을 뒷받침하게 될 것이다. 그러지 못한다면 소행성 표면을 재형성하고 조명이나 난방, 궤도 조정에 다른 어떤 에너지원을 기대할 수 있을 것인가?

태양은 양성자들이 뭉쳐 헬륨 원자핵을 만듦으로써 빛을 낸다. 이 과정에서 에너지가 방출되지만 그 효율은 물질-반물질 소멸시의 1% 이하에 그친다. 그러나 이 양성자-양성자 반응만 해도 현실적으로는 가까운 미래에 가능한 모든 에너지원을 훨씬 능가하고 있다. 이 반응에 필요한 온도는 너무나 높다. 그러나 양성자끼리 뭉치게 하는 대신에 더 무거운 수소(중수소)를 쓸 수 있는데 이미 열핵반응 무기(수소폭탄)에서 그렇게 하고 있다. 중수소는 양성자와 중성자가 핵력으로 결합한 것이고, 삼중수소는 양성자와 두 개의 중성자가 핵력으로 결합한 것이다. 다음 세기에는 중수소와 삼중수소, 또 중수소와 헬륨의 융합을 제어할 수 있게 되어 실제로 이 기술을 에너지원으로 이용할 수 있을 것 같다. 중수소와 삼중수소는 물(지구나 다른 천체에 있는) 안에 희소하게 존재한다. 융합 반응에 필요한 종류의 헬륨인 ^{3}He(두 개의 양성자와 한 개의 중성자가 그 핵을 구성한다)은 과거 수십억 년에 걸쳐 태양풍에 의해 소행성의 표면에 심어졌다. 이 반응들은 태양 내부의 양성자-양성자 반응의 효율에는 도저히 못 미치지만, 불과 몇 미터 크기의 얼음 덩어리로부터 반응 재료를 얻어 작은 도시 하나에 1년 동안 전력을 공급할 수 있을 만큼의 반응 에너지를 생산할 수 있다.

융합반응 원자로는 지구의 에너지 위기를 해결하거나 완화하는 데조차 별 구실을 못할 정도로 개발이 느린 것처럼 보인다. 그러나 22세기에는 널리 이용될 것이다. 융합반응 로켓을 쓰면 소행성이나 혜성을 태양계 안쪽으로 움직이게, 예를 들면 주요구역 소행성을 지구 둘레 궤도로 진입하게 할 수 있을 것으로 생각된다. 이를테면 10킬로미터 크기의 소행성을 토성에서 화성으로 옮기는 데는 1킬로미터 크기의 얼어붙은 혜성에 들어 있는 수소를 연료로 한 핵반응에서 나오는 에너지로 충분하다.(역시 여기서도 훨씬 더한 정치적 안정과 안전의 시대를 가정한다면 말이다.)

잠시 동안, 천체들을 재배치하거나, 재해 없이 그것을 수행할 수 있는 우리 능력의 윤리성에 대한 염려를 논외로 하자. 소행성의 내부를 파헤쳐 인간이 거주할 수 있도록 재구성하고, 이 천체를 태양계 안의 다른 곳으로 옮기는 일은 앞으로 1, 2세기 안에 우리 능력 범위 안에 들어올 것 같다. 아마 그때까지는 국제적인 안전 조치도 충분히 갖추게 될 것으로 보인다. 그렇다면 소행성이나 혜성의 환경이 아닌 행성들의 환경은 어떨까? 우리는 화성에서도 살 수 있을까?

만약 우리가 화성에서 살기를 원한다면 적어도 원칙적으로는 가능할 것이다. 충분한 햇볕이 있고, 암석이나 지하, 또 극지방의 얼음에는 물도 풍부하다. 대기는 주로 이산화탄소이고 이웃한 포보스에는 많은 유기물질이 있어 이를 채취하여 화성으로 운반할 수도 있다.(실제로 포보스의 표면에는 홈이 파여 있는데 마치 누군가 우리보다도 먼저 그곳에 살았던 것처럼 보인다. 하지만 행성 지질학자들은, 홈들이 조석이나 충돌로 화구가 파이는 과정에서 생겼을 가능성이 많다고 한다.) 우리는 거주 구역(아마 돔으로 덮인 공간)에서 농작물을 키우고 물에서 산소를 추출하고 쓰레기를 재활용하며 자급자족하며 살 수 있을 것이다.

처음에는 지구로부터 공급된 물자에 의존하겠지만 시일이 지나면서 스스로 많은 물질을 생산하게 되어 점점 더 자족하는 상태에 이르게 될 것이다. 돔이 보통의 유리로 되어 있더라도 태양의 가시광선은 통과시키고 자외선은 차단할 것이다. 산소 마스크와 보호복(두툼하고 거북한 우주복과는 다른)을 착용하면 거주 공간 밖으로 나갈 수 있어 곳곳을 탐험하거나 돔으로 덮인 마을과 농장을 건설할 수도 있을 것이다.

아마도 미국인의 개척 경험이 많이 되살아날 것 같다. 다만 적어도 하나의 큰 차이점이 있다. 즉 초기 단계에서는 많은 액수의 조성금이 필수적이다. 여기에 소용되는 기술은 1세기 전의 내 조부모처럼 가난한 사람들은 화성으로 가는 여비를 부담하지 못할 정도로 너무 경비가 많이 든다. 초기의 화성 개척자들은 정부 부담으로 파견될 것이며 매우 전문적인 기능이 있어야 할 것이다. 그러나 한두 세대가 지나서 그곳에서 자식과 손자들이 태어나고, 특히 거의 자립자족할 수 있는 상태에 이르게 되면 사정이 달라지게 될 터이다. 화성에서 태어난 젊은이들은 이 새로운 환경에서 살아남는 데 필요한 기술에 대한 특수한 훈련을 받을 것이다. 정착자들은 영웅적이고 예외적인 처지로부터 차츰 멀어져 가고, 인간의 여러 강점과 약점이 제 주장을 하기 시작한다. 독특한 화성 문화가, 지구에서 화성으로 이동이 어려운 탓도 있어, 서서히 나타나기 시작한다. 즉, 그들이 사는 환경에서 유래하는 특유한 갈망과 공포, 특유한 기술과 사회 문제, 또 그 해결책, 그리고 인간의 역사를 통해 유사한 상황에 놓일 때마다 그랬듯이 모체 세계로부터 문화적·정치적으로 격리된 의식이 차츰 자라나게 될 것이다.

지구로부터 필요한 기술과 새로운 정착민 가족들, 그리고 희귀한 물자들을 운반하는 큰 우주선이 도착한다. 화성에 관한 우리의 한정된 지식으로는 우주선이 빈 채 돌아갈지 아니면 지구에서는 극히 소중한 화성의 특산물을 싣고 갈지는 알 수 없다. 처음에는 화성 표면의 표본자료들은 대부분 지구에서 과학적으로 연구될 것이지만 시간이 지나면 화성과 두 위성 포보스와 데이모스에 대한 과학적 연구는 화성에서 실시하게 된다.

나중에는, 거의 모든 교통수단이 그랬듯이, 윤택하지 못한 일반 사람들도 행성간 여행을 할 수 있는 시절이 올 것이다. 자신만의 연구 계획을 추구할 과학자들, 지구에 넌더리가 난 이주민들, 또 모험을 좋아하는 여행자들도 포함될 것이다. 탐험가들도 있을 것은 당연하다.

만일 화성의 환경이 더욱더 지구와 비슷하게 조성되어, 보호복이나 산소 마스크, 둥근 지붕이 덮인 농경지나 도시가 소용 없어지는 시대가 온다면 화성이 가지는 매력과 교통수단 또한 몇 배나 더 늘어날 것이다. 물론 인간이 행성의 환경을 차단할 복잡한 장비 없이도 살 수 있도록 조성할 수 있는 다른 행성 어디에서도 사정은 마찬가지이다. 우리와 죽음 사이에 말짱한 돔이나 우주복이 가로놓여 있는 곳이 아니라면 어디서나 우리는 아주 쾌적하게 살 수 있을 것이다.(내가 지나치게 걱정하고 있는지도 모르겠다. 네덜란드에 사는 사람들은 다른 북유럽 사람들처럼 잘 적응하여 걱정 없이 살고 있다. 그런데 그들과 바다 사이에는 둑만이 있을 뿐이다.)

행성에서 육지 조성을 한다는 것은 너무 공상적이어서 우리 지식의 한계를 넘는 일처럼 보이지만 그래도 그것을 상상해 볼 수는 있지 않을까?

그런데 인간이 행성의 환경을 극심하게 바꿀 수 있다는 것은 지금 우리의 지구만 보더라도 명백해진다. 오존층이 고갈되는 현상, 온실효과의 증대로 인한 지구의 온난화, 핵전쟁으로 인한 지구의 한랭화 등 그 모두는, 어느 경우나 분별 없는 다른 행위의 결과로서, 현재의 기술이 우리의 환경을 크게

인간이 살 수 있는 화성을 만들기 위한 국제적인 노력의 한 장면. 한 미국 우주 비행사가 본국으로부터 지시를 받고 있다. 그림 패트 롤링스/SAIC, NASA 제공.

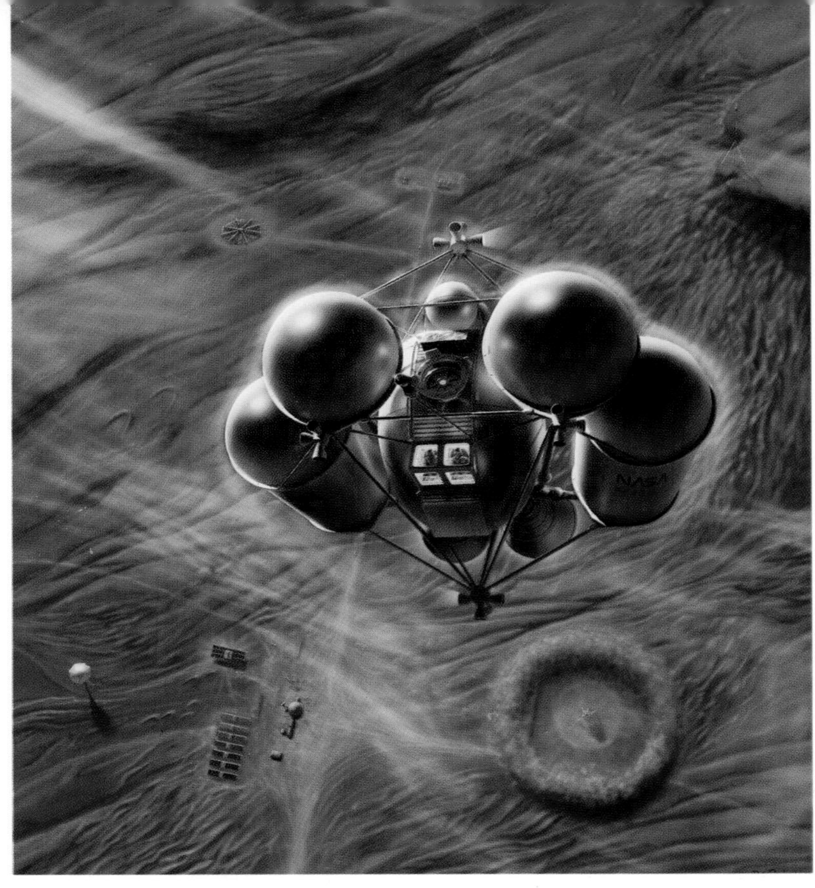

업무교대 이동. 화성 기지의 승무원들이 화성 선회궤도에 올라 지구로 돌아가는 행성간 우주선에 갈아탄다. 그림 패트 롤링스/SAIC, NASA 제공.

훼손시키고 있는 예들이다. 만약 우리가 우리 행성의 환경을 바꿔보겠다는 마음을 먹기만 한다면 이보다 훨씬 더 큰 변화도 만들어낼 수 있을 것이다. 우리의 기술이 더 강력해질수록 더욱더 심각한 변화를 일으킬 수 있는 것이다.

그러나 평행주차를 할 때 주차장에 들어가기보다는 빠져나오기가 쉬운 것처럼, 행성 환경을 파괴하는 것은 행성 환경을 계획된 온도, 압력, 화학성분 등등의 좁은 범위 안에 맞추는 것보다 쉬운 일이다. 이미 우리는 생물이 살 수 없는 황량한 세계들과 오직 하나인, 극히 좁은 오차 범위만을 허용하는, 녹색의 온화한 세계를 알고 있다. 이것은 우주선의 태양계 탐험 초기부터 얻었던 결론이다. 지구 또는 대기를 가진 어떤 행성이든 그것을 변화시키는 데 있어서 우리는 양성 되먹임에 대해 매우 조심해야 한다. 즉 환경을 조금만 건드렸을 때 그것이 스스로 자라나가는 현상, 화성에서 과거에 있었을지도 모르는 약간의 냉각이 빙하 형성을 폭주시키는 현상이나 금성에서처럼 약간의 가열이 온실효과를 촉진하는 현상 등을 말한다. 이런 목적에 대해 우리의 지식이 충분한지는 전혀 알 수가 없다.

내가 알기로는 행성의 육지 조성에 관한 최초의 과학논문은 1961년에 금성에 대해서 내가 쓴 논문이다. 그 당시 나는 금성이 이산화탄소/수증기의 온실효과 때문에 그 표면 온도가 물의 끓는점보다도 상당히 높을 것이라는 확신을 갖고 있었으며, 고층 구름에 유전공학으로 만든 미생물을 뿌리면 미생물들이 대기로부터 CO_2, N_2, H_2O를 섭취하여 유기분자로 만드는 과정을 상상했다. CO_2가 많이 제거될수록 온실효과는 줄어들고 표면은 냉각될 것이다. 미생물은 대기를 통해 표면으로 떨어져 튕겨지고, 수증기는 증발하여 대기로 회수될 것이다. 그러나 CO_2에서 나온 탄소는 고온 때문에 비가역적으로 흑연이나 기타 비휘발성의 탄소로 변한다. 결국 온도는 물의 끓는점 이하로 내려가서 금성 표면에서 생물이 서식할 수 있게 되고, 곳곳에 더운 물이 담긴 작은 웅덩이나 호수들이 흩어져 있는 모습을 하게 될 것이다.

이 아이디어는 수많은 과학소설가들이 과학과 과학소설 사이에서 춤을 출 때 채택하였는데, 과학은 과학소설에 자극을 주고, 과학소설은 젊은 과학

인간의 화성 거주 초기 단계의 상상도. 체슬리 본스텔의 화집에서.

자들을 자극함으로써 두 분야가 골고루 혜택을 입게 된 셈이다. 그러나 지금은 이 춤의 두번째 단계인 금성에 광합성을 하는 특수한 미생물을 뿌린다는 생각이 제대로 실행될 수 없음이 명백해졌다. 즉 1961년 이후에 금성의 구름이 농축된 황산 용액이어서 유전공학적 과정이 어려울 것으로 밝혀졌다. 그러나 그것 자체가 결정적 결함은 아니다.(농축 황산 용액 속에서도 제 수명을 다하는 미생물이 존재한다.) 결정적 결함은 다음과 같다. 1961년에 나는 금성 표면의 대기압이 몇 바(bar), 즉 지구 표면 대기압의 몇 배 정도라고 생각했는데 현재 알려진 바로는 90바이므로, 앞의 과정이 실현되었다면 그 결과 표면은 수백 미터 두께의 미세한 흑연 가루로 덮이고 대기는 거의 순수한 산소 분자만으로 65바 정도의 압력을 가지게 될 것이다. 먼저 대기압 밑에 함몰될 것인지 아니면 그 많은 산소 속에서 폭발할 것인지는 알 수 없는 일이다. 그러나 많은 산소가 축적되기 훨씬 이전에 흑연은 저절로 타서 도로 CO_2가 될 것이므로 그 과정은 곧 중단되고 말 것이다. 기껏해서 이런 과정은 금성의 육지 조성을 중도에서 끝내 버리는 정도일 것이다.

가령 우리가 22세기 초까지 비교적 적은 비용으로 힘센 우주선을 가지게 되어 무거운 짐들을 다른 세계로 싣고 갈 수 있고, 또 강력한 융합반응 원자로와 발달된 유전공학 기술을 가진다고 가정하자. 이런 가정들은 오늘날의 추세로 미루어 그 실현 가능성이 있어 보인다. 그렇다면 우리는 행성들에 육지를 조성할 수 있을까?* NASA의 에임스 연구센터의 제임스 폴락과 나는 그 문제를 검토하였는데 다음은 우리가 알아낸 것들을 요약한 것이다.

금성: 금성에서의 가장 큰 문제점은 극심한 온실효과인 것이 분명하다. 이것을 거의 0으로 줄일 수 있다면 금성의 기후는 온화해질 것이다. 그러나 90바나 되는 이산화탄소 대기는 숨막힐 정도로 짙다. 우표만한 표면 매 평방인치에 걸리는 대기의 무게는 프로 풋볼 선수 여섯 명을 세로로 포갠 무게와 같다. 이것을 모두 없애려면 무슨 수를 써야만 한다.

*이스턴 뉴 멕시코 주립대학 영문학 명예교수인 윌리엄슨은 85세 나이로 나에게 편지를 보냈는데 최초로 그가 육지 조성을 제안한 이래로 〈과학이 얼마나 크게 발달했는지에 대해 놀랐다〉고 하였다. 현재 우리는 앞으로 언젠가 육지 조성을 실현하게 할 기술을 축적하고 있는 중이지만, 현재까지 우리가 거둔 성과는 윌리엄슨의 원래 아이디어에 비해 그리 나을 것 없는 제안들이 나온 데 불과하다.

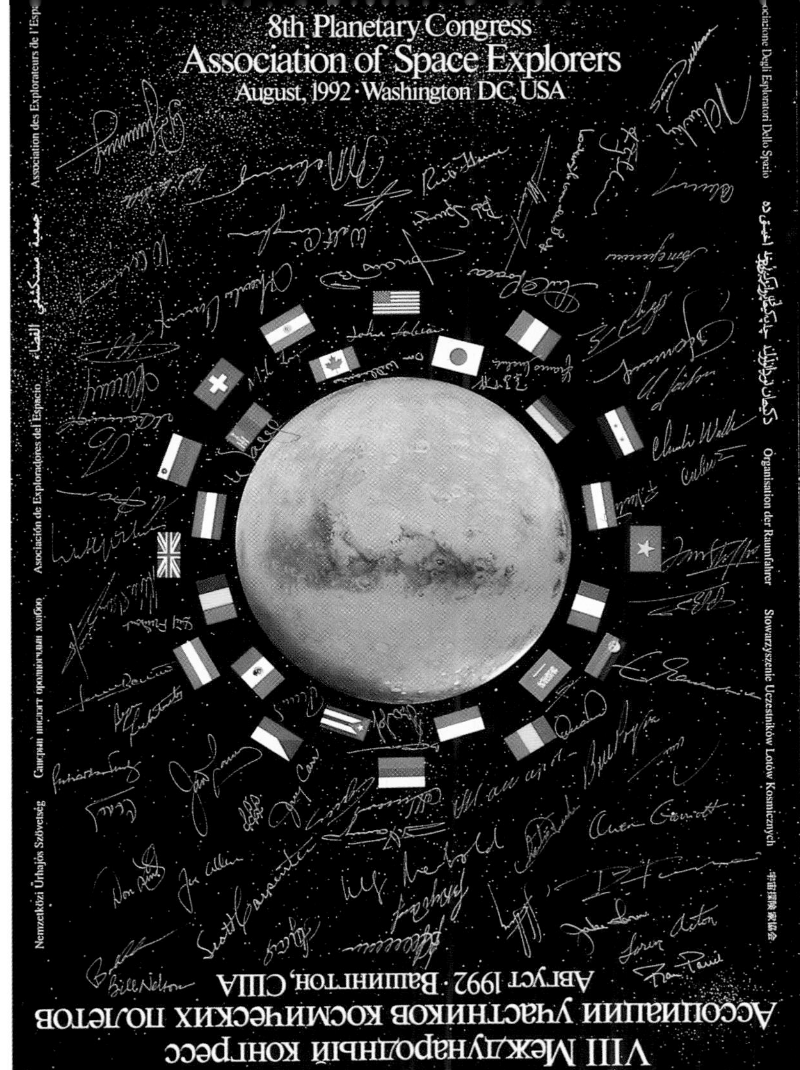

외계탐험협회는 지구에서 가장 포괄적인 기구의 하나이다. 그 회원이 되려면 외계여행의 경험이 있어야 한다. 이 포스터는 협회의 1992년도 연례총회를 위해 준비된 것으로 25개국 우주비행사의 서명을 실었는데 이 총회는 화성의 인간탐험계획을 위한 것이었다. 화성도 그렇듯이 이 포스터도 어느 쪽이 위쪽인지는 생각하기 나름이다. 필자의 수집품 중에서.

20 장

어둠의 세계

낮엔 눈으로 볼 수 없는 먼 곳에 하늘의 파수꾼들이 숨어 있도다.
—에우리피데스의 『박카스의 여사제들』(기원전 406년경)

어릴 때 우리는 어둠을 무서워한다. 무엇인가가 그곳에 숨어 있을 것만 같다. 알 수 없는 것이 우리를 괴롭힌다.

야속하게도 그 어둠 속에서 살아야 하는 것이 우리의 운명이다. 이런 예기치 못한 과학적 사실이 밝혀진 것은 겨우 300년 전에 지나지 않는다. 지구를 떠나서 마음대로 어느 방향으로든 날아간다고 상상해 보자. 대기권을 벗어나 눈부시게 비치는 푸른 햇살이 차츰 퇴색하는 순간이 지나면 곧 우리는 캄캄한 어둠으로 에워싸이게 된다. 그곳에는 아주 멀리 있는 흐릿한 별들만이 여기 저기 흩어져 있을 뿐이다.

우리가 자라서 어른이 된 후에도 어둠은 여전히 우리를 두렵게 한다. 그러기에 옛사람들은 〈어둠 속에 그 누가 살고 있는지 너무 캐묻지 마라. 차라

◀ 전파망원경은 가시광으로 볼 때와는 아주 다른 밤하늘을 전파로 탐사한다. 많은 〈별들〉은 별이 아닌 밝은 전파은하나 수십억 광년 떨어진 퀘이사이다. 이런 전파원이나 우리 스스로의 전파 잡음 속에서 외계의 다른 문명사회의 증거를 찾아낼 수 있을까? 사진 미국 국립전파천문대 제공.

리 모르는 편이 낫느니라〉고 하지 않았던가.

우리 은하수에는 4천억 개에 이르는 별이 있다. 이 엄청나게 많은 무리 속에서 특별할 것도 없는 우리 태양만이 생물이 사는 행성을 가졌을까? 그럴지도 모른다. 어쩌면 생명이나 지성(인간)이 생길 가능성은 극히 작을지도 모른다. 아니면 어느 때나 문명이 발생하지만 그 싹이 트자 마자 자멸해 버릴지도 모른다.

또 다른 가능성으로는, 우주 공간의 곳곳에서 우리 지구와 비슷한 천체가 다른 태양의 둘레를 돌고 있으며, 그곳에 사는 생명은 우리 인간들처럼 밤하늘을 우러러 보며 어둠 속에 또 다른 생물이 살고 있지나 않을까 하는 의문을 품고 있는지도 모른다. 우리 은하수에는 생물이나 인간이 허다하게 존재하며, 이를테면, 이미 여러 세계들은 자기들끼리 대화를 나누고 있는데 우리 지구인들은 이제야 비로소 다른 세계의 소리를 엿듣기로 작정한 단계에 이른 셈인지도 모른다.

우리는 이제 막 어둠을 뚫고 엄청난 거리 너머로 소식을 전할 방법을 발견한 셈이다. 어느 방법보다도 더 빠르고 더 싸고 더 멀리 가는 방법이 바로 전파통신이다.

지구와 다른 행성에서 생물이 진화하기 시작한 지 수십억 년이 지났다고 해서, 외계 문명이 우리 지구와 기술적으로 별차이 없는 상태여야 하는 것은 아니다. 우리 인류는 이만 세기(200만 년)가 넘게 살아 왔지만 라디오를 가진 지는 불과 100년 정도에 지나지 않는다. 만약 외계 문명이 우리 뒤에 있다면 그들이 라디오를 가지기까지는 너무 오랜 시간이 걸릴지 모른다. 만약 우리 앞에 있다면 너무 앞서 있을지도 모른다. 지난 몇 세기 동안 우리가 이룩한 기술의 발달을 돌이켜보라. 오늘날의 우리에게는 기술적으로 너무 어렵거나 불가능하고 또 마술처럼 보이는 일이라도 외계인들에게는 아주 자명하고 용이한 일일 수 있다.

서로 통신을 주고 받는 데 있어 그들끼리는 매우 발달한 새로운 방법을 쓰고 있으면서도 우리와 같은 후진 문명 사회에 접근하는 데는 전파를 써야 한다고 생각할지도 모른다. 그런데 우리의 현재 송수신 기술로도 은하수 안의 많은 곳에 다다를 수 있으니, 그 외계인들이라면 훨씬 더 잘 해낼 터이다.

물론 그들이 존재한다면 말이다.

그러나 어둠 속의 괴물에 대한 공포심, 미지의 외계 생물에 대한 생각이 우리를 괴롭힌다. 그래서 우리는 얼른 반대의사를 나타낸다.

〈그것은 경비가 엄청날 걸.〉 그러나 오늘날의 기술을 총동원한다면 1년 동안에 드는 외계탐사 비용은 전투용 헬리콥터 한 대를 만드는 것보다도 돈이 적게 든다.

〈그들의 말을 도무지 알아 들을 수 없지 않을까?〉 그러나 통신할 내용은 전파로 보내질 것이고 피차간에 전파의 이론과 기술은 숙달되어 있을 것이다. 대자연의 법칙은 어디서나 동일하다. 그러므로 과학은 서로 다른 인류 사이에서 (과학을 알고 있는 한) 대화의 언어와 방법을 마련해 준다. 만약 다행스럽게도 우리가 어느 외계 사회로부터 전파 메시지를 받게 된다면 그것을 해독하는 것이 그것을 받는 일보다 훨씬 더 쉬울지도 모른다.

〈우리의 과학이 원시적 단계에 있음을 깨닫게 된다면 그 얼마나 맥 빠지는 일일까?〉 그러나 앞으로 수 세기 후의 과학 수준으로 보면 현재 우리의 과학 가운데 적어도 일부는 원시적인 것으로 여겨질 것이다. 외계인이 존재하든 말든 상관없이 말이다.(오늘날의 정치학, 윤리학, 경제, 종교에 대해서도 마찬가지이다.) 현재의 과학 수준을 넘어서는 것이 과학의 주된 목표 중 하나이다. 진지한 학생이라면 교과서를 읽어가다가 (저자가 아닌 그에게) 새로운 사실과 맞부딪혀서 절망하지는 않는다. 대부분의 경우 약간의 노력 끝에 새로운 지식을 얻은 후, 옛사람이 했던 것처럼, 계속 책장은 넘길 것이다.

〈역사의 모든 시대를 통해서 앞서가는 문명은 그보다 좀 뒤떨어진 문명을 멸망시켜 왔다.〉 확실히 그렇다. 그러나 만약에 악의를 품은 외계인이 있다면, 그들은 우리가 그들을 엿듣고 있다는 사실을 알아도 우리의 존재를 찾아내려고 하지는 않을 것이다. 그들의 탐사계획은 수신하는 데 그치고 메시지를 보내는 일은 없기 때문이다.*

논쟁의 여지는 아직도 남아 있다. 우리는 지금 전례 없이 큰 규모로 우주 공간

*놀랍게도 《뉴욕타임스》의 편집자들을 포함하는 많은 사람들이, 외계인이 우리가 있는 곳을 알게 되면 지구로 내습하여 우리를 잡아먹을 것이라고 걱정하고 있다. 이 가상적 외계인과 우리 지구인의 엄청난 생물학적 차이는 고사하고, 가령 우리가 성간 공간의 식도락가가 찾는 맛있는 먹을거리라고 하자. 수많은 지구인들을 외계의 레스토랑으로 날라야 할 까닭이 뭔가? 막대한 운반비를 치루고 말이다. 그보다는 지구인 몇 사람을 훔쳐 가서 인체를 구성하는 아미노산이나 기타 진미의 요소가 되는 것들을 합성해서 똑같은 식품을 만드는 편이 낫지 않은가?

저 멀리에 있는 다른 문명으로부터 오는 전파 신호를 기다리고 있다. 오늘날에도 어둠을 탐색한 첫 세대 과학자들이 살고 있다. 어쩌면 이들이 외계 문명과 접촉하기 전의 마지막 세대가 될지도 모른다. 즉 우리는 지금 어둠 속에서 우리를 부르는 누군가를 찾아내기 전의 마지막 순간에 살고 있을 수도 있다.

이 계획은 외계지성의 탐색 Search for Extraterrestrial Intelli-gence(SETI)으로 불린다. 우리는 지금 어디까지 와 있는지 알아보기로 하자.

제1차 SETI 계획은 1960년 웨스트 버지니아의 그린뱅크에 있는 국립전파천문대의 프랭크 드레이크 Frank Drake에 의해서 시작되었다. 그는 이 주 동안 어느 특정 주파수로 태양과 유사한 이웃 별 두 개를 택하였다.(〈이웃〉이란 상대적 용어이다. 가장 가까운 별도 12광년(약 70조 마일) 떨어져 있다.)

드레이크가 전파망원경을 겨냥하고 기계가 작동하기 시작한 순간 그는 매우 강한 신호를 들었다. 이것은 외계인의 메시지였을까? 그것은 곧 사라져버렸다. 신호가 사라지면 그것을 조사할 수 없다. 지구의 자전으로 그것이 하늘과 함께 돌아가 버리면 볼 수 없다. 만약 그 신호가 반복되지 않을 경우 우리가 얻는 지식은 거의 없다. 그것은 지상의 전파간섭이거나, 증폭기나 탐지기의 고장, …… 혹은 외부 전파일지도 모른다. 반복되지 않는 자료는 그것을 보고하는 과학자가 아무리 유명한 사람이라 해도 별 가치가 없다.

몇 주 후에 그 신호가 다시 탐지되었다. 그러나 군용기가 지정되지 않은 주파수로 보낸 신호였음이 밝혀졌다. 드레이크는 부정적 결과를 보고했다. 그러나 과학에서의 부정적 결과는 실패와 동일한 것이 아니다. 프랭크의 큰 업적은 현대 기술이 다른 별의 행성들 위에 존재하는 가상적 문명에서 오는 전파 신호를 충분히 청취할 수 있는 가능성을 보여준 데 있다.

그 이후 수많은 시도가 거듭되었는데, 종종 다른 전파망원경의 관측 시간을 일정 시간 동안 빌려 쓰기도 했지만, 그 기간은 몇 달 이상을 넘지는 못했다. 그 동안에 오하이오 주립대학, 푸에르토리코의 아레시보, 프랑스, 러시아 등의 전파망원경에서 잘못된 신호 탐지가 여러 차례 있었지만 세계 학계에서 인정받을 만한 것은 하나도 없었다.

한편, 보다 저렴한 탐지 기술이 가능해졌고 감도도 증가해서 SETI의 과학적 평판은 계속 높아졌다. 그래서 NASA와 미 국회도 그것을 뒷받침하는데 덜 주저하게 되었다. 여러 보충적인 탐색 전략이 가능해졌고 또 필요해졌다. 몇 년 전에는, 이런 추세로 나가기만 한다면, 사설단체(또는 돈 많은 개

족시킨다. 그러나 실격한 조건은 대단히 중요하다(실증 가능성). 우리는 그들 중 어느 하나도 다시 찾아볼 수 없었다. 그 하늘 구역을 3분 후에 다시 보았는데 거기에는 아무것도 없었다. 다음 날 다시 보았다. 없음. 1년 후, 7년 후 다시 보아도 여전히 없다.

모든 외계 문명으로부터의 신호가 우리가 청취하기 시작한 지 2분 후에 꺼지고 그후로 다시 되풀이하지 않는다는 것은 있을 수 없는 일 같다.(그들은 우리가 귀를 기울이고 있다는 것을 어떻게 알았을까?) 어쩌면 이것은 그저 반짝임 twinkling의 효과일 수 있다. 별과 우리의 시선을 교란된 공기 덩어리가 가로지를 때 별은 반짝거린다. 때때로 이런 공기 덩어리는 렌즈의 구실을 하여 별에서 오는 광선을 약간 오그라뜨려서 순간적으로 더 밝게 만든다. 같은 이치로 전파원도 역시 반짝거릴 수 있는데, 별들 사이의 진공에 가까운 거대한 공간에 있는 전기를 띤, 즉 〈전리〉된 구름들 때문이다. 펄사의 경우 이런 현상이 일상적으로 관측된다.

가령 전파 신호가 여느 때 지상에서 탐지될 세기보다 조금 약했다고 하자. 때때로 신호는 우연히 일시적으로 집속되어 강해져서 우리 전파망원경의 탐지 가능 범위 안에 들어오게 된다. 재미 있는 것은 이렇게 강해지는 시간은 몇 분 정도로 성간 기체 물리학이 예언하는 데 그 신호를 다시 탐지할 확률은 매우 작다. 그것을 다시 탐지하려면 그 위치를 꾸준히 몇 달 동안이나 감시해야 한다.

이런 신호는 결코 반복되지 않는다는 사실에도 불구하고 그것을 생각할 때마다 내 등골이 시려 오는 것도 사실이다. 가장 유력한 11개의 후보 신호 가운데 8개는 은하수의 평면이나 그 근방에 자리하고 있다. 5개의 가장 강한 신호는 카시오페이아 자리와 외뿔소 자리, 바다뱀 자리에 있고 2개는 궁수 자리(은하의 중심 방향에 가깝다)에 있다. 은하수는 가스와 먼지와 별들이 모인 평탄한 바퀴 모양의 집단이다. 그 평탄함 때문에 은하수는 밤하늘을 가로지르는 흩어진 빛의 띠처럼 보이는 셈이다. 그곳은 우리 은하의 거의 모든 별이 모여 있는 곳이다. 만일 그 후보 신호들이 실제로 지상의 전파 간섭이나 탐지기 속의 작은 고장에 유래한다면 그들이 우리가 은하수를 겨냥할 때를 골라서 나타날 까닭이 없다.

그러나 우리는 특별히 운이 나빠 혼동하기 쉬운 통계처리를 거쳤을지도 모른다. 이 은하면과의 상관이 순전한 우연일 확률은 0.1% 이하이다. 지금 벽 크기만한 하늘의 지도(성도)에, 북극성이 꼭대기에 지구의 남극이 맨 아

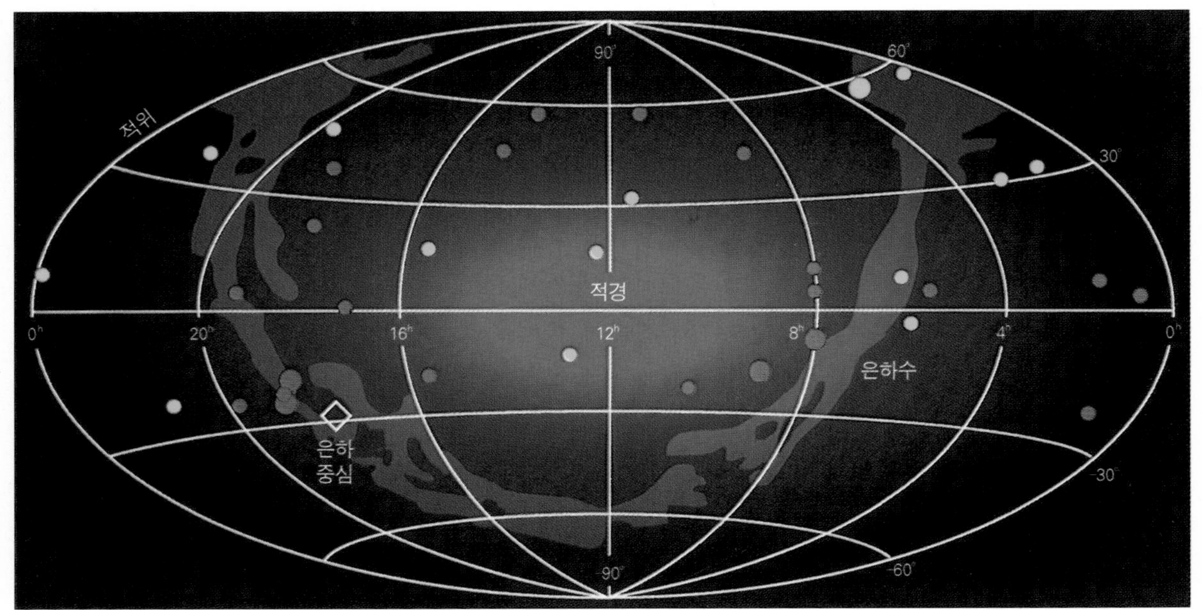

META에서 가려낸 가장 강한 37개 신호. 노란 점은 1420MHz, 빨간 점은 2480MHz로 탐지된 것이다. 큰 점은 가장 강한 다섯 개의 신호이다. 여기서도 가장 강한 신호가 은하수면에 집중된 것을 유의하라. © Sky Publishing Corp., 1994. 허가 아래 개제. 그림 호세 디아스 José R.Díaz, 《하늘과 망원경 *Sky and Telescope*》; 폴 호로위츠와 칼 세이건, 《천체물리학지》(1993.9. 20).

래에 오도록 상상해 보자. 이 벽 지도를 가로질러 은하수의 불규칙한 가장자리가 뱀처럼 누비고 있다. 이제 눈을 가리고 지도를 향해서 다섯 개의 화살을 마구잡이로 던진다고 하자.(북반구에서 볼 수 없는 남반구 하늘의 대부분은 한계 밖으로 친다.) 그러면 우리는 다섯 개 화살 한 묶음을 200번 이상 던져야만 META의 다섯 개의 최강 신호가 자리한 은하수 구역 가까운 곳에 우연하게 다섯 개 화살을 꽂을 수 있을 것이다. 그러나 되풀이되는 신호가 없다면 우리는 외계 지성을 실제 발견했다고 결론내릴 수 없다.

또 다른 가능성은, 우리가 발견한 사건이 어떤 새로운 종류의 천체물리학적 현상, 즉 아무도 생각하지 못했던 현상으로 (외계문명이 아니라) 은하면에 자리한 별이나 기체구름(혹은 무엇이든)이 공교롭게도 좁은 주파수 범위의 강한 신호를 방출한 것이다.

그러나 우리는 여기서 좀 지나친 상상을 해보기로 하겠다. 이 선택된 사건들이 모두 실제로 다른 문명의 전파 신호에 유래한다고 상상하자. 그러면 우리가 하늘의 각 구역을 감시하는 데 소비한 짧은 시간으로부터 은하수 전체에 얼마나 많은 이런 신호원이 있는지를 추정할 수 있다. 그 답은 100만에 가까운 숫자가 된다. 만약 이들이 마구잡이로 공간에 흩어져 있다면, 그 중 가장 가까운 것도 수백 광년 떨어진 즉 우리의 텔레비전이나 레이더 신호로 검출하기에는 너무 먼 거리에 있게 된다. 그들은 앞으로도 몇 세기 동안 지구에 기술문명이 생겨난 것을 모르고 지낼 터이다. 우리 은하는 생물이나 지성으로 맥동하고 있겠지만, 그들이 엄청난 수의 흐릿한 별들을 열심히 탐사하지 않는 한, 여기 이 구석에서 요즘 무슨 일이 일어나고 있는지를 까맣게 모를 터이다. 지금부터 몇 세기가 지나서 그들이 우리로부터 소식을 들은 후부터는 일이 아주 재미 있게 될 것이다. 다행스럽게도 우리는 많은 세대 동안 준비할 여유가 있는 셈이다.

이와 달리 만일 우리가 얻은 후보 신호들이 모두 외계의 전파 신호가 아니었다면, 적어도 그 마술의 주파수로는 우리가 들을 수 있을 정도로 강하게 전파방송을 하는 외계 문명은 극히 드물거나 또는 전혀 없을 것이라는 결론을 내릴 수밖에 없다.

우리와 비슷한 문명이 가능한 모든 전력(약 10조 와트)을 사용해서 우리 마술의 주파수 중 하나를 택해서 공간의 모든 방향으로 방송하고 있다고 생각해 보자. META의 결과는 이런 외계 문명이 25광년 거리 안(태양과 비슷한 별이 12개 정도 들어 있을 공간)에는 없다는 것을 암시하고 있다. 이것은 극히 제한된 한계라고는 할 수 없다. 만약 그 외계 문명이 직접 우리의 위치를 향해서 방송을 하는데도(아레시보 전파천문대의 것과 비슷한 안테나를 써서), META가 아무런 신호도 못 찾아냈다면, 그때는 그런 외계 문명이 우리 은하 안 어디에도, 즉 4,000억 개의 별 중 어느 것에도 존재하지 않는다는 결론이 나온다. 그러나 그들이 원하더라도 어떻게 우리의 방향을 알고 전파를 보낼 수 있을까?

이번에는 기술적으로 반대의 극단인 극도로 발달된 문명이 모든 방향으로 10조 배나 더 큰 전력(1026와트, 태양 같은 별의 에너지 출력)으로 방송할 경우를 생각해 보자. 만약 META의 탐색 결과가 부정적이라면 우리 은하뿐만 아니라 거리 7천만 광년 이내에도 그런 문명은 없다. 즉 가장 가까운 우리 은하와 비슷한 은하 M31에도 없고, 은하 M33에도, 화로 자리 은하들, M81, 소용돌이 은하, 카시오페이아 A, 처녀 자리 은하단, 가장 가까운 세이퍼트 은하에도 없다는 이야기가 된다. 즉 우리 이웃의 수천 개 은하들을 이루는 100조 개 별들 가운데 어느 하나에도 없다는 것이다. 이러고 보면 다소나마 지구가 중심이라는 자부심이 또 다시 꿈틀거릴지도 모를 일이다.

물론 이처럼 엄청난 에너지를 성간 공간(또는 은하간 공간)으로 뿜어내고 있다면 이는 지성의 표징이라기보다도 천치의 소행일는지도 모른다. 그들은 아마 모든 외래자들을 달가워 하지 않을 충분한 이유가 있는지도, 혹은 우리처럼 뒤진 문명에 관심이 없는 것인지도 모른다. 그렇지만 100조 개 별들 가운데 이 주파수로, 또 이런 큰 출력으로 전파를 방송하고 있는 문명이 단 하나도 없다는 것일까? 만일에 META의 성과가 부정적이라면 우리는 교훈이 될 만한 한계를 설정하게 될 것이지만, 극도로 발달된 외계 문명이 얼마나 있을지 또 그들의 통신방법이 어떤 것인지에 관해서 알아볼 길이 없게 된다. 설사 META가 아무것도 찾아내지 못했다 해도 넓은 중간 범위에 드는 우리보다 앞선 많은 문명들이 마술의 주파수로 또 공간의 모든 방향으로 방송하고 있을 가능성은 여전히 남아 있다. 그렇다면 우리는 아직도 그들의 방송을 못듣고 있는 셈이 된다.

1992년 10월 12일, 행운인지 아닌지는 모르지만 콜럼버스의 미대륙 〈발견〉 500주년 기념일에 NASA는 그의 새로운 SETI 계획의 시작 버튼을 눌렀다. 모하베 사막의 한 전파망원경이 하늘 전체를 탐색하기 시작했는데, META처럼 어느 별이 가능성이 더 큰지 미리 짐작하지는 않고 주파수의 범위를 크게 넓혔을 뿐이다. 아레시보 천문대에서는 이보다 더 감도가 높은 NASA의 탐색이 가망성이 높은 이웃 별들에 집중되어 시작되었다. 이것이 모두 가동되면 META보다 훨씬 약한 신호와 META가 찾을 수 없었던 종류의 신호도 탐색할 수 있을 것이다.

META에서의 경험은 배경 전파 잡음과 전파 간섭의 덤불을 드러내준다. 신호를 급히 재탐지하여 확인(특히 딴 곳에 독립된 전파망원경으로)하는 일이 확신을 얻는 관건이다. 호로윗츠와 나는 NASA의 과학자들에게 우리의 건잡기 힘든 이상한 사건의 좌표를 알려주었다. 아마 그들은 우리의 결과를 확인하여 해명해줄 것이다. NASA의 계획은 새로운 기술을 개발했고, 아이디어를 자극했고, 또 아이들을 흥분시켰다. 많은 사람들 눈에는 연 1천만 달러의 그 예산이 충분히 그 값어치를 하고 있는 것으로 비쳐졌다. 그러나 예산이 통과된 지 거의 1년만에 미 국회는 NASA로부터 SETI 계획에의 돈줄을 끊어버렸다. 돈이 너무 많이 든다는 것이 그들의 주장이었다. 냉전 종결 후의 미 국방예산은 그보다 3만 배나 더 많은 데 말이다.

NASA의 SETI 계획의 주된 반대자인 네바다 주 상원의원 리처드 브라이언의 주요 논지는 이렇다(1993년 9월 22일 국회의사록에서).

> 지금까지 NASA SETI 계획은 발견한 것이 아무것도 없다. 사실 수십 년 동안의 SETI 연구는 외계 생물을 확인할 만한 징조를 하나도 발견하지 못했다.
>
> 나에게는 이번에 NASA가 SETI를 연구한다고 해서 NASA의 많은 과학자들이 (가까운) 앞날에 무슨 눈에 보이는 결과가 나오리라고 우리에게 보장할 것처럼 생각되지 않으며 ……
>
> 과학 연구는, 있다 하더라도, 드물게 성공을 보장하는데, 그것은 나도 이해하지만, 그 연구의 모든 혜택은 극히 늦은 단계까지 알려지지 않는 경우가 많다. 난 그것도 받아들인다.
>
> 그러나 SETI의 경우에는 성공의 기회가 극히 드물고 그 계획에서 있을 만한 혜택이란 극히 한정된 것이어서 이 계획에 납세자의 1,200만 달러를 쓸 타당성은 거의 없다고 본다.

그러나 우리가 외계 지성을 발견하기 이전에 어떻게 우리가 그 발견을 〈보장〉할 수 있겠는가? 또 한편 우리가 어떻게 성공의 기회가 〈드물다〉고 알 수 있을까? 그리고 만약 우리가 외계 지성을 발견한다면 과연 그 혜택은 〈극히 한정된〉 것일까? 모든 모험적 탐험에서 그렇듯이 우리는 무엇이 발견될 것인지, 그 발견의 확률이 얼마나 큰지 알 수 없는 것이다. 만일 우리가 알았다면 찾아볼 필요가 없을 것이다.

SETI는 명확한 경비/이익의 비율을 요구하는 사람들을 초조하게 만드는 탐색 계획의 하나이다. ETI는 발견될 것인가, 발견하는 데는 얼마나 오랜 시간이 걸릴까, 그러려면 경비가 얼마나 들까, 이런 것들은 모두 알 수 없는 일이다. 그 이익이 막대할 수도 있지만 우리는 그것도 확신할 수 없다. 이런 모험에 나라 재산의 큰 몫을 떼어 준다면 그것은 물론 어리석은 일이다. 그러나 문명의 척도는 그것이 거대한 문제의 해결에 어느 만큼의 관심을 쏟는가에 따라 가늠할 수 있지 않을까 나는 생각한다.

이러한 좌절을 무릅쓰고 캘리포니아의 팔로 알토에 있는 SETI 연구소를 중심으로 한 헌신적인 과학자와 엔지니어 일단은 정부 지원이 있건 없건 간에 일을 추진하기로 결정하였다. NASA는 그들에게 이미 구입한 설비를 사용할 것을 허락하였다. 전자공업의 거물들은 수백만 달러를 기증했고, 적어도 적당한 전파망원경 하나는 확보되어 모든 SETI 계획 중 최대 규모의 것이 시동 단계에 들어섰다. 만약 이것으로 전파 잡음의 배경에 파묻히지 않고 하늘 전체에 대한 유용한 탐색이 가능함이 증명된다면, 그리고 특히 META

의 경험에서처럼 달리 설명할 수 없는 후보 신호가 드러난다면, 아마 미 국회도 마음을 고쳐 먹고 계획을 지원하게 될 것이다.

그러는 동안 폴 호로윗츠는 새로운 계획, 즉 META와도 다르고 NASA가 했던 것과도 다른 BETA로 불리는 계획을 꾸며냈다. BETA는 〈10억 채널 외계 시도 Billion-channel Extra Terrestrial Assay〉를 뜻한다. 이는 협대역 감도의 광역 주파수 범위의 성능과 탐지된 전파를 확인하는 교묘한 방법을 결합한 것이다. 만일에 행성협회가 추가적 지원을 얻을 수 있다면 이 방식은 (종전의 NASA 계획보다 훨씬 싸게 드는데) 곧 실시될 예정이다.

우리들이 행한 META 계획에서 광대한 은하수 곳곳의 어둠 속에 흩어진 외계 문명들에서 보내온 전파를 탐지했다고 나는 믿고 있는 것일까? 물론이다. 수십 년 동안 이 문제에 의심을 품고 연구해 왔던 나로서는 당연히 믿을 수밖에. 나에게는 이런 발견이 마음을 설레이게 만든다. 그것은 모든 상황을 바꿔버린다. 우리는 다른 지성적 존재——수십억년에 걸쳐 따로 진화하여 우주를 아주 다르게 아마 더 현명하게 바라보고 있는, 확실히 지구인이 아닌——로부터 소식을 듣고 있는 셈이다. 우리가 모르고 있다는 것을 그들은 얼마나 잘 알고 있을까?

아무런 신호도 없으며 우리를 부르는 외계의 존재가 없다는 것은 맥빠지는 전망으로 느껴진다. 장 자크 루소는 이와 다른 관점에서 다음과 같이 말했다. 〈완전한 침묵은 우울증을 자아낸다. 그것은 죽음의 이미지이다.〉 그러나 나는 헨리 데이비드 서로의 말에 찬동한다. 〈왜 내가 외로움을 느껴야 하는가? 우리의 행성은 은하수 속에 있지 않은가?〉

이러한 외계의 존재가 있고 그 진화 과정이 요구하는 대로 그들이 우리와 전혀 다르리라는 것을 이해한다면 다음과 같은 뜻이 뚜렷해진다. 이 지구상에서 우리를 갈라 놓고 있는 어떤 차이들이라도 그들과 우리 사이의 차이에 비하면 하찮은 것에 지나지 않다. 아마 앞으로 오랜 세월이 걸릴지는 몰라도 외계의 지성이 발견된다면 그것은 이 분쟁으로 갈라진 우리 행성을 통합하는 커다란 역할을 하게 될지도 모른다. 그것은 엄청난 격하의 마지막 단계, 우리 인류가 거쳐야 할 통과절차, 우주 속에서의 우리 자리를 찾으려는 오랜 탐색에 있어 전환점이 될 것이다.

우리는 SETI에 매혹되어, 충분한 확증도 없이 믿음에 굴복하기 쉽겠지만, 그것은 방종과 어리석음에 다름아니다. 우리는 암석처럼 단단한 확증 앞에서만 우리의 회의심을 굴복시켜야 한다. 과학은 모호한 상태를 감내하도록 요구한다. 우리가 모르는 곳에서는 믿음을 억제해야 한다. 불확실성이 일구어내는 괴로움은 보다 높은 목적을 이루는 데 도움이 된다. 그것은 우리를 부추겨서 더 좋은 자료들을 모으게 만든다. 이런 점에서 과학이 여타의 많은 것들과 구별되는 것이다. 과학은 값싼 즐거움으로 도와주는 일이 거의 없다. 확증의 기준은 엄격하다. 그러나 그 기준에 따라만 간다면 우리는 광막한 어둠마저도 꿰뚫어 저 멀리 앞을 바라볼 수 있을 것이다.

21 장

하늘로!

그가 하늘에 오를 수 있도록 하늘의 계단이 내려왔다.
오 신이여, 그대의 손으로 왕을 받드시어 하늘로 오르게 하소서.
하늘로! 하늘로!
— 「죽은 파라오를 위한 찬가」(이집트, 기원전 2600년경)

◀ 남십자성 자리의 별들. ⓒ A.후지이(A.Fujii)/『하늘과 공간*Ciel et Espace*』.

나의 조부모가 어렸을 적에 전등, 자동차, 비행기, 라디오 등은 참으로 놀라운 기술의 발전이었고 그 시대의 경이였다. 그들에 대한 황당한 이야기들은 전해졌지만 오스트리아-헝가리의 부그 강변의 작은 마을에는 그런 것들이 하나도 없었다. 그러나 같은 시절, 지난 세기가 바뀔 무렵에, 훨씬 더 야심적인 다른 발명을 예견했던 두 사람이 있었다. 한 사람은, 러시아의 잘 알려지지 않은 마을 칼루가에 사는 거의 귀머거리였으며 교사였던 이론가 콘스탄틴 치올코프스키이고, 또 한 사람은 매사추세츠의 역시 잘 알려지지 않은 미국 대학의 교수였던 엔지니어 로버트 고다드이다. 그들은 행성과 별을 향해서 로켓을 이용한 여행을 꿈꾸고 있었다. 그들은 기본 물리학과 상세하고 많은 관련 사항을 착실하게 연구했다. 그들의 기계는 점차 형태를 갖추게 되었으며 마침내 그들의 꿈은 다른 사람들에게 영향을 주었다.

그 시절에는 그런 아이디어에 대한 평판이 나빴고 심지어 어떤 이상한 광기의 징후로까지 여겨졌다. 고다드는 다른 세계로 가는 여행의 말만 꺼내기만 하면 사람들이 비웃어서, 별세계로 비행하는 그의 장기적 계획을 출판하거나 공중 앞에서 토론할 엄두조차 못냈던 것이다. 두 사람은 모두 소년 시절부터 우주 비행의 꿈을 버리지 못했다. 〈나는 내 기계를 타고 별나라로 날아가는 꿈을 지금도 꾼다. 희망도 아무런 도움도 없이 혼자서 여러 해 동안 일한다는 것은 어려운 일이었다〉고 중년의 치올코프스키는 썼다. 그와 동시대의 많은 사람들은 그를 정말 미친 사람으로 생각했다. 치올코프스키와 고다드보다 물리학을 더 잘 아는 사람들은 —— 그들을 헐뜯는 사설을 실었다가 아폴로 11호 발사 직전에 비로소 이를 철회한 《뉴욕타임스》를 포함해서 —— 로켓이 진공 속에서는 작동 못한다고 주장하여, 달과 행성은 영원히 인간의 도달 범위 밖에 남을 것이라고 고집했다.

한 세대가 지나서 치올코프스키와 고다드의 아이디어에 자극을 받은 베르너 폰 브라운은 우주 공간에 다다를 수 있는 최초의 로켓 V-2를 만들고 있었다. 그러나 20세기에 흔히 있었던 아이러니컬한 상황의 하나로 폰 브라운은 그것을 나치를 위하여 —— 시민들을 무차별 살육할 수단, 즉 히틀러의 〈보복무기〉로 —— 만들고 있었는데 로켓 제조 공장에는 노예 노동력이 동원되어 남모를 인간의 고통이 강요되었고, 폰 브라운 자신은 친위대의 장교로 임명되었다. 그는 달을 겨냥하고 있다는 뜻없는 농담을 했었지만 로켓은 달이 아니라 런던을 두들겼다.

그리고 또 한 세대가 지나서 치올코프스키와 고다드의 연구를 바탕으로 한 폰 브라운의 천재적 기술이 발전되어서 이제 인공위성이 지구 상공을 말없이 돌게 되었고 또 황량한 태고의 달 표면을 인간이 밟을 수 있는 시대가 되었다. 인간의 기계는 점차 그 성능과 독립성이 향상되어 태양계에 널리 진출하여 새로운 세계들의 발견, 근접 조사, 생물의 탐색, 지구와의 비교 연구를 하고 있는 것이다.

이것은 천문학에서의 장기적인 전망에서 〈오늘날〉(즉 이 책이 읽혀지는 해를 중심으로 한 몇 세기 동안)이 참으로 획기적인 시기로 여겨지는 이유의 하나가 된다. 그리고 두번째 이유가 있다. 그것은 우리 지구 역사상 처음으로, 어느 한 생물 종이 자기가 원하면 자신뿐만 아니라 다른 많은 종에게도

국제 우주예술사의 체슬리 본스텔의 고전적 그림에 의한 V-2형 로켓. 발사 준비 단계의 발사대 위에 있다. 프레데릭 듀란트 3세 제공.

큰 위협이 된 시기이기 때문이다. 그 여러 실제의 예를 살펴보기로 하자.

- 우리는 수십만 년 동안이나 화석연료를 태워 왔다. 1960년대까지 많은 사람들이 대규모로 나무, 석탄, 석유, 천연가스를 태웠기 때문에 과학자들은 온실효과의 증대를 걱정하기 시작했고, 지구온난화의 위험성은 일반인의 의식 속으로 차츰 스며들기 시작했다.
- 염화불화탄소는 1920년대와 1930년대 사이에 발명되었고, 1974년에는 우리를 보호하는 오존층을 파괴한다는 사실이 발견되어 그 15년 후에는 그 생산을 전세계적으로 금지하게 되었다.
- 핵무기는 1945년에 발명되었다. 열핵반응 무기를 쓴 전쟁이 지구 전체에 미치는 결과가 알려지는 데는 1983년까지 기다려야 했다. 그후 1992년까지 많은 핵탄두가 해체되었다.
- 1801년에 최초의 소행성이 발견되었다. 그들을 빗나가게 하는 다소나마 진지한 제안이 1980년대에 세간에 나돌았다. 소행성 전향기술이 내포하는 위험이 곧 인식되었다.
- 생물학적 무기는 과거 수세기 동안 우리에게 알려져 왔다. 그러나 분자생물학과 연결될 때의 치명적 결과는 최근에 와서야 비로소 인식되었다.
- 우리 인류는 백악기 말 이래로 전례없는 큰 규모에 걸친 여러 생물의 절멸을 이미 촉진하고 있다. 그러나 최근 10년 동안 이 절멸의 정도와 범위가 명확해졌고 지구 생물들의 상호관계를 모르다가는 우리의 앞날을 위태롭게 만들 가능성이 문제로 대두하게 되었다.

위에 적힌 날짜들을 보고 현재 개발중인 새로운 기술의 범위를 훑어보자. 우리 자신의 행동으로 인한 다른 새로운 위험, 아마도 한층 더 심각한 위험이 있지 않을까?

신용을 잃은 독선적 배타주의가 어지럽혀 놓은 들판에 오직 하나 남아서 있는 것은 우리 인간이 특별하다는 생각뿐이다. 우리 자신이 행동하거나 행동하지 않은 탓으로 또 우리 기술을 남용한 탓으로, 우리는 적어도 지구의 비상시기(생물의 한 종이 사상 처음으로 그 자신을 절멸시킬 수 있는 시기)에 살고 있다. 그러나 유의해야 할 것은, 사상 처음으로 생물의 한 종이 행성이나 별을 향한 여행을 할 수 있게 된 시기이기도 하다는 점이다. 이 두 시기는 동일한 기술에 의하여 초래되었고 45억 년의 나이를 먹은 행성의 역사 중 겨상의 그림자』 참조). 이것은 인간이 외계 공간에 영주해야 할 두번째 이유가 된다. 즉 우리가 예견할 수 있건 없건 간에 닥쳐올 큰 재해에서 살아남을 기회를 늘리기 위한 것이다. 고트도 역시 다른 세계에 인간 사회를 만드는 것이 우리의 생존 확률을 늘릴 가장 좋은 방법이라고 말하고 있다.

지구에서의 관행에 비추어 보면, 이 보험에 가입하는 데 그다지 많은 비용이 드는 것도 아니다. 그것은 현재 우주항행 국가들의 우주계획 예산(어느 경우에도 국방 예산이나, 긴급하지 않거나 별 것 아닌, 많은 자발적 지출의 극히 작은 부분에 불과한)을 배로 늘릴 필요조차 없다. 머지 않아 우리는 인간을 지구 근접 소행성 위에 착륙시키고, 화성에 기지를 만들 수 있다. 그것은 우리의 현재 기술로도 사람의 수명 이하의 짧은 기간 안에 실현될 수 있다. 또한 기술은 빨리 발달하므로 외계로 나가기는 점점 더 쉬어질 것이다.

인간을 다른 세계로 보낸다는 진지한 노력은 연간 예산으로 따져 비교적 적은 지출로도 충분하기 때문에 지구상의 시급한 사회 문제와 크게 상충되지 않는다. 만약 우리가 이런 식으로 나아간다면 다른 세계들에서 지구로 보내는 화상들의 물결이 광속도로 들이닥치는 날이 멀지 않았다. 가상 현실 방법은 수백만의 지구 주민들이 모험을 실제처럼 느끼게 할 것이다. 탐험에의 간접적 참여가 초창기의 탐험과 발견에 대한 보도보다 훨씬 더 실감나게 느껴질 것이다. 이런 전망이 더 많은 분야의 사람들에게 감동과 흥미를 돋울수록 그 실현 가능성은 더욱 커진다.

그러나 우리가 무슨 권리로 다른 세계에 거주하고 재조성하고 지배하려고 하는가? 우리는 스스로에게 이렇게 묻게 될지도 모른다. 만약 태양계에 우리와 다른 존재가 살고 있다면 이것은 중요한 문제가 된다. 그러나 태양계에 우리 이외에는 아무도 살지 않는다면 그럴 수 있지 않을까?

물론 우리의 탐험이나 택지 조성은 행성 환경과 그것이 내포하는 과학적 지식을 훼손하지 않도록 계몽되어야 한다. 이것은 단순한 배려의 문제이다. 물론 탐험과 정착 작업은 전인류의 대표자들에 의해서, 즉 국가라는 테두리를 벗어나서 공평하게 실시되어야 한다.

과거 우리의 식민 역사는 이런 관점에서 별로 바람직하지 못했다. 그러나 지금 우리의 동기는 15세기와 16세기의 유럽 탐험가들처럼 금, 향료, 노예나 이교도를 교화하려는 목적 등이 아니다. 사실 주로 이런 사정 때문에 모든 국가들이 참여한 유인 우주계획이 꾸준히 추진되지 못하고 많은 중단과 속행이 거듭되었던 것이다.

나는 이 책의 앞부분에서 지방중심주의에 대한 투정을 늘어놓았지만 지금 여기서는 서슴지 않고 인간지상주의자로 바뀐 나 자신을 발견한다. 이 태양계 안에 다른 생물이 있다면 그들은 인간이 다가오기 때문에 위험 속에 놓이게 된다. 이런 경우에 나는, 다른 세계로 이주함으로써 인류의 안전을 확보하려는 것은 일부 다른 생물에게 우리가 끼칠 위험을 대가로 치루어야 한다는 사실마저 받아들일 수 있다. 그러나 우리가, 적어도 현재까지, 아는 바로는 태양계 안에 다른 생물이, 미생물조차도, 없다. 오직 지구의 생물이 존재할 뿐이다.

그렇다면 우리는 지구 생물을 대신해서 우리 능력의 한계를 충분히 참작해서 태양계에 대한 지식을 광범위하게 증가시킨 후 다른 세계로 이주하기 시작할 것을 촉구한다.

이는 우리가 찾아내려던 실질적인 이유라고 할 수 있다. 즉, 달리 피할 길 없는 충돌의 재해로부터 지구를 방어하고, 우리를 지켜온 환경에 대한 다른 많은 위협으로부터 우리의 살길을 확보하기 위한 것이다. 이런 명분 없이는 화성이나 다른 세계로 사람을 파견하는 계획이 절대적 필연성을 가질 수 없다. 그러나 나는 이 이유라면, 그리고 과학, 교육, 장래의 전망과 희망 등으로 뒷받침된 근거가 곁들여진다면 강력한 주장이 가능하다고 생각한다. 만약 우리의 영속적 존속 여부가 걸려 있다면 지금 우리는 인간을 다른 세계로 진출시킬 근본적인 책임을 져야 한다

잔잔한 바다를 바라보는 선원들처럼, 우리는 미풍에 담긴 바다의 속삭임을 듣고 있는 것이다.

HARDY

은하수를 발끝으로 누비며

나는 별들의 방패를 두고 맹세하노니(알다시피 이것은 강한 맹세다)……
—『코란』 중 「수라」 56(7세기)

물론 이제는 더 이상 지구에 살 수 없어,
겨우 익혔던 관습을 버려야 한다니……
이상한 일이로구나.
—라이너 마리아 릴케의 「첫번째 비가」(1923)

하늘을 측량하고, 하늘에 오르고, 다른 세계들을 우리의 목적에 맞도록 변화시키려는 계획은, 아무리 우리의 의도가 좋은 것이었더라도, 경고의 깃발을 날린다. 인간의 교만해지기 쉬운 성향을 우리는 기억하고 있다. 강력한 신기술이 나타나면 쉽게 속아넘어가고 잘못된 판단을 내리던 것이 생각난다. 바벨탑(지붕이 하늘에 닿을 수 있다는 건물) 이야기도 생각난다. 이제는 〈마음 먹은 대로 하고 아무 거리낌 없는〉 인간을 신이 두려워했던 이야기를.

「시편」 115장에서는 다른 세계들을 신의 소유로 주장한 구절을 만날 수 있다. 〈하늘은 여호와의 것, 그러나 이 땅은 여호와께서 사람의 자손들에 주셨나니라.〉 혹은 플라톤이 쓴 바벨의 그리스 판인 오티스와 에피알테스 이

◀ 여러 세대에 걸쳐 수 광년 거리를 달려서 다른 별의 지구와 닮은 행성에 도착하는 한 소행성 주거단지. 그림 데이비드 하디.

야기가 있는데, 이 두 사람은 〈감히 하늘을 측량했다〉. 신들은 이에 대해 어떻게 대처할지를 의논하였다. 이 건방진 놈들을 죽여버리고 〈그들의 종족을 벼락을 쳐 없앨〉 것인가? 그러나 그렇게 하면 다른 한편으로는 〈인간들이

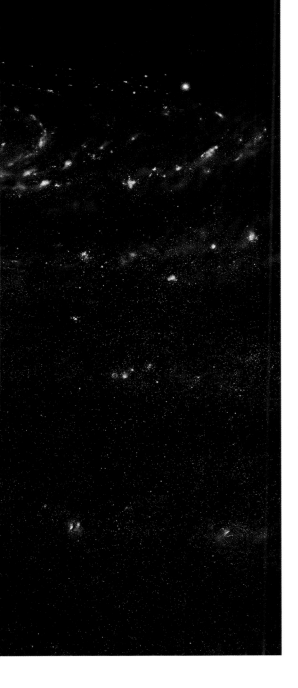

현대 지식에 따른 은하수(우리 은하)의 최상의 묘상. 이 조망은 은하의 중심에서 거의 6만 광년, 은하의 평면으로부터 약 1만 광년 위에 있는 점에서 바라본 것이다. 우리는 너무 멀리 떨어져 있기 때문에 가장 밝은 별들과 성운들만 볼 수 있다. 태양은 궁수자리 나선 팔(그림 중앙에 은하 중심에서 중간 거리쯤 떨어져 있다)의 외곽에 있다. 그림 존 롬버그와 국립우주항공 미술관. 이 그림의 40″×28″ 크기 포스터를 행성협회에서 구할 수 있다.

신들에게 바치는 제물과 제사도 끝장나게 되는데〉, 신들은 이 제물을 탐하고 있었다. 〈그러나 그렇더라도 신들은 이런 모욕을 그대로 당할 수는 없었다.〉

만약, 장기적으로 다른 대안이 없어서 우리의 선택이 여러 세계냐 아니냐라는 것이라면 우리에게는 다른 종류의 신화, 즉 용기를 주는 신화가 필요하다. 그런 신화가 존재한다. 많은 종교, 즉 힌두교, 그노시스 기독교, 몰몬교 등은, 불경스럽게 들릴지도 모르지만, 인간의 목표가 신이 되는 것이라고 가르치고 있다. 또 창세기에 유래하는 유태교의 탈무드 속의 이야기를 생각해 보자.(사과, 지식의 나무, 인간의 타락, 에덴 동산으로부터의 추방 등의 이야기가 의심스러우리만큼 비슷하다.) 에덴 동산에서 신은 이브와 아담에게 일부러 우주를 미완성으로 남겨놓았다고 말한다. 신과 함께 〈영광스러운〉 실험(〈창조의 완성〉)에 참여하는 것은 인간이 수많은 세대에 걸쳐 감당해야 할 책임이었다.

이러한 책임은 특히 우리 인간처럼 나약하고 불완전하고 또 불행한 역사를 가진 존재에게는 극히 무거운 부담이었다. 〈완성〉과 같은 것은 오늘날 우리가 가진 것보다 훨씬 더 많은 지식 없이는 엄두도 못낼 일이다. 그러나 만약에 우리의 존재 자체가 위태로워질 때라면 아마 우리는 이 최대의 도전에 기꺼이 일어설 수 있을지도 모른다.

앞장에 나와 있는 이유들을 직접 들지는 않았지만, 로버트 고다드는 직관적으로 인간이 존속하기 위해서는 〈행성간 항행이 실현되어야 한다〉고 생각했다. 콘스탄틴 치올코프스키도 이와 비슷한 결론을 내렸다.

> 흩어져 있는 섬들처럼 지구와 같은 수많은 행성들이 존재한다. …… 인간은 그 중 하나를 차지하고 있는 셈이다. 그러나 인간은 왜 다른 행성들과 수많은 태양들의 힘을 이용할 수 없었을까? …… 태양이 그 에너지를 다 써버렸을 때는 그 곁을 떠나서 새로 에너지를 방출하기 시작한 다른 젊은 별을 찾아가는 것이 옳은 일이다.

태양이 죽기 훨씬 전에 〈새로운 세계를 정복하려는 모험적인 사람들에 의해서〉 이러한 일이 시작될 수 있다고 그는 제안했다.

그러나 이런 견해 전체를 다시 생각해 보면 나는 곤혹스러워진다. 이것은 버크 로저스 Buck Rogers(18세기의 미국 군인, 개척자) 식의 지나친 생각이 아닐까? 미래의 공업기술에 가당치 않은 기대를 거는 것이 아닐까? 인간이 오류를 범하기 쉬운 데 대한 내 자신의 충고를 무시하는 것이 아닐까? 단기적으로 보면 이것은 기술 수준이 낮은 개발도상국들에게 확실히 불리하다. 그 모든 함정을 피할 수 있는 현실적 대안은 없을까?

우리 스스로가 야기한 모든 환경 문제와 우리가 만든 모든 대량 살상용 무기는 과학과 기술의 소산이다. 그러므로 과학과 기술에서 잠깐 물러서면 어떨까 하고 생각할 수도 있다. 이런 도구들이 다루기에 너무 뜨거운 것임을 인정한다면 보다 단순한 사회, 우리가 아무리 경솔하고 소견이 좁더라도 전지구적이 아니라 국지적으로도 환경의 변화를 일으키지 못할 그런 사회를 만들어 보자. 이를테면 농업에 치중한 최소한의 기술에만 만족하기로 하고, 새로운 지식에 대해서는 엄중한 규제를 두기로 한다. 이런 통제를 강제하는 데는 신의 권위로 다스리는 정책이 경험적으로 유효한 방법이라고 알려져 있다.

그러나 이런 세계의 문화는 기술의 발달로 인하여, 단기간은 몰라도 오랜 세월이 지나고 보면, 불안정하게 된다. 인간의 자기 향상과, 선망, 경쟁을 원하는 성향은 언제나 표면의 한꺼풀 아래에서 허덕이고 있기 때문에, 단기적으로 유리한 기회나 국지적인 이익은 조만간에 쟁탈되고 만다. 우리의 생각이나 행동을 여간 엄하게 규제하지 않고서는 금방 지금 우리의 현실로 되돌아오고 말 터이다. 그처럼 통제된 사회는 통제하는 선택된 사람들이 큰 권력을 쥐게 되는데 그것은 권력 남용과 반란을 초래할 소지를 만든다. 일단 기술이 제공하는 부와 편의, 또 생명을 구하는 의약의 효능을 맛보게 되면 우리의 발명심과 획득욕을 억제하기가 극히 어려워진다. 그래서 이러한 지구 문명을 전승하는 동안에 우리가 자초한 기술의 재해에는 가능한 한도에서 대처할 수 있겠지만 장차 닥쳐올 소행성이나 혜성의 충돌 재해에 대해서는 무방비 상태로 머물게 될 것이다.

혹은 더욱더 후퇴해서 농업조차 포기하고 사냥하거나 식량을 채집하는 사회로 되돌아가서 육지의 자연적 산물에만 의존하여 사는 경우를 상상할 수도 있다. 고작해야 기술은 창을 던지고, 막대기로 땅을 파고, 활과 화살을 만들고, 불을 사용하는 정도에 그칠 것이다. 그러나 지구는 이런 사냥이나 식량 채집을 하는 주민들을 많아야 수천만 명밖에 먹여 살릴 수 없다. 우리가 피하려는 큰 재해를 겪지 않는 한 어떻게 인구를 이런 수준으로 줄일 수 있을까? 더욱이 지금의 우리는 사냥이나 식량 채집 생활을 거의 할 줄 모르게 되었으며, 그들의 문화, 숙달된 기량, 사용된 도구들을 잊어버렸고, 사냥감이나 채집 대상들을 살육했고, 그들을 지탱해 줬던 환경을 많이 파괴했다.

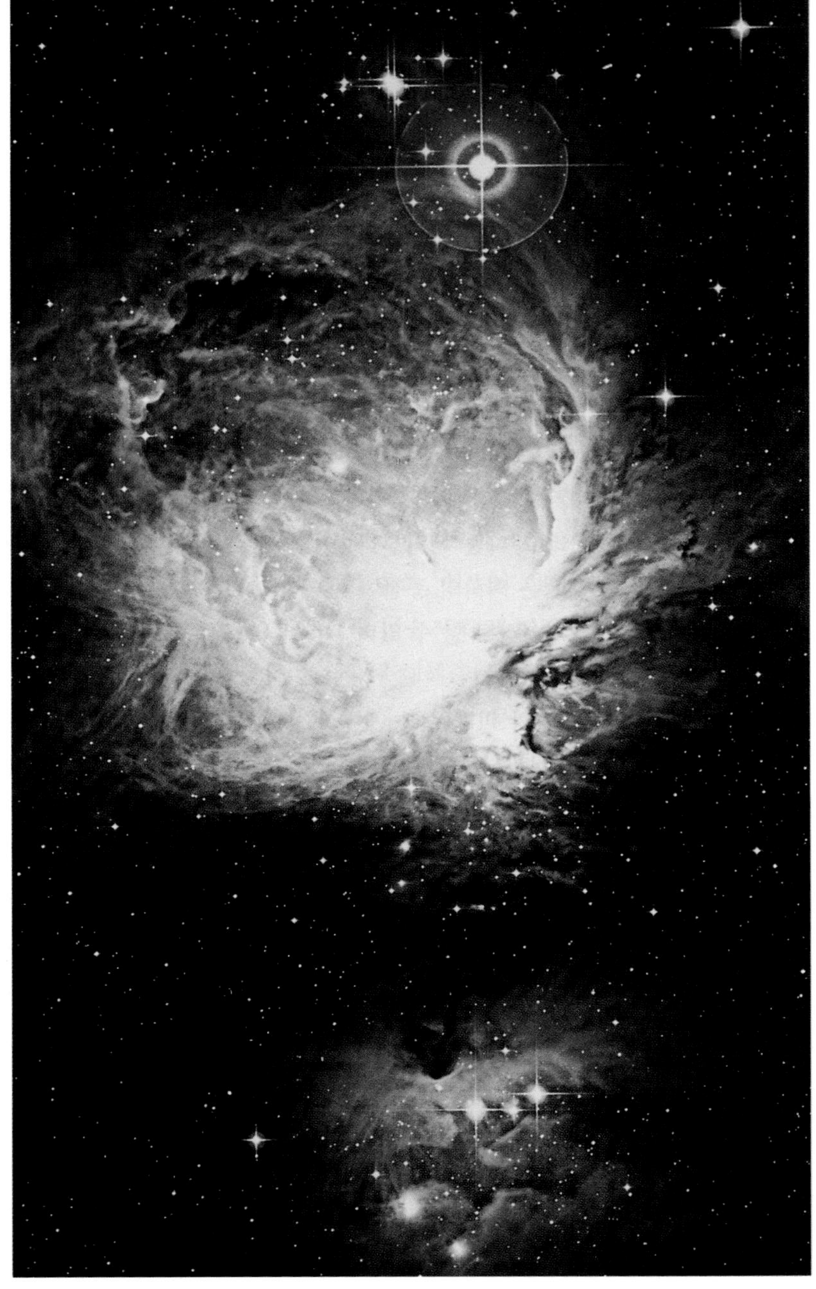

오리온 자리의 대성운(1,500광년 떨어진 곳에 있는 별의 탄생지), 지상망원경이 찍은 여태까지 가장 좋은 사진. ROE/영호천문대 제공, 사진 데이비드 맬린.

곳으로 변하게 된다. 결국에 가서 우리는 가진 것 모두를 하나의 바구니(태양) 속에 털어넣고 끝장나는 셈이다. 지금은 태양계가 아무리 믿음직스럽게 느껴진다 하더라도 종국에는 너무나 위험한 곳이 되고 만다. 긴 안목으로 본다면, 치올코프스키와 고다드가 오래전에 생각했듯이, 우리가 태양계를 떠나야 할 이유가 있는 것이다.

만약에 그것이 우리 지구인에게 사실이라면 왜 다른 외계인에게는 사실이 아닐까? 또다른 외계인에게도 사실이라면 왜 그들은 지구로 이주하지 않았을까? 이런 의문이 당연히 생길 것이다. 거기에는 많은 답이 가능하다. 그 중에는 그들이 지구에 왔었다는 답이 있지만 그 증거는 가엾을 정도로 희박하다. 혹은 그들이 성간 비행을 실현하기 이전에, 거의 예외없이, 자멸했기 때문에 외계 공간에 아무도 없다는 답이다. 또는 우리 은하에 있는 4,000억 개의 태양들 가운데 우리 지구 문명이 최초의 기술 문명이었기 때문인지도 모른다.

이보다 더 그럴 듯한 설명은 우주 공간은 넓고 별들은 서로 멀리 떨어져 있다는 단순한 사실에서 얻을 수 있다고 나는 생각한다. 가령 우리보다 훨씬 더 오래되고 더 발달된 문명이 있었고, 그들이 고향 천체로부터 멀리 떠나 새 천체를 재개발하고 또다른 별들을 향해 계속 항행해 나갔다 하더라도, 그들이 지구에 도달했을 가능성은 없다는 것이 UCLA의 윌리암 뉴먼과 나의 계산을 통해서 알려졌다. 아직까지는 말이다. 그리고 빛의 속도는 유한하기 때문에, 아직까지는 우리 태양의 어느 행성에 기술 문명이 발생했다는 텔레

허블 우주망원경으로 찍은 오리온 대성운의 확대 사진. 이 거대한 기체의 구름은 사진 아래쪽에 있는 밝고 뜨거운 극히 젊은 별들의 빛을 받고 있다. 가운데 흩어져 있는 누에고치 모양의 천체들은 태어난 지 수십만 년밖에 안 되는 젊은 별들로 대략 우리 태양계 크기의 먼지와 가스로 된 원반들에 둘러싸여 있다. 오델 C.R. O'dell/라이스 대학/NASA 제공.

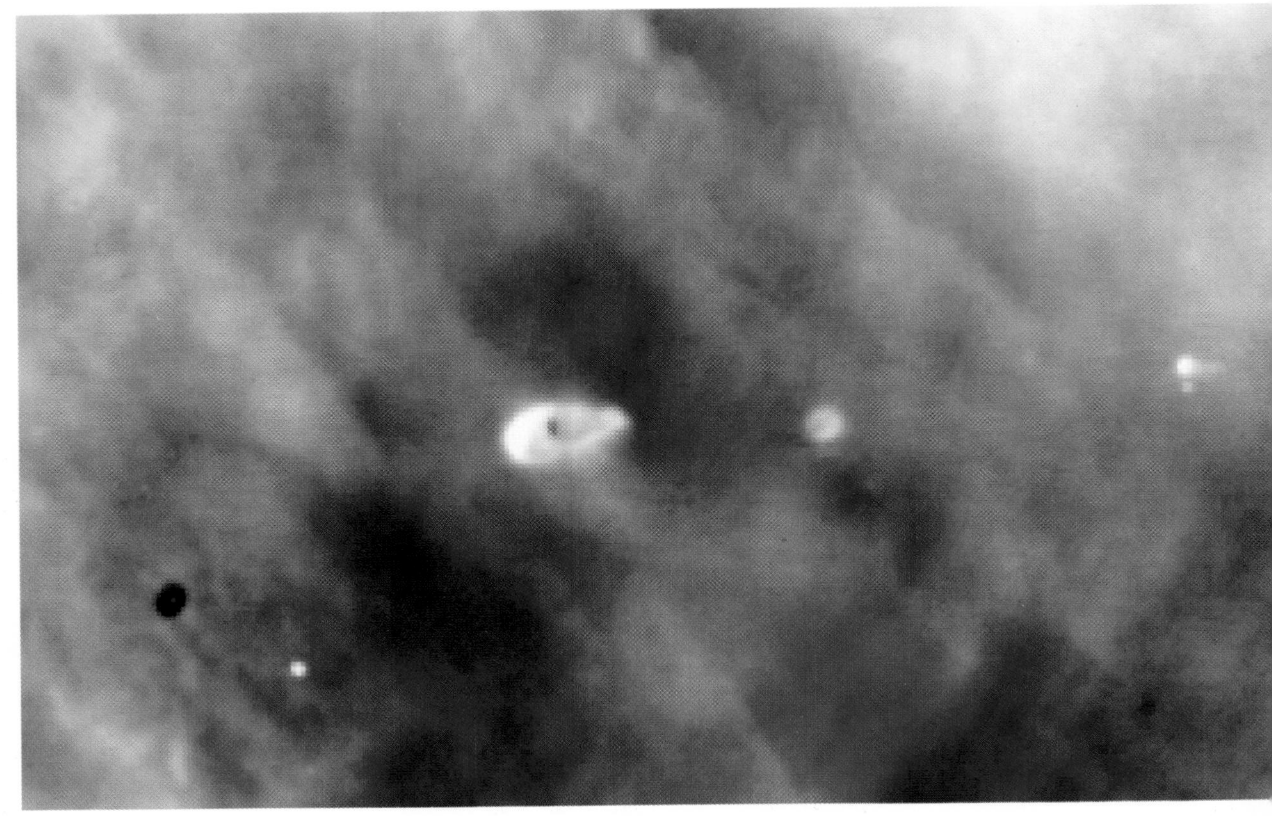

오리온 성운 안의 먼지와 가스로 된 행성 전단계의 몇몇 구름의 확대 사진. 여기서 조사된 110개의 젊은 별들 가운데 56개가 그 둘레에 원반이 발견되었다. 원반보다 별을 발견하기가 훨씬 더 쉬우므로 모든 젊은 별들이 그 둘레에 원반을 가지고 있을지도 모른다. 그 뜻은 명백하다. 많은, 아마 대다수 혹은 모든 성숙한 별들이 행성의 집단을 가지고 있을지 모른다. 이는 야심적인 성간 공간 여행가들에게 용기를 북돋아주는 이야기이다. 오델/라이스 대학/NASA 제공.

비전이나 레이더 뉴스가 그들에게 도달하지 않았을 터이다. 아직까지는 말이다.

만약 낙관적 추측이 우세해서 100만 개의 별 중에 하나 정도는 그 이웃에 기술 문명을 두고 있고 또 이들이 은하수 전체에 걸쳐 마구잡이로 흩어져 있다면, 이런 전제가 성립된다면, 우리가 앞서 본 대로 가장 가까운 외계 문명은 수백 광년, 즉 최소한 100광년, 더 그럴 듯하기는 1,000광년 떨어져 있는 셈이다. 물론 아무리 멀리 가보아도 전혀 없을지 모른다. 가령 어느 별의 행성 위에 우리와 가장 가까운 문명이, 이를테면 200광년 거리에 있었다고 상상해 보자. 그러면 앞으로 약 150년 후에는 그들이 우리의 제2차 세계대전 직후의 조악한 텔레비전이나 레이더의 전파를 받게 된다. 그들은 그것을 어떻게 받아들일까? 해가 갈수록 신호는, 더 큰 소리로 되고, 더 흥미로워지고, 아마 더 놀라워질지도 모른다. 드디어 그들은 전파 메시지나 또는 내방으로 응답하게 될지도 모른다. 그 어느 경우든 회답은 한정된 빛의 속도로 제한을 받는다. 이러한 극히 불확실한 숫자를 근거로 추산하면 20세기 중반에 외계 공간으로 내보낸 우리의 일방적 호출 전파에 대한 회답은 2350년 이전에는 도착하지 않는다. 만약 그들이 더 멀리 있다면 시일이 더 걸릴 것은 말할 것도 없다. 훨씬 더 멀다면 훨씬 더 오래 걸릴 터이다. 한 가지 흥미로운 가능성은, 우리가 처음으로 외계 문명으로부터 우리에게 보낸 (모두 점으로 이루어진 속보가 아닌) 메시지를 받게 될 때 우리는 태양계 안의 많은 천체들에서 잘 자리잡고 더 멀리 진출할 준비를 하고 있을 것이라는 사실이다.

그러나 이러한 메시지가 있든 없든, 우리가 계속해서 다른 태양계들을 찾아나설 이유는 있다. 혹은, 우리가 지금 살고 있는 우리 은하 안의 이 예측할 수 없는 격동의 한 구석보다 더 안전한 곳, 별들로 인한 위험으로부터 멀리 떨어진 성간 공간의 어느 자립할 수 있는 거주지에 우리 중 일부를 은퇴시키기 위해서라도. 서서히 이러한 장래가, 성간 여행의 거창한 목적 없이도, 자연스럽게 열릴 것으로 나는 생각한다.

어떤 사회는 안전을 위해서 여타의 사람들과의 유대를 끊고, 다른 사회나 다른 윤리적 기준, 다른 기술의 규제 등으로부터 구속받지 않기를 원할지도 모른다. 세월이 지나서 소행성이나 혜성의 위치를 용이하게 조절할 수 있는 시대가 오면 우리는 작은 천체에 사람들을 정착시킨 다음 새로운 궤도로 떠나게 할 수 있을 것이다. 여러 세대가 지나는 동안, 즉 이 작은 세계가 외계로 더 멀어져 갈 때, 처음에는 지구가 밝은 별로 빛나다가 흐릿한 점으로 변하고 마침내는 시야에서 사라져 버릴 것이다. 태양도 차츰 어두어져서 나중에는 희미한 노란색 점으로 변하여 다른 수천의 별들 사이에 묻혀 분간할 수 없게 된다. 그들은 이제 성간 공간의 밤을 맞이하게 되는 셈이다. 이런 사회들 가운데 일부는 가끔 고향 천체로부터 보내오는 전파나 레이더 통신으로부터 위안을 받을지도 모르겠다. 어떤 사회는 그들의 존속 가능성이 제일이라는 것을 확신하고 오염의 가능성을 고려하여 여타 사회로부터 도망갈 계획을 세운다. 결국에 가서는 그들과 연락이 두절되고 그들의 존재마저 잊게 된다.

그러나 꽤 큰 소행성이나 혜성의 자원에도 한계가 있기 때문에 결국에는 다른 곳으로부터 자원, 특히 음료수, 호흡할 수 있는 산소 대기, 동력용 융합반응 원자로에 필요한 수소 등을 찾아내야만 한다. 그래서 오랜 세월이 지나면 이런 사회들은 한 세계로부터 다른 세계로, 즉 오랫동안 어느 한 곳에 충성하지 못한 채 옮겨 다니는 신세가 된다. 우리는 그것을 〈개척〉 또는 〈이주〉라고 부를 것이다. 동정심이 없는 관측자는 그것을 번갈아가며 작은 천체의 자원을 고갈시키는 착취 행위로 표현할지도 모른다. 하지만 오르트의 혜성 구름 안에는 1조 개가 넘는 작은 천체들이 들어 있다.

태양으로부터 멀리 떨어진, 넉넉하지 못한 계모 같은 천체에서 소수의 사람들이 살게 되면, 모든 식물 한 조각, 물 한 방울마다 먼 앞날을 내다본 기술의 원만한 작동에 달려 있음을 알게 될 것이다. 그러나 이런 조건은 우리에게 이미 익숙한 것들과 크게 다를 바가 없다. 땅 속에서 자원을 파내고 지나가는 자원(사냥감)을 노려서 덮치는 일은 어린 시절의 잊혀진 추억처럼 묘하게 낯익은 느낌이 든다. 그것은 사냥과 식량 채집을 일삼던 우리 조상의 생활 전술에 몇 가지의 커다란 변혁이 더해진 것이나 다름 없다. 인간은 지구에서 살아 온 기간의 99.9퍼센트를 이렇게 살았던 것이다. 작금의 문명 속으로 들어오기 직전에 최근까지 살아남은 사냥 · 식량 채집 인종을 탐방한 결과로 판단하면, 우리는 비교적 행복하게 살아왔던 셈이다. 그들의 생활

새로운 지구가 태양과 닮은 어느 별 둘레를 간격이 큰 이중성처럼 돌고 있다. 그림 돈 데이비스.

양식은 오늘날의 우리를 형성한 틀이라고 할 수 있다. 그러니 어느 정도 성공적이었던 정주 생활의 짧은 실험 기간이 끝나고나면, 또다시 우리는, 앞서보다는 좀더 많은 기술을 가진, 방랑자가 될지도 모른다. 하지만 그 시절에 우리의 기술, 즉 돌 연장과 불은 우리의 절멸을 막아 주는 유일한 방패였던 것이다.

만약 원거리에서의 고립 상태만이 안전하다면 나중에 우리 후손들의 일부는 오르트의 구름 외곽에 있는 혜성들로 이주할 것이다. 1조 개나 되는 혜성 핵들이 각각 지구와 화성 사이의 거리 정도만큼 떨어져 있다면 거기서는 할 일이 많을 것이다.*

태양에 소속된 오르트 구름의 외곽은 가장 가까운 별과의 중간거리쯤에 해당하는 것 같다. 다른 별 모두가 오르트 구름을 가지는 것은 아니겠지만 많은 별들이 그럴 것 같다. 태양이 가까운 별들을 지나쳐 갈 때 우리의 오르트 구름은 다른 혜성 구름들을 만나 일부는 그 속을 지나갈 것이다. 마치 두 각다귀 떼가 부딪히는 일없이 서로를 뚫고 지나가듯이. 그러므로 다른 별에 속하는 혜성을 차지하는 일은 우리의 혜성을 차지하는 것보다 더 어려울 것도 없다. 다른 태양계 변두리에서, 푸른 점(지구)에서 온 어린이들이, 밤하늘에서 큼직한 (빛이 잘 비추는) 행성들의 빛나는 점들이 움직이는 광경을 동경의 눈초리로 바라볼지도 모른다. 어떤 사회들은, 옛날 사람들이 바다와 그 안에서 햇빛이 파도에 반짝이는 풍경을 사랑했던 것처럼, 새로운 태양의 밝고 따뜻하고 온화한 행성을 향해 긴 여행을 시작할지도 모른다.

다른 사회들은 이 마지막 계획을 약한 자의 행위로 여길지도 모른다. 행성에서는 큰 자연재해가 일어나기 마련이다. 그곳에는 먼저 살고 있는 생물이나 지성체가 있을 수도 있다. 행성은 외래인들에게 발견되기가 쉽다. 그러므로 차라리 어둠 속에 머무는 것이 낫다. 눈에 띄지 않는 작은 천체들 사이에 흩어져 숨어 지내는 편이 나을지도 모를 일이다.

일단 우리가 기계와 우리 스스로를 지구나 행성들로부터 멀리 떠나보낸다면, 일단

*특별히 서두르지 않더라도 그때까지 우리는 작은 천체들을 오늘날 우주선이 달리는 것보다 더 빨리 움직일 수 있을 것이다. 만약 그렇다면 우리 후손들은, 먼 옛날인 20세기에 발사되었던 두 개의 보이저 우주선을, 그들이 오르트의 구름을 벗어나서 성간 공간으로 진입하기 이전에 따라잡을 것이다. 그들은 먼 옛날에 유기되었던 이 두 척의 우주선을 회수하거나 그대로 계속 진행하게 놓아둘지도 모른다.

우리가 우주의 무대에 실제로 올라선다면, 우리는 전에 겪어보지 못했던 사건들과 마주치게 될 것임을 각오해야 한다. 여기에 세 개의 가능한 실례가 있다.

첫째, 약 550천문단위(AU)를 나아가면서부터(태양 - 목성 거리의 약 100배로, 오르트 구름보다 우리에게 더 가깝다) 무언지 이상한 일이 일어나기 시작한다. 마치 보통 렌즈가 먼 물체의 상을 맺듯이 중력도 그런다.(먼 별들, 은하들의 중력에 의한 렌즈 작용이 현재 검출되고 있다.) 태양으로부터 550AU(빛의 속도의 1퍼센트 속도로 달릴 수 있다면 불과 1년만에 갈 수 있는 거리)에서 빛이 모이기 시작한다.(그러나 태양의 코로나[태양 둘레의 전리된 기체 구름] 효과를 고려하면 빛의 초점은 이보다 상당히 바깥쪽에 있다.) 거기서는 원거리에서 오는 전파 신호가 엄청나게 강화되어 잡음이 증폭된다. 먼 거리의 상을 확대하여 중간형 전파망원경으로, 가장 가까운 별 거리에 놓인 대륙, 또는 가장 가까운 나선 은하 거리에 놓인 태양계의 안쪽 부분을 분해해서 볼 수 있다. 만약 우리가 태양을 중심으로 대략 그 초점 거리를 반경으로 한 구면을 돌아다닐 수 있다면 우리는 우주를 엄청난 배율로 전례 없이 명확하게 탐사할 수 있고, 멀리 떨어진 외계 문명의 전파 신호가 있다면 그것을 엿들을 수 있어서 우주 역사 초기의 사건들을 훑어볼 수 있을 것이다. 또 방식을 달리하면, 이 렌즈를 이용해서 우리의 아주 미약한 전파 신호를 증폭해서 극히 먼 거리까지 들리게 할 수도 있다. 그러므로 우리는 수백, 수천 AU 거리까지 나가볼 이유가 있는 셈이다. 다른 외계 문명들은 그들 자체의 중력렌즈 구역을 갖는데, 별의 질량과 반경에 따라 우리보다 더 작거나 더 크게 벌어진다. 중력렌즈는 외계 문명들이 그들 태양계의 행성 구역보다 좀더 먼 곳을 탐사하는데 공동으로 이용할 유도장치로 쓰일 수 있다.

둘째, 여기서 잠시 갈색왜성(극히 저온인 상상의 별로 목성보다는 상당히 무겁고 태양보다는 상당히 가벼운 별)에 대해서 생각해 보기로 하자. 갈색왜성이 실재하는지는 아무도 모른다. 어떤 전문가들은 가까운 별들을 중력렌즈로 이용해서 더 먼 별들을 찾아내고 있는데 그들은 갈색왜성의 증거를 찾아냈다고 주장한다. 이런 기술로 현재까지 이루어진 전체 하늘 중 극히 일부분에 대한 관측으로부터, 갈색왜성의 수는 엄청날 것으로 추정하였지만, 다른 전문가들은 찬동하지 않고 있다. 1950년대에 하버드의 천문학자 할로우 샤플리는 갈색왜성(그는 릴리푸트 Lilliput[걸리버 여행기에 나오는 난쟁이 나라]의 별로 불렀는데)에 사람들이 살고 있다고 제안했다. 그 표면은 케임브

광속도에 가깝게 달릴 수 있는 이온 우주선이 이웃 별의 사람이 살 수 있는 행성에 도착한다. 그림 데이비드 하디.

별들 사이의 막대한 거리는 신의 배려가 깃든 것 같다. 생물이나 세계가 서로 격리되어 있는 셈이다. 이 격리는 별에서 별로 안전하게 여행했던 자신의 지식과 판단을 가진 자에게만 해제된다.

엄청난 시간 간격인 수억 년에서 수십억 년에 걸쳐 은하들의 중심이 폭발한다. 먼 우주 공간에 흩어져 있는 〈활동성 중심핵〉을 가진 은하들, 퀘이사, 충돌로 나선팔이 끊긴 이그러진 은하들, 폭발적인 복사를 내거나 검은 구멍으로 빨려들어가는 별의 집단 등을 볼 때, 이런 거대한 시간적 규모에서는 성간 공간이나 은하들마저도 안전하지 못할 것 같다.

우리 은하를 둘러싼 암흑물질의 구름은 아마 이웃한 나선은하(안드로메다 자리의 M31로 역시 수천억 개의 별들로 이루어진 집단)로 가는 중간 거리까지 퍼져 있는 것 같다. 우리는 이 암흑물질이 무엇인지, 또 어떻게 분포하는지 모르지만 그 일부는* 별을 이루지 못한 세계들 속에 들어 있을지 모른다. 만

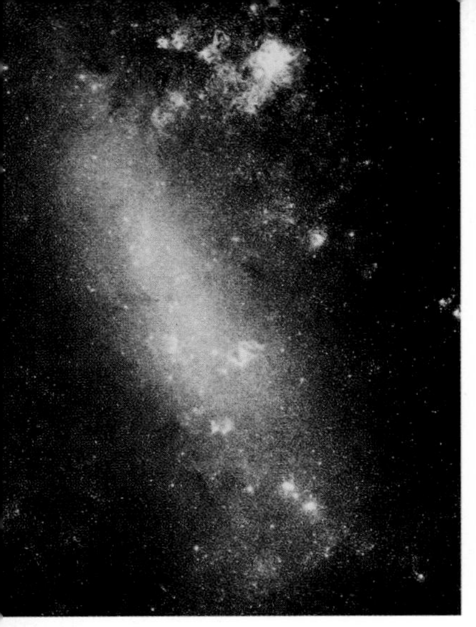

우리 은하의 위성 은하로 약 17만 광년 떨어진 큰 마젤란 성운(LMC). ROE/영호천문대 제공, 사진 데이비드 맬린.

약 그렇다면 먼 앞날의 우리 후손들이 상상하기도 어려운 오랜 세월에 걸쳐 은하간 공간에 자리잡고 다른 은하들을 발끝으로 돌아다닐 날이 올 것이다.

그러나 우리 은하에 자리잡게 되는 긴 시간 동안 우리는 다음과 같이 질문해야 한다. 우리를 외계로 밀어내는 안정에 대한 갈망은 얼마나 확고부동한 것일까? 언젠가 우리는 우리가 존속했던 시간과 우리가 거둔 성공에 만족하여 우주 무대로부터 물러서기를 원할 날이 오지 않을까? 앞으로 수백만 년이 지나면, 어쩌면 훨씬 앞서 우리는 우리 자신을 딴 존재로 탈바꿈할지도 모른다. 설사 우리가 의도적으로 한 일이 없더라도 돌연변이와 자연선택 과정은 이 시간 동안에 (다른 포유동물에 미루어본다면) 우리를 절멸시키거나 또는 다른 종으로 진화시킬지도 모른다. 전형적인 포유동물의 존속 기간을 고려한다면, 우리가 설사 광속도에 가까운 속도로 여행할 수 있고 우리 은하의 탐험에만 전념한다 하더라도, 우리가 존속하는 동안에는 그 대표적인 일부분도 다 탐험할 수 없을 것이라고 나는 생각한다. 그곳에는 너무나 많은 것들이 있기 때문이다. 그런데 우리 은하 밖에 다른 은하들이 1천억 개나 더

*그 대부분은 〈바리온 baryon이 아닌〉 물질, 즉 우리가 잘 아는 양성자나 중성자 또는 그들의 반입자가 아닌 입자로 이루어진 물질이다. 우주 질량의 90% 이상이 지구에서 전혀 알려지지 않은 이 빛을 내지 않는 신비스러운 기본 물질로 이루어진 것으로 보인다. 아마 언젠가는 우리가 이 물질을 이해하고 또 이용하게 될 날이 올 것이다.

LMC 속의 한 행성에서 본 밤하늘에서 우리 은하(은하수)가 솟아오른다. 그림 마이클 캐롤.

이 있다. 다른 세계들로 이주하는 일은 우리에게, 여러 국가나 민족이 통합되고 여러 세대들이 결합하고 또 영리하고 현명하기를 요구하고 있다. 이 계획은 우리의 마음을 터놓게 하고 인간을 어느 정도 원시 상태로 되돌아가게 만든다. 이 새로운 텔로스는 지금에도 우리 능력권 안에 들어 있는 것이다.

선구적인 심리학자 윌리엄 제임스는 종교를 일컬어 〈우주 안에서 아늑함을 느끼는 심정〉이라 하였다. 내가 이 책의 앞부분에서 설명했듯이, 우리는 우리가 원하는 가정처럼 우주가 이루어졌다고 착각하고 있고, 그 가정적이라는 우리의 잘못된 개념을 수정해서 우주에 적용할 생각을 하지 않는 경향이 있다. 만약 제임스의 정의가 실제의 우주를 뜻하는 것이라면 우리는 아직도 진정한 종교를 갖지 못하고 있는 셈이다. 그것은 어느 훗날, 우리가 〈엄청난 격하〉의 아픔을 극복하고, 우리가 다른 세계들에서 적응하고, 또다른 세계들이 우리에게 적응할 때, 그리고 우리가 별의 세계로 인간의 영역을 넓혀 나갈 때에야 비로소 실현될 것이다.

현재의 모든 실정을 고려하면, 우주는 영원히 확장되고 있다고 할 수 있다. 우리는 그 동안의 짧은 정체 기간을 거쳐 이제 다시 조상들이 했던 방랑생활의 양식을 계속하게 된 셈이다. 태양계와 그 너머 곳곳의 여러 세계들에 안전하게 흩어져 있을 우리의 먼 후손들은, 그들이 공유한 유산, 그들의 고향 행성에 대한 관심, 그리고 우주를 통틀어 다른 생물은 몰라도 인류만은 지구로부터 유래했다는 인식으로 한 가족이 될 것이다.

그들은 그들의 밤하늘을 우러러 창백한 푸른 점을 찾아내려고 애쓸 것이다. 그것은 비록 보잘것없는 나약한 존재에 지나지 않으나 그들은 사랑하여 마지 않으리라. 인류의 모든 능력이 담겨져 있던 그 그릇은 한때 얼마나 깨지기 쉬운 것이었던가, 인류의 어린 시절은 얼마나 위태로웠으며, 인류의 시작은 얼마나 초라했으며, 제 길을 찾아내기까지 얼마나 많은 강을 건너야 했던가, 그 사연 모두에 그들은 경탄할 것이다.

참고 문헌

행성 탐사에 대한 일반적인 참고 문헌

J. Kelly Beatty and Andrew Chaiken, editors, *The New Solar System*, third edition (Cambridge: Cambridge University Press, 1990).

Eric Chaisson and Steve McMillan, *Astronomy Today* (Englewood Cliffs, NJ: Prentice Hill, 1993).

Esther C. Goddard, editor, *The Papers of Robert H. Goddard* (New York: McGraw-Hill, 1970)(three volumes).

Ronald Greeley, *Planetary Landscapes*, second edition (New York: Chapman and Hall, 1994).

William J. Kaufmann III, *Universe*, fourth edition (New York: W.H. Freeman, 1993).

Harry Y. McSween, Jr., *Stardust to Planets* (New York: St. Martin' s, 1994).

Ron Miller and William K. Hartmann, *The Grand Tour: A Traveler' s Guide to the Solar System*, revised edition (New York: Workman, 1993).

David Morrison, *Exploring Planetary Worlds* (New York: Scientific American Books, 1993).

Bruce C. Murray, *Journey to the Planets* (New York: W.W. Norton, 1989).

Jay M. Pasachoff, *Astronomy: From Earth to the Universe* (New York: Saunders, 1993).

Carl Sagan, *Cosmos* (New York: Random House, 1980).

Konstantin Tsiolkovsky, *The Call of the Cosmos* (Moscow: Foreign Languages Publishing House, 1960) (English translation).

미국

1950

1958 **우주 공간에서 최초의 과학적 발견: 밴앨런 대**
(익스플로러 1호)

1959 **우주에서 지구로 최초 텔레비전 화상 송신**
(익스플로러 6호)

1960

1962 **행성간 공간에서 최초의 과학적 발견: 태양풍의 직접 관측**
(마리너 2호)

1962 **최초로 과학적으로 성공한 행성 탐사**
(마리너 2호, 금성)

1962 **우주 공간에 최초로 천문대 설치**
(OSO 1호)

1968 **인류 최초의 다른 천체 선회**
(아폴로 8호, 달)

1969 **인류 최초의 다른 천체 위 착륙과 보행**
(아폴로 11호, 달)

1969 **다른 천체에서 최초로 표본 채집 및 회수**
(아폴로 11호, 달)

1970

1971 **다른 천체 위의 최초 유인 이동 차량**
(아폴로 15호, 달)

1971 **다른 행성을 선회한 최초 우주선**
(마리너 9호, 화성)

1974 **최초의 두 행성 탐사**
(마리너 10호, 금성과 수성)

1976 **최초의 화성 착륙 성공,**
다른 행성 위의 생명체를 찾는 최초 우주선
(바이킹 1호)

1970

소련 / 러시아

1970	다른 천체의 자료 회수를 위한 최초 로봇 탐사 (루나 16호, 달)
1970	다른 천체 위의 최초 이동 차량 (루나 17호, 달)
1971	다른 행성 위의 최초 연착륙 (마르스 3호, 화성)
1972	다른 행성 위에 과학적으로 성공한 최초 착륙 (베네라 8호, 금성)

1980

1980–1981	최초로 1년에 가까운 외계 비행(마르스 호의 비행 시간과 비슷함) (소유즈 35호)
1983	다른 행성의 궤도에서 행성 전 표면의 레이다 지도 최초 작성 (베네라 15호, 금성)
1985	다른 행성 대기 중에 풍선형 탐사 기구의 최초 배치 (베가 1호, 금성)
1986	혜성에 최초로 접근 (베가 1호, 핼리 혜성)
1986	승무원 교대 근무가 가능한 최초의 우주정거장 설치 (미르 호)

미국

1970

1973 **목성 최초 근접 통과**(파이어니어 10호)
1974 **수성 최초 근접 통과**(마리너 10호)
1977 **토성 최초 근접 통과**(파이어니어 11호)

태양계 탈출이 가능한 속도의 최초 우주선
(파이어니어 10 · 11호, 1973 · 1974년 발사; 보이저 1 · 2호, 1979년 발사)

1980

1981 **최초의 재사용 가능한 유인 우주선 완성**
(STS-1호)

1980-1984 **회수, 수리, 재배치 가능한 최초의 인공위성 발사**
(솔라 맥시멈 미션 호)

1985 **최초의 원격 혜성 탐사**
(국제 혜성 탐사선 ICE 호, 지아코비니 지너 혜성)

1986 **천왕성 최초 근접 통과**(보이저 2호)
1989 **해왕성 최초 근접 통과**(보이저 2호)

1990

1992 **태양풍 한계권 최초 발견**
(보이저 호)

1992 **소행성대 중심부 최초 접근**
(갈릴레오 호, 가스프라)

1994 **최초의 소행성 위성 발견**
(갈릴레오 호, 이다)